# 智能完井井下控制技术

李　中　李梦博　盛磊祥　著

中国石化出版社

## 内 容 提 要

本书从六个方面介绍智能完井系统。第一章介绍了智能完井系统的定义、组成、优点及分类、适用范围、关键技术及智能完井系统研究现状；第二章介绍了智能完井系统的核心组成部分——井下流量控制系统，该系统主要包括地面动力系统、层间隔离工具、动力传输系统和井下流量控制器；第三章介绍了智能完井井下信息采集系统、井下信息传输系统和井下信息处理系统；第四章介绍了油藏控制与优化开采技术，完井优化软件及其应用，人工智能、大数据、云计算在智能完井优化中的应用；第五章介绍了智能完井系统部分技术标准与可靠性研究；第六章介绍了智能完井系统在国内外的应用实例。

本书可作为高等院校相关专业教学参考书，也适合工程设计人员阅读参考。

**图书在版编目(CIP)数据**

智能完井井下控制技术 / 李中，李梦博，盛磊祥著.
—北京：中国石化出版社，2022.4
ISBN 978-7-5114-6646-4

Ⅰ. ①智… Ⅱ. ①李… ②李… ③盛… Ⅲ. ①智能技术-应用-完井-井控 Ⅳ. ①TE257-39

中国版本图书馆 CIP 数据核字(2022)第 059585 号

**中国石化出版社出版发行**

地址：北京市东城区安定门外大街 58 号
邮编：100011 电话：(010)57512500
发行部电话：(010)57512575
http://www.sinopec-press.com
E-mail:press@ sinopec.com
北京富泰印刷有限责任公司印刷
全国各地新华书店经销
*
787×1092 毫米 16 开本 19.25 印张 448 千字
2022 年 7 月第 1 版　2022 年 7 月第 1 次印刷
定价:158.00 元

# 序

石油天然气是全球最重要的一次能源，人类社会的生存和发展高度依赖石油工业对油气产品的供应，其中油气资源是基础，技术进步是最活跃、最关键的因素之一。石油工业发展高度依赖石油科学技术的进步，在 100 多年的现代石油工业发展中，逐步形成了油气勘探、开发、工程技术服务和储运等系列成熟理论，并随着石油产业壮大，逐步发展成一个庞大的技术体系。

近二十年来，科技发展带来了油气产量的大幅提升，以水力压裂为代表的一系列新技术将不可能开发的油气田成功开发。目前在高质量发展的大背景下，油气资源开发面临新的问题，突出表现在对数据的管理、地下不确定性的量化以及围绕现场作业的实时决策，需要智能化等相关技术突破来引领油气行业新一轮的发展。很明显，智能完井技术提供了令人难以置信的优势，它通过井下监测和控制工具，能够精确地感知井筒及地层，并为井下的实时决策控制提供了新的手段。

对于石油和天然气行业来说，本书的编写正值我们全面开展智能油田建设的绝佳时机。如今我们对统计学和智能算法有了更深入的了解，我们将在智能完井井下控制方面发展更多的应用。在这个数字油田遍布智能井的时代，我们已经看到智能完井技术应用的激增。

经过几代石油科技工作者的努力，中国石油工业科技创新能力和科技水平整体大幅度提升。目前，我国石油工程服务业的装备技术已实现自主化，石油开采常规技术装备已实现全面国产化，随着井下高端装备制造、井下监测与控制技术的不断发展，国内智能完井的使用也在不断增加。

　　非常欣慰地看到，中国海油经过十几年的科技攻关，在智能完井井下控制技术方面取得了突破并已现场应用。本书在总结梳理国外智能完井技术的同时，也介绍了中国海油在智能完井方面取得的成果和应用情况，并对技术未来的发展进行了展望。在中国海油成立四十周年之际，希望这本书的出版能促进智能完井技术的推广应用，助力石油工业新一轮的高质量发展。

李根生

# 前言

　　随着我国深海、沙漠、边界等特殊油气藏的勘探开发，储层逐渐以中低渗非均质油藏为主，多层合采井、水平井、分支井等复杂结构井已经成为开发这类油藏、提高单井产量与最终采收率的主要手段。采用常规多层合采井、水平井、分支井进行生产时，通常会面临井筒内层间干扰严重，单井产量低；油藏易水侵，无水采油期短，单井生产周期短，油藏采收率低；水平段常规生产测井困难，成本高，停产时间长；井眼尺寸较小，井下空间有限，常规机械堵水与解堵作业困难等问题。这些问题的出现使人们开始对常规油气井的生产管理技术产生了怀疑。同时随着井下工具、工艺技术的更新以及井下永久传感器可靠性的提高，油田管理层开始思考是否能够在井下安装可获得井下油气生产信息的传感器、数据传输系统和控制设备，并在地面进行数据收集、决策分析和远程控制，以提高生产效率，优化产能，从而提高经济效益。这些思想的出现极大地推动了我国智能完井技术的发展。

　　流量控制阀是智能井中控制各产层流入动态的关键控制装置，通过使用流量控制阀的节流功能可以关闭、开启或节流一个或多个产层，实现对不同产层或者分支流量的单独控制，实时调整产层间的压力、流体流速、井筒流入动态，实现油藏的实时控制与优化开采，是控制各产层流入动态的主要控制装置。井下信息传感系统由井下信息采集系统、井下信息传输系统、井下信息处理系统组成，它通过各类传感器对井下进行实时采集、传输和分析并处理井下所需要的检测的信息，如生产状态、油藏状态和全井生产链数据资料，并根据井下生产情况对油层进行遥控配产和尽量提高油井产量，明显减少修井作业，从而提高整个油田在生产年限内的投资回收率。

完井优化技术在智能完井的设计和施工方面具有重大价值。智能完井系统是一套联系地面与井下的闭环信息采集、双向传输和处理应用系统。首先通过地下传感、传输系统和地面收集系统将油井生产参数实时汇总到大型数据库，通过油藏数值模拟软件快速地将数据库中的生产数据进行模拟、分析、处理，实时获取井下动态，利用最优理论，制定最优的生产方案，通过远程控制系统对生产方案进行实时调控，实现油气资源开发最优化和经济利益最大化。模拟和决策依靠完井油藏生产实时优化技术，以实现采收率最大化。只有智能完井硬件系统，没有与先进的油藏生产优化管理技术进行结合，不能实时合理地调整生产，智能完井设备的价值就得不到有效发挥。

我国智能完井技术研究刚刚起步，完整的智能完井技术仍属空白。可以通过科研机构与油田部门、高等院校等多学科、多专业知识人才相结合，在消化吸收国外技术的基础上，自主研发智能完井工具的关键部件，如井下控制阀、井下传感器、穿线式管内封隔器和裸眼封隔器等。从原理较简单、成本较低的液压式智能完井系统寻找突破，逐步实现智能完井系统的国产化。

**06**

# 目录

I

# 01

# 第一章
## 智能完井系统概述

当今世界油气资源逐渐紧缺，如何提高油田的采收率，实现油气资源开发效率以及经济效益的最大化，成为国内外石油产业所普遍面临的问题。截至 2019 年底，全球累计产出石油 $1451.3 \times 10^8 t$，采出程度 27.1%；累计产出天然气 $78 \times 10^{12}$ m³，采出程度 13.3%[1,2]。目前全球常规石油可开采资源量为 $5350 \times 10^8 t$、凝析油可开采资源量为 $496.2 \times 10^8 t$、天然气可开采资源量为 $588.4 \times 10^{12}$ m³、剩余油气 2P（P1 证实储量+P2 概算储量）可开采储量为 $4212.6 \times 10^8 t$，主要国家剩余油气 2P 可开采储量如图 1-1 所示[3]。其中，可开采石油开采量已经接近三分之一，剩余油气资源中以难以开采的油气资源为主。

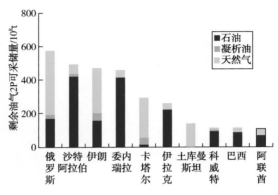

图 1-1　主要国家剩余油气 2P 可开采储量

2019 年，我国的石油产量约为 $1.91 \times 10^8 t$，仅占该年全球石油总产量的 4.9%，并且国内大多数油田的油气储层为非均质油藏，其中绝大多数油层的边水、底水渗透量较大，导致很多油田由于油层含水量过高且开采经济效益低而被迫关闭。因此，如何对这些被迫关闭的油井进行改造再利用，成为提高我国油井产量的重要途径之一[4]。此外，许多油田为了维持油气产量，不得不对一些低产量的油田进行频繁的修井和堵水等作业，不仅使工作量大大增加，还极大地增加了油井开采成本。这些问题的出现使人们开始对常规油气井的生产管理技术产生了怀疑，同时随着井下工具、工艺技术的更新以及井下永久传感器可靠性的提高，油田管理层开始思考是否能够在井下进行油气水的流量控制以实现提高生产效率，从而提高经济效益，这些思想的出现大大地推动了智能完井井下流量控制技术的发展。

20 世纪 80 年代初，国外一些油田开始出现了在井下安装永久传感器和阀门实行液压或电动远程控制的技术，开启了油田最初的智能化管理模式，但这个时期智能完井这个概念尚未出现[5]。直到 20 世纪 90 年代，随着电子计算机技术、人工智能技术以及地下永久传感器技术的快速发展，世界上首次出现了能够实现多层合采、多层分采并且无须修井作业的新型油井开采系统，即智能完井系统。智能完井系统是一种多功能的系统完井方式，操作者可以通过远程操作智能完井系统来监测、控制和生产原油。在不起出油管的情况下，可以进行连续实时的油层管理，采集实时的井下温度、压力和流量等参数。虽然早期投入成本较大，但节省了大量的油气井后期的生产管理和维护作业等费用。智能完井系统主要包括井下流量控制系统、井下信息传感系统和油井优化开采系统。智能完井系统在井下油气层实时监测和地面远程控制生产方面具有无可比拟的优越性，不仅可将油气井的维修工作减少到最低，还可以远程关闭含水率较高的产层，同时优化生产结构，最终达到大幅度提高采收率的目标。

## 1.1 智能完井系统的定义

智能完井系统也称作智能井（Intelligent Well，简称 IW），通过在油气生产井或注入井中安装各种传感器，实时动态采集井下各种生产数据，地面控制系统进行数据分析判断井下生产情况，并通过数据模拟和油藏模拟得到最佳开采方案或注入方案，控制井下流量控制装置，实现优化开采。智能完井可被定义为：能够收集、传输和分析井筒产量、储层和完井完整性数据，然后实现远程操作以增强储层控制和油井生产性能的完井系统[7]。智能完井技术能够实现在非人工参与的情况下获取井下的实时参数，如井下温度、压力和井下流量等，并将数据实时传输至智能井数据处理中心[8]。技术人员则对接收到的井下参数、油气生产状况、油藏生产层特点以及智能井管柱的数据资料进行详细的分析，再结合油气井的实际生产情况和产量要求对井下各个产层进行远程监测和遥控，从而获取井下油气流体在井下的流动或注入状态或控制油井中封隔层段油气流体的流动或注入，最终实现油气藏的优化开采与实时控制，避免频繁地使用人工干预措施，从而最大限度提高油井的开采率[9]。

智能完井是流量控制和分层隔离装置（包含间隔控制阀和封隔器）、永久性井下传感器、井下控制系统和数字基础设施的组合。智能完井技术旨在优化油井生产和储层管理流程，使操作员能够远程监控和控制储层井下的井流入或注入，而无须物理干预。智能完井技术在储层管理实际应用中表现出巨大的优势，尤其是在多储层多层合采作业中。

## 1.2 智能完井系统的组成

图 1-2 为科威特某智能井系统简图[10]，图中展示了井下智能井系统的主要工作部件，一个完整的智能完井系统主要包括：

图 1-2 智能完井系统简图

（1）井下流量控制系统

井下生产流量控制系统主要由装有永久传感器的流量控制阀（Interval Control Valve，ICV）和层间封隔器组成，能够对井下各个产层的流量进行远程监测和控制，是整个智能井系统的关键装备之一。井下流量控制阀的远程控制方式主要有电子驱动控制、液压驱动控制以及电液混合控制三种，每个产层的流量控制阀由层间封隔器分隔开。ICV 有开/关型和节流型两类：开/关型 ICV 只有开启和关闭两种工作状态，节流类型 ICV 则可以精确调节开口或节流面积。目前用于智能井系统的一般是永久式滑套，涉及多项关键技术，如无弹性体的金属-金属密封技术、滑套开/关技术、开关管线穿越技术、防腐蚀材料等。

（2）井下信息传感系统

用于采集井下各生产层段的温度、压力和流量等参数，主要由永久式传感器（包括温度/压力传感器流量及流体组分传感器等）组成，传感器要求能长久稳定工作在井下高温高压环境下。目前广泛用于井下温度/压力测量的传感器主要有电子式传感器和光纤传感器两类。近年来光纤传感器测量及其信号传输技术迅猛发展，光纤传感器在高温高压环境中工作可靠性极大地提高，现已逐渐成为智能井系统中井下监测系统的主流选择。图 1-3 给出了某智能完井井下信息传感系统示意图，包括温度传感器、压力传感器和文丘里流量传感器。当 ICV 的开度变化时，使得进入油管中的流量、压力发生变化，而通过检测文丘里管前后的压差可以推算油管中的流量。

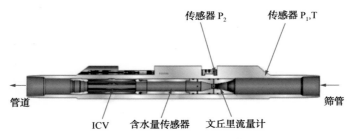

图 1-3　智能完井井下信息传感系统示意图

（3）井下数据传输系统

井下数据传输系统是连接井下数据监测系统和地面数据分析处理系统的纽带，由地面到井下和井下到地面两个部分组成，其中地面到井下部分数据传输方式包括直接液力数据传输、数字液力传输、电-液混合数据传输以及全电动数据传输等，井下到地面传输系统传输方式包括电子传感传输、光纤传感传输等。

（4）地面数据采集、分析与反馈系统

主要由设备部分（包括微型 CPU 或单板机、接口、解码器、存储器、电源、泵组等）和计算处理软件部分（涉及数字信号处理、多源信息融合技术、远程技术等）构成。它的主要任务是对井下传感器采集的、没有经过处理的原始数据进行解码、滤波、校正等处理。经过处理的数据可用于油藏生产动态的实时监测，更重要的是可用于油藏数值模拟器进行动态建模，对生产动态进行数据分析和挖掘，最终形成能够适应油藏动态变化的生产方案和指令。并通过地面控制系统将这些指令反馈到井下执行器，完成对生产过程的实时监控。

智能完井系统的数据管理层次如图 1-4 所示。从图中可以看出，智能完井系统的数据管理从位置上可以分为海上平台数据和陆地办公室数据，两者之间可以彼此交换数据。海上平台的数据来自安装于井底的永久传感器和井口采用树的数据。这些数据通过数据线显示在操作者的仪表盘上。这些数据还可以通过 SCADA，DCS CPU 和 Historian Database 数据库，通过高速的网络协议 TCP/IP 传输到地面，并通过相应的智能完井系统管理软件进行数据的处理。然后再利用专门软件或第三方软件，进行油藏的监测、分析、预测和优化[11]。

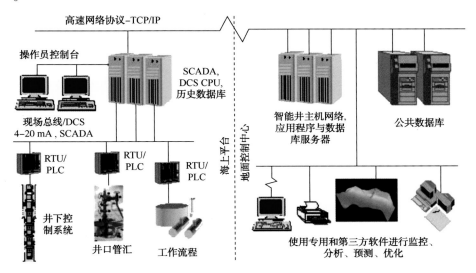

图 1-4　智能完井系统数据管理层次图

## 1.3　智能完井系统的优点及分类

### 1.3.1　智能完井系统的优点

自 1997 年 8 月全球第一口智能井在北海油田成功安装以来，智能完井技术已经应用于油气开采领域超过 20 年，世界上目前采用智能完井技术的油井已经超过数千口[12,13]。智能井适应性强并且应用广泛，诸如水平井、超深井、海上油井及分支井等复杂工况条件油井均可使用，是油井技术未来重点发展方向之一[14-16]。与常规油井相比，智能完井技术的特点与优势有[17-20]：

（1）具备井下参数实时监测功能

智能完井技术具备实时的监测功能，工作人员能够借助远程控制系统实现井下各项参数信息的收集，同时智能完井技术中的控制系统也具备储存信息的功能，所以工作人员能够实现信息数据的连续采集，从而对井下的生产情况展开连续的、实时的监测与控制。基于远程控制系统的信息存储功能，井下各油层段的温度、压力、流量、含水等数据均可以在服务器上保存很长时间，为工作人员后期进行注采分析提供了数据支持。

北美某一口油田欲提高现有稠油油藏的采收率，同时实施极端高温循环蒸汽刺激。该油田需要可靠的实时监控，以便开发储层模型和优化油气开采。传统的监测技术不适合这种应用，因为传统的电子式压力和温度计无法承受极端的储层温度，Halliburton 公司提供了 DataSphere®ERD™ XHT 压力计，这种油管输送的永久性监测系统，采用 ERD-XHT 传感器，用于热增强采油(EOR)应用，增加了可靠性。

（2）增加油气资源可开采量，提高油气资源采收率。

智能完井技术能够针对不同的原油油层段进行控制，在采油的过程中利用智能配产器可以选择性地生产特定的油层段，同时在采油的过程中能够对各个油层段中所含有的油、气、水进行监测，在采油的过程中一旦监测到了水、气锥进，那么工作人员就可以通过智能完井技术对相应的油层段产量进行调整，以达到延缓水、气锥进的速度，延长油井生产寿命。在多层合采过程中还能够利用其他产层的能量，从而提高产层的产量，提高能量利用率。

在阿尔伯塔省北部蒸汽辅助重力排水(SAGD)井组的注水井中进行了初步的现场试验。根据储层中存在的非均质性水平，在分段水平井对中应用提高的注入一致性和生产者差分疏水器控制，可使蒸汽油比降低 45%，采收率提高近 70%。

（3）降低油田开发成本和作业人工成本

智能完井技术可做到在可控的情况下多层合采，因而可减少钻井数目，降低油田开发成本；智能完井技术可以免除或减少常规的测试和修井作业对正常生产的干扰，从而可以节省地面设备的花费和减少修井作业费用，降低生产和作业人工成本。

（4）远程终端控制井下产层，实现油藏管理科学化

智能完井技术具备地面遥控功能，工作人员能够在地面远程识别智能配产器电控阀门的位置，从而结合实际的生产情况有针对性地开、关某一油层段，从而使采油井在不停止生产的基础上实现自身结构的重新构建。对于海上油田、沙漠油田以及偏远地区的油田智能完井技术的远程终端控制功能非常实用。

## 1.3.2　智能完井系统的分类

智能井系统可以分为液压式智能完井系统、电力驱动式智能完井系统、电力-液压混合式智能完井系统以及光纤技术与液压或电动液压混合式智能完井系统四种。液压式智能完井系统由于系统稳定性好，目前仍占智能井主导地位，电力驱动式智能完井系统信号传输速度快，系统控制管线与结构简单，是智能井的发展趋势。

（1）液压式智能完井系统

① Halliburton 公司的 Direct Hydraulic 智能完井系统。如图 1-5 所示，Direct Hydraulic 控制系统采用全液压控制，每一个产层的部件单独占用一条液压开启控制管路，而液压关闭控制管路则是所有设备共用一条，该系统能够与 SegNet™ 网络配合使用，减少了液压控制管线的数量，但当 Direct Hydraulic 系统与 CC-ICV 配合使用时，只能实现打开和关闭两个开度的控制，若与 HVC-ICV 配合使用，则最多能够实现 15 个开度的控制[20]。

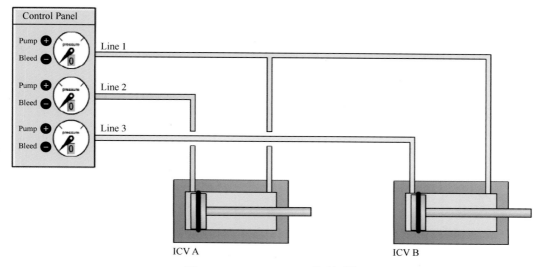

图 1-5　Direct Hydraulic 控制系统

② Halliburton 公司的 Digital Hydraulic 智能完井系统。液力解码控制系统是一种应用液压编码的多节点的液压式智能完井系统。如图 1-6 和图 1-7 所示，液力解码控制系统由液压站、控制管线、液压解码装置、连接装置、井下流量控制阀等构成。液力解码控制系统使用液压编码的方法输送压力和控制流量阀的指令，经液压解码装置解码后与之相对应的井下流量控制阀执行指令。此系统最多控制六个油气产层，通过多系统并行来实现多储层控制，能够满足油田绝大部分油井的层位控制数量要求。通过合理的设计可以将解码器和井下流量控制阀集成化为井下流量控制器，提高可靠性。

③ Halliburton 公司的 Accu-Pulse 智能完井系统。Accu-Pulse 是 SmartWell 智能完井系统的一个补充控制模块，允许操作员通过逐步打开多位置井下流量控制阀(ICV)来控制采出或注入的流体速度，从而加强储层管理，减少循环阀的使用，节约时间，避免压降及层间流动，减少控制管线使用量。Accu-Pulse 控制模块可以与数字液压系统或者直接液压控制系统一起工作，也可以与 HVC-ICV 或 HS-ICV 配合使用。如图 1-8 所示，Accu-Pulse 控制模块通过从 ICV 控制活塞中排出预定量的控制液，提供适当的 ICV 流量微调的增量移动。重复充注和排出相同量液体的能力

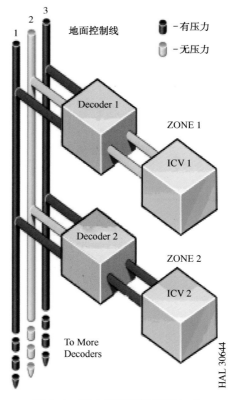

图 1-6　液力解码控制系统(一)

允许 ICV 流量微调精确移动到多达 11 个预先确定的位置。Accu-Pulse 控制模块可与 ICV 活塞的任一侧通信，并可驱动 ICV 打开或关闭。这种能力在一个方向上提供增量定位，当从另一个方向施加压力时，ICV 将被驱动至完全打开或关闭的位置。

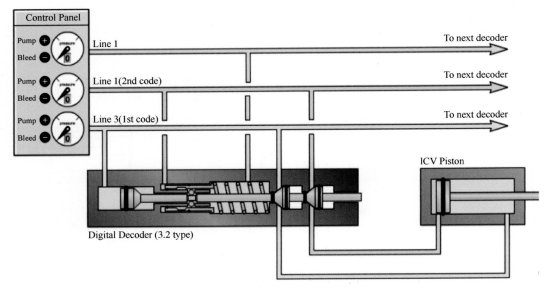

图 1-7　液力解码控制系统(二)

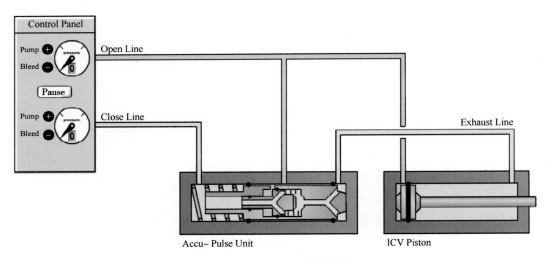

图 1-8　Accu-Pulse 控制模块

④ Baker Hughes 的 InForce 智能完井系统。InForce 智能完井系统属于液压式智能完井系统，如图 1-9 所示，该系统主要采用液压控制，其在井下使用永久性石英传感器进行井下温度和压力数据的实时数据监测，由单独的一条电缆给井下各个传感器提供电力和通信信息传输，再通过另一条液压控制管线在地面远程遥控，实现流量控制阀的打开或关闭控制。

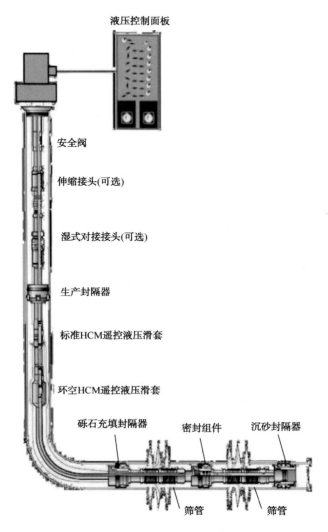

液压控制面板

安全阀

伸缩接头(可选)

湿式对接接头(可选)

生产封隔器

标准HCM遥控液压滑套

环空HCM遥控液压滑套

砾石充填封隔器　　密封组件　　沉砂封隔器

筛管　　筛管

图1-9　InForce智能井系统

⑤ Schlumberger公司的智能完井系统。Schlumberger公司的智能完井系统液压元件系统包括环空流量控制阀（Annular Control Valve）和直列式流量控制阀（In-Line Control Valve）。环空流量控制阀通过可调节的流量孔、槽和喷嘴调节从环空到油管或油管到环空的生产或注入。直列式流量控制阀通过油管调节生产或注入，使用可回收的柱塞和护罩配置，带有可调节的流道和喷嘴。Hydraulic-Integrated System系统最多可以控制15个层位，可以实现各种控制管线的配置，具有用户友好的地面控制界面。

（2）电力驱动式智能完井系统

Baker Hughes公司的InCharge智能完井系统。InCharge智能井系统完全采用电力控制，其主要采用电缆线传输信号和电力进行驱动。如图1-10所示。所示该智能井系统使用可变节流阀套和高精度的温度和压力传感器，能够实时获取到井下的温度、压力、原油产量等生产数据。该系统的优势在于能够仅仅使用单根控制管线实现井下生产控制，大大简化了系统结构，其最多可以控制 12 个井下产层，适用于垂直井、水平井和斜井等。

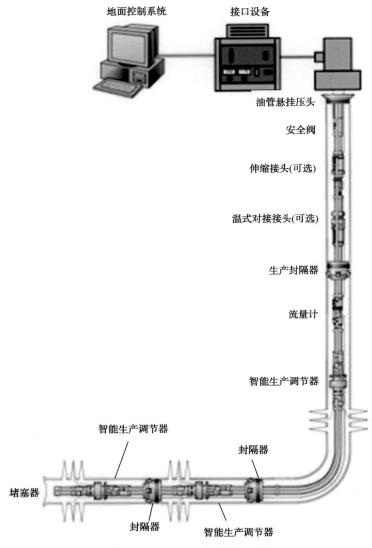

图 1-10    InCharge 智能完井系统

（3）电力-液压混合式智能完井系统

① Halliburton 公司的 SCRAMS 智能完井系统。SCRAMS 智能井系统采用混合控制方式，主要包括电动控制和液压控制。如图 1-11 所示，该系统在井下采用电力传感器收集井下每个产层的温度、压力等数据，其核心部件流量控制阀则采用液压控制。通过采用电缆控制井下电磁换向阀的方式，大大减少了液压控制管线的数量，整个智能井系统只需要两根液压控制管线和一根电缆，便能实现井下多层合采或分层多采的智能化控制[21]。

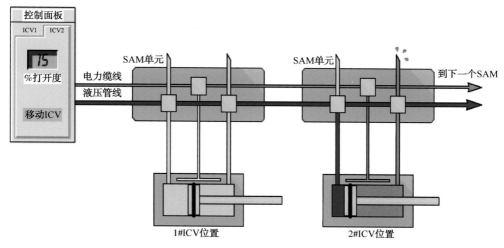

图 1-11　SCRAMS 智能井系统示意图

② Halliburton 公司的 SmartPlex 智能完井系统。SmartPlex 智能完井系统使用地面电力-液压控制管线远程驱动井下控制装置。如图 1-12 所示，电力线控制电磁阀的开闭，液压管线控制井下流量控制阀的开闭。这种多点系统提供了一个井眼内最多 12 个流量控制阀的简单可靠的层位控制，而且控制管线数量最少。其优点在于有助于降低多个流量控制阀智能完井的作业成本，减少流量控制阀的驱动时间，更快捷地完成完井安装和回收作业。电液系统为 ICV 提供高水平的动力，允许 ICV 在一个操作步骤内关闭，具有在一个步骤中将 ICV 从关闭位置移动到任何节流位置的能力。

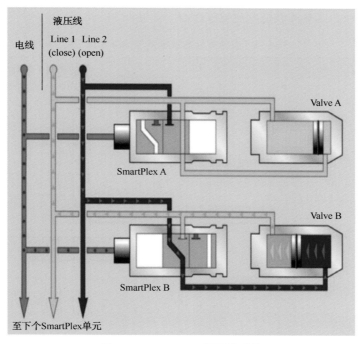

图 1-12　SmartPlex 智能井系统

③ Schlumberger 的 HydroElectric‐Integrated System 智能完井系统。HydroElectric‐Integrated System 智能完井系统的主要产品是 IntelliZone‐HE。该系统有三种可选择的操作方式。一是使用液压操作模块控制,可以利用 N+1 条液压管线外加一条用于监测的电力管线控制 N 个层位。二是使用液压多点模块进行操作,可以由 3 条液压管路和 1 条可选的监控电力线最多控制多达 6 个层位。三是使用电液控制模块的操作,最多由 2 条液压管线和 1 条电力线控制 10 个层位;用于区域控制选择和监测的电线和用于阀门操作(驱动)的液压管路均符合 IWIS 标准;只需一个来自表面的命令就可以在任意位置移动。

(4)光纤技术与液压或电动液压混合式智能完井系统

Weatherford 公司的主要产品为 In‐Well 智能完井系统,该智能完井系统属于光学‐液压式智能完井系统,井下采用光纤温度压力传感器,而流量控制阀则采用液压控制,能够实现井下数据快速反馈和监测,方便快捷地调整井下多个产层的油气开采。光纤监测装置能够提供整个井下剖面的实时数据,而不仅仅是单点数据。随着温度在井中的变化,它会影响激光脉冲光源沿光纤束反向散射的方式,并因此而指示出井底温度和深度,这种提供连续剖面数据的能力在监测井下生产状况方面是独特的。Weatherford 公司的井下光纤传感器能够连续监测井眼温度的最小距离达到了 0.5m,基本实现了全井的温度监测。光纤技术与传统的电子传感器相比,具有更好的耐温、耐腐蚀特点,不受电磁信号的影响,具有更高的可靠性。Weatherford 公司利用光纤传感器技术代替了常规的电子传感器,与纯液压、电动液压控制系统相结合,能够完成全井立体实时监测,方便快捷地调整井下多个储层的开采。

以上四类智能完井系统中电力驱动式智能完井系统信号传输速度最快,系统控制管线与结构最简单,是未来重点的研究方向之一。而液压式智能完井系统由于系统稳定性好,可靠性高,寿命长等优点,目前仍占智能完井系统的主导地位。将国外主要的智能井系统性能参数进行整理,其具体数据对比见表 1‐1[23]。

**表 1‐1 主流智能完井技术产品基本情况**

| 产 品 | 公司 | 控制方式 | 层数 | 节流状态 |
|---|---|---|---|---|
| SCRAM | | 电动液压 | 多层 | 与 IV‐ICV 和 SAM 配合可提供 100 个位置 |
| Digital Hydraulic | | 液压 | 多层 | 开/关两个位置 |
| Direct Hydraulics | Halliburton | 液压 | 多层 | 与 CC‐ICV 或 HVO‐ICV 配合提供开/关两个状态,与 HCV‐ICV、CV‐ICV 及 Accu‐Pulse™ 配合能提供 10~15 个位置 |
| Mini Hydraulics | | | 多层 | 开/关 |
| Accu‐Pulse™ | | | 1 层 | 与 HVC‐ICV、CV‐ICV 配合可提供 11 个位置 |
| InForce | Baker Hughes | 液压 | 1~3 层 | 全开、全关和 6 个节流位置(总油管截面积的 3%、6%、9%、12%、15% 和 20%) |
| InCharge | | 电驱动 | 12 层 | 使用无级(精细)可调节流器提供多个节流位置 |
| TRFC‐E | Schlumberger | 电驱动 | 1 层 | 利用分度系统提供 11 个节流位置 |
| TRFC‐HN AP | | 液压 | 多层 | 利用分度系统提供 11 个节流位置 |
| WRFC‐H | | | 1 层 | 利用分度系统提供 6 个节流位置 |
| TLFC‐H | | | 2 层 | 利用分度系统提供 11 个节流位置 |
| Simple Intelligent | Weatherford | 液压 | 多层 | 开/关两个位置 |

通过对不同国外智能完井系统的对比分析，发现这几家公司的智能完井系统组成结构基本相似，都包括井下生产流量控制系统、井下数据监测系统、井下数据传输系统及地面数据分析处理系统。液压控制在各公司产品中占据了主流。控制层位多达 12 层，节流状态从开/关 2 个位置到 100 多个位置。

## 1.4　智能完井系统适用范围

根据国外成功的经验，智能完井广泛适应于各种油气藏，特别是海上油气田开发和低渗透油气田开发。通过对直井、水平井、长水平井、多分枝水平井、最大油藏接触面积井等复杂结构井安装智能完井系统，配合生产优化控制可实现大幅度提高单井产量与生产周期，高效注水开发和大幅度提高油气采收率，甚至对老井改造（侧钻成水平井、分支井等）智能井，能使低产井、停产井、躺倒井、高含水井等恢复和提高产能，收到起死回生之效。智能完井技术之所以具有突出的油气田开发优势，主要是它能够在投产后的生产过程中实现[2-4,9-18]：

① 控制流动，包括不希望的（地层）流出液流。可以根据实际油藏情况，按照需要注入量分层注水，减少了注入量，提高了注水开发的效率。Halliburton 公司在中东地区安装了一个四层段电力-液压智能完井设备，实现分层流入控制和压力/温度检测。通过对未采用智能井技术的油井生产动态模拟结果与实际生产数据进行对比，结果表明在生产的前三个月，产量提高了 55.6kt。

② 控制多层分、合采。多井分采转成智能井多油层合采后，智能井既可以对油藏中的某一层进行单层单独开采，也可实现多油层同采，在墨西哥湾的一口多层水平井的开采中，利用井下流量控制阀对产层进行动态优化，相对于传统完井采收率提高了 63%。

③ 使可采储量最大化，降低生产风险。挪威 Statoil 公司负责的 Gullfaks South 油田共三口智能水平井。F02 是其中一口。该井使用控制分支井眼的环形流量控制阀 TRFC-HN-AP 及控制主井眼的测线生产阀，各有 11 个生产位置（即全开、全关及 9 个中间节流位置）以提高生产灵活性从而提高产量和采收率。并使可采预测产量从 $240\times10^4\mathrm{m}^3$ 提高到 $540\times10^4\mathrm{m}^3$。

④ 智能井可以提高油层波及效率，最终提高采油率，降低管理成本。在北海油田的一个小型油气藏，当经济状况不支持采用一口生产井和一口注水井再加上相关水下基础设施对油田进行开发时，Halliburton 公司利用流动控制和监测技术、多分支技术对上覆水层自流驱替，这个方案大大减少水下基础设施规模，资本开支节约 50%。

Arashi Ajayi 等人[24]通过对典型油藏的研究表明，同常规井相比，智能井技术能提高产量并维持长期稳产。因此，无论是陆地井、海上平台井、海底井口智能井都能实现有控的最优工作模式。

为什么要采用多层段智能井？因为油气藏地质的复杂性决定了当采用常规井进行生产时，地层的复杂层间能量关系、物性差异、流体渗流速度、油气水动态分布、注采的非均匀、裂缝-断层-高渗带存在等，必然引起流动层间的相互干扰，结果是当其中一个或多个层间发生不利于井的生产因素时，就会影响油气井的生产，甚至停止生产。而通过智能井可让生产管理者有序管理油气水层、按管理者的意图控制地层-储层流体的流动，既可分采又可合采，也可实现分段封隔、选择性分级压裂酸化、重复压裂酸化等，更为实现信息化、智能化、自动化、数字油田奠定基础。最终实现大幅度提高产量、提高采收率和降低开发成本。

随着我国沙漠、深海、边际等特殊油气藏的勘探开发，储层渐渐以多层系与中低渗油藏为主，多层合采井已经成为我国开发这类油藏、提高单井产量与最终采收率的主要手段。然而，由于我国中低渗油藏非均质性强，采用常规多层合采井进行生产时，常常会面临如下问题：

　①井筒内层间干扰严重，单井产量低；

　②油藏易水侵，无水采油期短，单井生产周期短，油藏采收率低；

　③井眼尺寸较小，井下空间有限，常规机械堵水与解堵作业困难。

由于常规技术对上述实际生产问题的处理解决有诸多局限，致使多层合采井生产周期短，单井利用率低，也导致油藏最终采收率的降低，造成巨大的经济损失。这些问题已对常规生产和管理方式提出了挑战，而应对这些挑战则是发展我国智能井技术的主要推动力。

## 1.5　智能完井系统关键技术

为了实现实时监测与实时控制功能，还需要一些关键的技术与之匹配，这些技术具体如下。

　①井下生产流体控制系统及技术。主要包括流量控制阀和封隔器。流量控制阀是智能完井中的关键工具，主要有开/关类和节流类。主要用途：节流一个或多个储层，调整储层间的压力、流体流速流量，或者开关某一储层。通过流量控制阀的节流功能实现对不同层段或者分支流量的单独控制，从而实时干预井下生产动态，实现油藏的控制与合理开采。封隔器可以进行各个地层的封隔，必须设计有传输线和控制线等，一般都有控制管线来操作坐封，也可使用遇油水膨胀的封隔器。国内封隔器的密封压力可高达35MPa，耐温可以达到150℃，适用于各油田封层注水井、需保护套管井以及套管损坏需卡漏的井和采油井。寿命达不到国外的指标。国外封隔器一般采用可取式封隔器，耐温可达150℃，耐压50MPa，由于没有不动管柱洗井的要求，封隔器上无洗井通道，结构比较简单，能有效防止地层反吐，故其工作寿命可达3年以上，可适用于深井和高压注水井，能够满足各类油藏分层注水开发的需要。

　②井下信息采集传感系统及技术。井下信息采集传感系统包括三个方面：温度/压力传感器，流量及流体组分传感器，储层成像传感器。近几年主要发展光纤传感器，尤其是Weatherford已经开发出适用于井下的温度、压力和流量传感器。

　③地面数据采集、分析和反馈系统。地面数据采集、分析和反馈系统包括计算机或单片机；电源；泵组；计算分析软件。可实现数据分析、处理并反馈到井下系统，实现实时生产管理。

　④地面动力系统。地面液压系统（SHS）向位于井内的井下间隔控制阀（ICV）提供加压

液压流体。它还可以从永久井下压力计（PDG）中获取压力和温度数据。地面液压系统是一个独立的独立装置，由一个电液装置组成，能够将高达10000psi的加压流体输送至Smart-Well井下设备。它设计在一个单独的不锈钢外壳内，其中包含一个主液压供应模块和最多6个具有扩展能力的井控模块。

⑤ 井下数据传输及连通系统。井下数据传输及连通系统包括专用双绞线、电缆、液压控制管线、光纤、电缆管线保护装置。该系统关系到整个智能完井系统的可靠性和稳定性，为了使系统中的液压管线、电缆、光纤不被损坏，需要把它们封装在一起。

⑥ 数据处理与系统优化技术。井下自动化监测需要在每一个时间单位收集工程数据，有时甚至每秒钟收集一次，因此，每小时可以收集数万位数据。因此，需要减少此数据的大小，以便高效地存储和利用，可以采用如数据摘要和数据抽取等不同的过滤和压缩策略。

## 1.6 智能完井系统研究现状

### 1.6.1 国内外智能完井技术研究现状

（1）国外智能完井技术研究现状

目前国外拥有智能井技术的公司主要有Halliburton、BakerHughes、Schlumberger、Weatherford等，其中Halliburton公司约占市场份额50%，Schlumberger公司约占市场份额25%，Baker Hughes公司约占市场份额20%，Weatherford公司与其他公司约占市场份额5%。Halliburton公司SCRAMS（Surface-Controlled Reservoir Analysis and Management System）智能井采用了电动-液压控制方式，采用井下电子传感器采集每个产层的压力、温度数据，流量控制阀为液压驱动。通过电缆控制井下电磁换向阀减少了液控管线数量，整个井眼只需2根液压管线和1根电缆便能实现井下多层段开采的智能控制。

Schlumberger公司RMC（Reservoir Monitoring Control）智能井将井下监测和分层流动控制与生产和油藏管理结合在一起。采用液压控制流量控制阀，电子压力与温度传感器监测，电缆传输信号的方式。通过先进的软件和与井场可靠的连接，使操作人员能实时进行生产决策或油藏决策。

Baker Hughes公司InForce智能井是液压型智能井，InForce智能井采用井下永久石英传感器监测井下实时压力和温度数据，由1条单芯电缆给各个传感器提供电力和通信渠道，通过专用的液压控制线在地面遥控井下流量控制阀的打开或关闭，每个滑套需要2条液压控制线驱动。Baker Hughes公司InCharge智能井是完全依靠电力驱动流量控制阀和电缆传输信号的全电动智能井。该智能井使用可变节流阀套和高精度压力和温度传感器，对油管和环空中井底油层的压力、温度及油井的生产和注入情况进行实时监测，对各个油层的流量进行连续监测和控制，该智能井能够同时监测和控制井下12个产层的智能开采。

Weatherford公司In-Well是光学-液压式智能井，采用光纤压力温度传感器，与液控型流量控制阀相结合，能够完成全井立体实时监测，方便快捷地调整井下多个储层的开采。

综上所述，目前智能井的主要类型为全电动式、电动-液压式和光学-液压式。全电动式是智能井系统的未来发展方向，由于液压式稳定性强仍占智能井系统主导地位。对比国外几家油田服务公司的智能井技术，虽然具体技术方案不同，但智能井基本组成基本相似，即智能井主要由井下参数监测系统、井下生产流体控制系统、井下数据传输系统以及地面生产优化控制系统组成。其中井下生产流体控制系统是智能井技术的核心与瓶颈技术。井下生产流体控制系统的关键工具是流量控制阀，通过使用流量控制阀对各产层流体的流量与压力的调控实现对各产层生产流体的流入控制。

（2）国内智能完井技术研究现状

国内目前虽然还没有成型的智能完井系统，但在分层注采和分段完井的工艺技术、封隔器以及井下数据长期监测方面取得一些进展。智能完井技术是近些年发展起来的具有巨大油藏管理潜力的油田开发新技术，其成功应用的关键问题之一是流量控制阀的流量控制[29-33]。目前，国内技术现状还处在对国外技术的跟踪和局部技术的先导性试验阶段，智能完井技术在我国仍处于起步阶段[39]。

西南油气田分公司的气井永置式井下压力温度监测技术研究在地面上可以直接实时监测井下压力、温度数据。胜利油田有限公司从国外引进的直井多层永置式监控系统可以实现每个油层的压力、温度、流量、含水等参数监测[41]。大庆油田研发的智能井技术是在地面通过液压可控制油井流入控制阀，井底没有安装传感器[42]。此组合是由封隔器、流入控制阀、定心装置、安全联轴器、单向阀门和其他标准件组成。由于没有监测系统，并且阀门是单向控制，因此还不属于真正意义上的智能井。在光纤传感器方面，辽河油田的稠油热采动态监测技术研究，解决了高温环境下的传感器高压密封和光纤保护问题，已经成功地应用于油井下的压力实时监测。2011年中国石油天然气集团公司勘探开发研究院采用井下生产流体控制技术等关键技术全套引进国外公司技术，国内配套其余技术的方式完成了一口用于7in井眼两层段生产的智能井，进行了先导性试验。该智能井采用比较成熟的直接水力驱动流量控制阀，采用井下光纤压力与温度测量系统与光纤分布式测量系统，可以实现井下温度、压力和井筒温度剖面的实时测量，实现实时调节井下流量控制阀，现场应用效果良好。但是由于该智能井系统没有安装永久井下流量计，所以各层实时产量不能够及时掌握[43-45]。

由中海油研究总院和西南石油大学联合研制的智能完井系统，于2020年5月23日在南海恩平油田 EP23-1-A10 井完井现场作业中成功完成了试验性应用。该智能完井系统为"十三五"国家科技重大专项"海洋深水油气田开发工程技术"子课题"深水钻完井工程技术"的研究成果。该项目历时四年，完成了从方案设计、室内试验样机加工、测试到海上试验样机加工、地面测试和联合测试，形成一系列完全自主知识产权的智能完井系统理论研究成果，并圆满完成了海上试验性应用。该智能完井系统主要由地面控制系统、解码器和井下流量控制器组成，可以根据储层特性进行分层生产调节控制，实现多层合采或分层开采，提高油气产量、加速生产，进行生产调节、开关层段无须停产或有管、钢丝作业，减少相关生产作业费用和风险。

## 1.6.2　国内外智能井流量控制阀研究现状

（1）国外智能井流量控制阀研究现状

流量控制阀是智能井中控制各产层流入动态的关键控制装置，通过使用流量控制阀的节流功能可以关闭、开启或节流一个或多个产层，实现对不同产层或者分支流量的单独控制，实时调整产层间的压力、流体流速、井筒流入动态，实现油藏的实时控制与优化开采，是控制各产层流入动态的主要控制装置。流量控制阀有两个主要类别：打开/关闭和节流两类。打开/关闭类型的流量控制阀只能工作在完全打开或关闭的位置。通常是因为经济原因应用于关闭产层流体或已经枯竭产层或大量产水的产层。在多层合采井中，控制产层的关闭或开启。节流类型的流量控制阀别名节流阀，可以精确调整阀孔面积的大小。节流类型的流量控制阀可用于控制两个以上产层之间的压力，也用于压裂时控制各产层的注入量。节流类流量控制阀比开/关类流量控制阀结构设计复杂。目前，油藏生产动态控制主要是利用井下节流技术来实现对产层或分支流量的控制。

① Halliburton 层位控制阀。Halliburton 的 ICV 主要以 HS Interval Control Valve（HS-ICV）为主，其可用于高温高压环境，最高耐温 165℃，最大耐压 15000psi[25]。HS-ICV 有开/关型与节流型两种，通过液压控制线提供的压力差，使得阀的执行器进行活塞动作。可与 Halliburton 的直接水力驱动系统或井下数字水力控制系统配套使用。HS-ICV 的阀体开有沟槽，可容许穿过两根 1/4in 的阀位置传感器信号电缆线，阀外可旁挂 6 根 1/4in 的水力管线或电缆线。

HS-ICV 采用金属-金属和热塑料两级密封，采用公差配合和自增强设计，以实现高-低压力下的密封，最高压力可达 15000psi。第一代 HS-ICV 的剖面结构示意图如图 1-13 所示，第二代 HS-ICV 的外观示意图如图 1-14 所示。第二代 HS-ICV 是在第一代的基础上增加了位移传感器，且 ICV 由外滑套形式改成了内滑套形式。图 1-15 为 HS-ICV 的主要组件。HS-ICV 的阀套等部件采用耐腐蚀的碳化钨材料制成，可承受大流量下的冲蚀和腐蚀，过流孔可以有 8 种安装配合，以适应不同的流量控制要求，使作业者能够对井下油藏结构进行优化，从而增加采收率。阀套的结构设计容许通过碎屑，以适应地层的出砂情况。HS-ICV 可选配位置反馈传感器组件，与 Halliburton 的 ROC™M2P 仪表配合，可将阀位反馈回地面。HS-ICV 性能参数如表 1-2 所示。

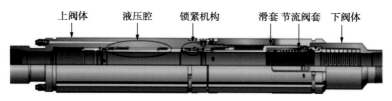

图 1-13　第一代 HS-ICV 剖面结构示意图

图 1-14　第二代 HS-ICV 外观示意图

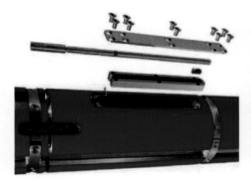

图 1-15　HS-ICV 主要组件

**表 1-2　HS-ICV 主要性能参数**

| 油管尺寸/in | 2⅞ | | 3½ | | 4½ | | 5½ | |
| --- | --- | --- | --- | --- | --- | --- | --- | --- |
| 类型 | 节流型 | 开关型 | 节流型 | 开关型 | 节流型 | 开关型 | 节流型 | 开关型 |
| 阀最大外径/in | 4.660 | | 5.850 | | 7.125 | | 8.279 | |
| 阀最大内径/in | 2.313 | | 2.750 | | 3.750 | 3.560 | 4.562 | |
| 最小内部流动面积/in² | 2.20 | | 5.940 | | 11.04 | | 16.38 | |
| 活塞缸容积/in² | 10.29 | 5.62 | 11.94 | 6.53 | 16.68 | 9.11 | 25.44 | 13.90 |
| 活塞面积/in² | 1.716 | | 1.990 | | 2.780 | | 4.240 | |
| 活塞行程/in | 6.00 | 3.28 | 6.00 | 3.28 | 6.00 | 3.28 | 6.00 | 3.28 |
| 最大工作压力/psi | 7500；10000 | | 7500；10000；15000 | | 7500；10000 | 15000 | 7500；10000 | |
| 最大驱动压力/psi | 10000 | | 10000；15000 | 10000 | 10000 | 17500 | 10000 | |
| 最高工作温度/℃ | 135 | | 165 | | 135 | | 135 | |
| 最大卸载压力/psi | 5000 | | | | | | | |

② Schlumberger 的流量控制阀。Schlumberger 的流量控制阀主要为 TRFC-LT、TRFC-DP、TRFC-IZ、TRFC-HN 和 TRFC-HD 五种。

TRFC-LT 最大工作压差为 5000psi，最高工作温度 125℃。TRFC-LT 的操作者能够通过分层生产来优化油井性能。这些阀门可以是集成智能完井的一部分，也可以作为完井工具独立安装。地面驱动的井下流量控制阀 TRFC-LT 是通过在平衡活塞上施加压差进行驱动的。平衡活塞设计消除了在操作过程中抵消控制管路静水压头的需要，增加了阀门的设置深度。这种流量控制阀有两种类型：开-关型或四位节流型。对于多位置的流量控制阀，可提供各种尺寸的节流阀套。TRFC-LT 是一种直接位置阀，可以从任何位置直接切换到任何其他位置，其外观如图 1-16 所示。单层井位需要两条液压控制管线，对于带有多个 TRFC-LT 阀门和无多点模块的多层位井，每个阀门都有一个专用的"打开"管线，而单个"关闭"管线则由所有管线共用。可选的液压多点模块可以用更少的液压管路选择性地控制更多的 TRFC-LT 阀门。管线数量由 WellBuilder* 完井系统设计软件确定，并取决于所使用的开关阀和多位阀的配置。该模块将所需压力引导至控制阀活塞的相应一侧，以驱动所需的流量控制阀。通过整合来自多个层位或油井的数据的实时工作流，WellWatcher Advisor* 实时智能完井软件可以提供解决方案，并具备以下能力：能够通过机械节流模型确定每个区域的实时流速；利用 PVT 数据修正井下流体性质，提高计算精度；计算实时拟稳态产能指数和平均油藏压力；识别表现不佳的区域和油井；改进井筒清理流程；优化流量控制阀位置，以加速生产并最大限度地提高回收率；使用累积量对储量进行分区回馈。

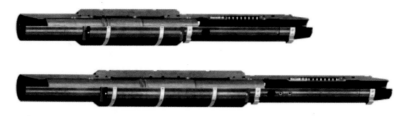

图 1-16　TRFC-LT 外观图

TRFC-DP 最大工作压差为 7500psi，最高工作温度 163℃。Proteus*电液流量控制和监测系统是一个集成的模块化单元，使操作员能够简化油井设计，降低安装复杂性，增加井下控制，并有效地优化生产。该系统的示意图如图 1-17 所示，可以在一条电力线和两条液压线路上进行多个（最多 12 个）Proteus 系统连接。TRFC-DP 直接位置流量控制阀是 Proteus*电液流量控制和监测系统的重要组成部分。TRFC-DP 直接位置流量控制阀可直接从任何位置移动到任何其他位置，可与内置绝对位置传感器一起使用，该传感器可检测节流位置。其他功能包括：多个 Proteus 系统一起安装时，从地面控制室以一组顺序快速定位多个区域；充当保护套以防止节流阀密封在驱动和操作期间暴露在高压差下的腐蚀性流体中。

TRFC-IZ 最大工作压差为 5000psi，最高工作温度 121℃。IntelliZone CoMPact II*模块化多区域管理系统包括一个 TRFC-IZ 流量控制阀（FCV）和一个可选的液压多点模块。TRFC-IZ 实现了分层生产的井下控制。它是通过在平衡活塞上施加压差从表面驱动的。平衡活塞设计消除了在操作过程中抵消控制管路静水压头的需要，延长了阀门的设置深度。该阀采用多种材料制造，适用于广泛的生产应用。TRFC-IZ 外观如图 1-18 所示，TRFC-IZ 是一种环空阀，可分为两种类型：开/关阀或四位节流阀。对于多位节流阀，有各种尺寸的节流阀套可供选择。内部套爪机构将节流阀固定在所需位置，防止

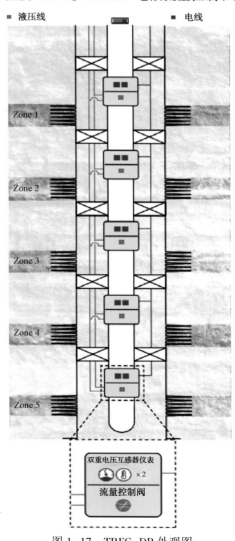

图 1-17　TRFC-DP 外观图

液压管路中的振动或不平衡导致意外移动。保护阀套可防止节流密封件暴露在流体中，避免在高差压下腐蚀性流体对它的损坏。在发生意外情况下，TRFC-IZ 可通过整体换挡结构轻松地快速换挡。单层井需要两条液压控制管路。对于多个 IntelliZone CoMPact II 系统且无多点模块的多层井，每个流量控制阀都有专用的"开启"线，而单个"关闭"线由所有层位的流量控制阀共用。可选的液压多点模块可以用更少的液压管路选择性地控制更多的 FCV。例如，在四层油井中，它可以将控制线的数量从五条减少到两条。管线数量由 WellBuilder 软件确定，并取决于所用的开关阀和多位置阀的配置。该模块将所需压力引导至流量控制阀活塞的相应侧，以驱动所需的阀。

图 1-18　TRFC-IZ 外观图

　　TRFC-HN 可回收流量控制阀为智能完井中的双层或多层井提供地面驱动的井下流量控制装置。驱动方法基于经验证的 Camco* 气举和井下安全系统，使用压力循环将阀门移动到选定的节流位置。流量控制阀可以适应积垢、腐蚀和其他的恶劣环境。流量控制阀采用多种材料制造，均符合 NACE 规范 MR0175。多个 TRFC-HN 一起使用使得选择性控制储层更加可靠。TRFC-HN 使用一条在地面操作的专用液压控制管线来驱动流量控制阀，其外观如图 1-19 所示。在控制管路上使用液压驱动，当控制管路压力释放时，气压弹簧返回到适当的位置。TRFC-HN 是唯一的单控制管线驱动的流量控制阀，它包含一个闭合的液压系统，不受环空或油管的影响，也不与之连通。它对环空压降不敏感，因此比传统的单线驱动阀具有更大的工作范围。TRFC-HN 阀有两种版本：环空阀和直列阀。环空阀控制环空和油管之间的流量。直列阀控制同一油管内的流量。这种阀门在节流段上有一个导流罩，在节流段正下方安装一个可回收的塞子。流体在通过节流阀重新进入油管之前被引导到导流罩中。TRFC-HN 阀门使用经过现场验证的控制管线连接，可以进行外部压力测试。环空阀可以绕过 2×0.433in 的密封控制管路，直列阀可以绕过三个密封管路，从而确保在任何完井设计中与液压和电气系统高度兼容。TRFC-HN 阀的标准配置有 11 个位置，包括全开、全关和 9 个中间节流位置。由于每个位置的节流孔面积可以定制，并且可以为不同的位置配置分度器，因此很容易使这种阀门适应特定的储层需求。TRFC-HN 阀门提供了开关、三位和四位配置。这些配置的主要优点是增加了一条控制管路上连接的流量控制阀的数量。该阀门采用喷嘴设计流道，以确保各种节流阀位置的明确的流动特性，并在高压差下将冲蚀降至最低。节流阀的位置由一个专门设计的 J 形槽分度器控制，它可以在每个位置移动节流阀，从而实现精确的流量调节和控制。气动弹簧将节流阀固定在所需位置控制管路压力释放后，确保振动不会意外移动阀门。两种类型的阀门都使用一个完整的、选择性的短节来密封滑套，以应急隔离层位。Schlumberger 的 WellWatcher* 永久监测和通信技术可与 TRFC-HN 阀结合使用，以监测井下压力和温度，并可实时清楚地了解和精确控制储层。

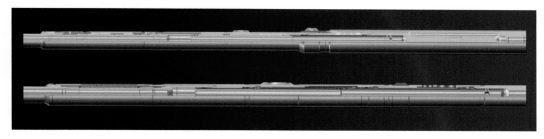

图 1-19　TRFC-HN AP 和 LP 单线流量控制阀外观图

　　TRFC HD 双线多位置流量控制阀实现了地面驱动的井下油气采注控制智能完井方式。使用多个 TRFC-HD 阀可以选择性地控制储层。TRFC HD 阀采用多种材料制造，以适应广泛的油、水和天然气环境，包括具有多层合采的天然气举升的高流量生产和注入井。健壮的设计使 TRFC HD 阀适用积垢、腐蚀和其他要求的恶劣环境。有两条液压控制管线来驱动 TRFC-HD 阀，在两个控制管路之间施加压差会开启流量控制阀，结构外观如图 1-20 所示。在多层智能完井中，每个流量控制阀专用一条开启管线，并与其他 TRFC-HD 阀共用一条关闭管线。由于完全平衡的活塞设计，工作深度几乎不受限制。TRFC-HD 阀有两种类型：环空阀和直列阀。环空阀控制环空和油管之间的流量，直列阀通过使用导流罩和可回收堵头设计来控制油管内下游区域的流量。堵头位于节流段的正下方，流体在通过节流阀进入之前被分流到导流罩中。在注入井中，由于流动路径是反向的，因此堵头位于节流部分的正上方，在流体进入节流阀之前再次被分流到导流罩中。多位置阀门 TRFC-HD 阀门的标准配置有八个位置，包括全开、全关和六个中间节流位置。它便于适应特定的储层，因为可以定制每个位置的节流孔区域，并且可以配置分度器。节流阀的设计旨在确保各种节流阀位置的明确流动特性在高压差下以减小冲蚀。节流阀的位置由一个特殊设计的 J 形槽分度器控制，实现精确的流量调节。内部套爪机构将节流孔固定在所需位置，确保系统振动或管路压力不平衡也不会移动滑套。Schlumberger 产品主要性能参数如表 1-3 所示。

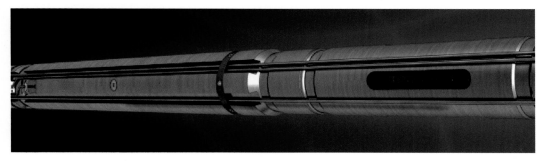

图 1-20　TRFC-HD 外观图

表 1-3　Schlumberger 产品主要性能参数

| | TRFC-HD | TRFC-HN | TRFC-IZ | TRFC-DP | TRFC-LT |
|---|---|---|---|---|---|
| 产品尺寸/in | — | $2\frac{7}{8}$ | $2\frac{7}{8}$ | — | — |
| | $3\frac{1}{2}$† | $3\frac{1}{2}$ | $3\frac{1}{2}$ | $3\frac{1}{2}$ | $2\frac{7}{8}$ |
| | $4\frac{1}{2}$ | — | — | — | — |
| 节流位置 | 2, 4, 6, or8 | 7or11 | 2or4 | 8 | 2or4 |
| 额定工作压力/psi | 7500‡ | 7500 | 5000 | 7500 | 5000 |
| 最大平衡压力/psi | 3000 | 1500 | 1000 | 3000 | 1000 |
| 最大流体压差/psi | 1500 | 1500 | 1000 | 1500 | 750 |
| 工作温度/℉ | 40~325 | 40~325 | 68~250 | 68~300 | 40~257 |
| 最大流量/(bbl/d) 2⅞in valve | — | 17000 | 17000 | — | 10000 |
| 3½in valve | 40000 | 40000 | 44000 | 25000 | — |
| 4½in valve | 50000 | — | — | — | — |
| 节流位置改变 | 分度式 | 分度式 | 分度式 | 直接位置 | 直接位置 |

③ Baker Hughes 的流量控制阀。Baker Hughes 的流量控制阀主要有 HCM 节流阀、HCM-PlusTM 滑套、HCM-ATM 可调式油嘴系列和 d. IPR 电动流量控制阀。

　　Baker Hughes 于 2007 年申请的专利，关于控制井下流量控制装置-流量控制阀的方法如图 1-21 所示[27]。Baker Hughes 的 HCM 系列井下液压调节节流阀有 8 个节流位置的启动器来实现多个位置的节流。

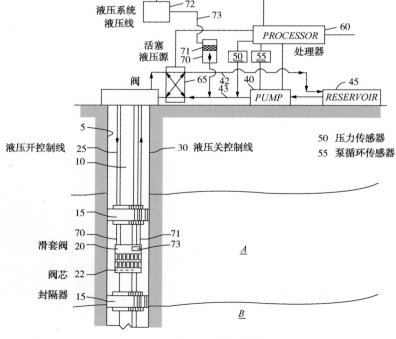

图 1-21　井下流量控制装置

  a. HCM 节流阀。水力滑套阀（HCM hydraulic sliding sleeve）由地面的 2 根水力管线控制，基于阀的液压缸室的压力平衡原理工作，有点类似于工业上常见的标准安全阀的原理，为开、关型阀，结构示意图如图 1-22 所示。HCM-A adjustable choke 是在水力滑套阀的基础上改进的，为节流型，有可以更换的 6 种节流滑套。

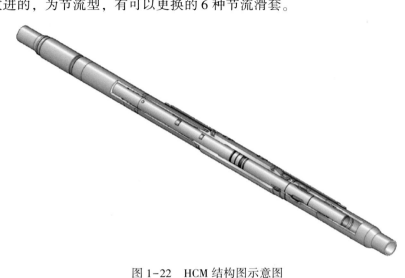

图 1-22 HCM 结构图示意图

  b. HCM-Plus™滑套。Baker Oil Tools 公司的 HCM-Plus™滑套是最初 HCM 滑套的加强型改进版本，它具有选择性分层生产和注入功能，无须油井修井作业，采用液压方式实现打开和关闭切换，通过连接地面和井下滑套补偿活塞的两条液压控制管线传递液压。HCM-Plus™滑套系列技术指标见表 1-4。

表 1-4 HCM-Plus™滑套系列技术参数

| 型号尺寸/in | $3\frac{1}{2}$ | $4\frac{1}{2}$ | $5\frac{1}{2}$ |
|---|---|---|---|
| 油管尺寸/in | $3\frac{1}{2}$ | $4\frac{1}{2}$ | $5\frac{1}{2}$ |
| 密封孔/端面尺寸/in | 2.812 | 3.750 | 4.562 |
| 外形选择 | A-1，AR，AF | | |
| 最大外径/in | 5.25 | 6.25 | 7.375 |
| 最大通径规外径/in | 5.85 | 6.9 | 8.255 |
| 工作压力/psi | 7500 | 7500 | 6300 |
| 压差卸载限制/psi | 1500 | 1500 | 1500 |
| 抗张强度/kg | 63492 | 130635 | 122449 |
| 最高温度/℃ | 163 | 163 | 149 |
| 控制腔压力/psi | 10000 | 10000 | 6300 |
| 活塞缸容积/in³ | 19.17 | 31.08 | 28.4 |

  c. HCM-A™可调式油嘴系列。HCM-A™是一种多位节流器，适用于无须实施修井作业的选择性分层控制。HCM-A™液压平衡活塞要求每个控制阀配置两条控制管线，通过

利用第三个活塞腔室的一个端口，多位阀可以设计为共享一条公用闭合管线，以减少控制管线的总数量。液压作用在活塞两端，在两个方向上都产生一个高于密封摩擦力的推动力，这样很容易克服由于井内环境产生的额外的摩擦。为了将油嘴从一个位置调节到另一个位置，HCM-A™首先被调整到完全打开状态，然后再调整到接近某个刻度以到达下一个节流位置。HCM-A™可调式油嘴系列技术指标见表1-5。

**表1-5　HCM-A™可调式油嘴系列滑套系列技术指标**

| 尺寸/in | 3½ | 5½ |
|---|---|---|
| 最大工具外径/in | 5.340 | 8.00 |
| 最大通径规外径/in | 5.856 | 8.31 |
| 密封筒内径/in | 2.813 | 4.43 |
| 外形选择 | A-1 可选 | |
| 节流位置数量 | 6+全开/全闭 | |
| 标准节流位置(油管总面积的,%) | 3，6，9，12，15，20 | |
| 最大流量/(m³/d) | 2385 | >2385 |
| 最大控制腔室压力/psi | 10000 | |
| 最大工作压力/psi | 7500 | |
| 温度范围/℃ | 4~163 | 4~149 |

　　d. IPR( Intelligent Production Regulator)电动流量控制阀。IPR 是在 HCM-A™的基础上研发出来的，采用旋转电机驱动丝杠推动滑套移动，控制滑套的开启程度，并且与多个压力和温度传感器合成一体，可以无级调控阀孔的开度，在断电后不需要重新调节节流阀位置。IPR 组成的 InCharge 系统的所有电力线、信号传输线封装在一根直径为 0.25in 电缆中，增加了系统的可靠性，减少下入时间和相关费用。IPR 可以产生最大的驱动力为45kN，能监控多达 12 个层段。IPR 结构示意图如图 1-23 所示。

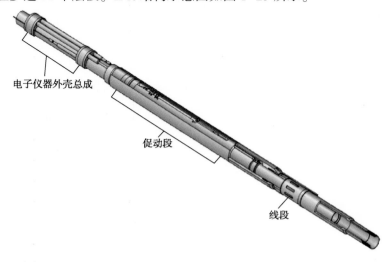

电子仪器外壳总成

促动段

线段

图 1-23　IPR 滑套阀结构示意图

④ Weatherford 的流量控制阀。

a. ROSS 系列流量控制阀。Weatherford 公司的 ROSS 系列流量控制阀可以增强油藏管理与优化产量，采用液压方接头方式连接液压管线与缸体，通过液压驱动滑套移动，不需常规的连续油管或钢丝绳等工具进行干预[28]。非弹性密封系统可以确保在恶劣的井下环境中保持密封的完整性。大流量区域孔减少压降消除了潜在的侵蚀、结垢和生产损失。ROSS 主要用于至少四个产层的多层合采智能井，可以经济高效地提高单井的产量。可以选择性地开、关产层，并且监测每一个产层。通过合理地控制生产压差可以有效地防止产层出砂，ROSS 的主要技术参数如表 1-6 所示，Weatherford 公司 ROSS 结构如图 1-24 所示，主要由液压管线接头、液压方接头、热塑料密封组和滑套组成。

表 1-6　ROSS 主要技术指标

| 名　　称 | 环空阀 | | |
|---|---|---|---|
| 尺寸/in | $2\frac{7}{8}$ | $3\frac{1}{2}$ | $4\frac{1}{2}$ |
| 最大外径/in | 4.675 | 5.500 | 6.500 |
| 最小内径/in | 2.312 | 2.750 或 2.812 | 3.813 |
| 总长/in | 5.58 | | 6.03 |
| 工作压力/psi | 10000 | 7500 | |
| 最高工作温度/℃ | 177 | | |
| 控制管线最大压力/psi | 10000 | | 8200 |
| 最大压差开启压力/psi | 1500 | | |
| 最多旁通控制管线数量与尺寸 | 3 根 23×12mm | 3 根 23×12mm 与 1 根 11×11mm | |
| 材料 | 13%chrome，80-ksi minimum yield strength | | |

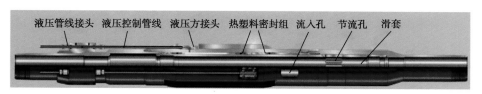

液压管线接头　液压控制管线　液压方接头　热塑料密封组　流入孔　节流孔　滑套

图 1-24　ROSS 结构示意图

b. OptiSleeve 滑套。Weatherford 的 OptiSleeve 滑套是一种安装在油管上的装置，用于调节来自各个产层的流量或控制油管与环空之间的通信，OptiSleeve 滑套结构示意图如图 1-25 所示。该工具有一个连接，可最大限度地减少潜在的泄漏路径。非弹性密封在恶劣环境中具有化学惰性。OptiSleeve 工具可以使用在钢丝绳、连续油管或冲洗管上运行的标准 B 移动工具打开或关闭。OptiSleeve 工具有两种版本：OptiSleeve 版本包含完整的过渡螺纹接头外形，并指定为 OptiSleeve U（向上打开）工具或 OptiSleeve D（向下打开）工具。可逆 OptiSleeve I 版没有螺纹接头轮廓，只需翻转套筒即可作为开口套筒或开口向下套筒运行；无须转换。该版本最大限度地提高了完井灵活性，可与安装在 OptiSleeve 工具上方的落地短节剖面一起运行，以确保油井安全。OptiSleeve 滑套可以实现封隔器之间各个区域的流量调节，可以使得完井液或压井液从环空循环到采油封隔器上方的油管，还可以进行产层注水。非弹性密封在恶劣环境下具有化学惰性，可在高达 375℉（190℃）和 10000psi（68948kPa）的温度下提供可靠的密封。平衡槽的设计是为了防止在压差下打开滑套时损坏密封件。可逆销×销设计允许通过简单的工具反转来降档或升档打开。标准钢丝绳 B 移动工具打开和关闭滑套，无须对滑动套管进行复杂的转换。

图 1-25 OptiSleeve 滑套结构示意图

对比国外几家公司的生产流体控制关键工具的结构，液控型流量控制阀均采用液压活塞带动滑套移动调节阀套的节流开度；IPR 电动流量控制阀采用电机带动滑套移动调节阀套的节流开度。其中液控型流量控制阀的关键技术是滑套与流体节流阀套的节流与密封技术、液压驱动装置结构及其密封技术等。电动流量控制阀的关键技术是井下高温高压低功率大扭矩的电机技术、滑套与流体节流阀套的节流与密封技术、电机驱动装置结构及其密封技术等。虽然，电动流量控制阀较液控型流量控制阀具有很多优势，但是，电动流量控制阀受井下电机技术与密封技术的约束，只能适用于一定井深的井，而液控型流量控制阀则没有电机方面的约束，可以适用于深井及超深井。因此，选用什么驱动方式的流量控制阀，需要根据油田现场的情况而定。

（2）国内智能完井流量控制阀研究现状

刘均荣等对比分析了 ICV 与 ICD 类型、特点以及优化方案和现场应用[46]；王金龙等设计出适用于 7in 井眼的智能井系统，包括流量控制阀、穿越式封隔器、双点温压传感器托筒以及穿越式井口等关键工具[47]。其中流量控制阀可完成 7 个位置的节流，每层均由一根独立的液控管线及一条公共管线控制；王威等研制的井下无级流量控制装置，可实现无级流量调节和重复开关动作，设计了关闭锁定装置，避免了关闭时的误操作[48]；杨继峰等对井下电控流量阀进行了研究，通过电机带动滑套上下运动实现流量阀的开关，并配备位置传感器，可实现流量的精度调节[49]；廖成龙等提出了液控光纤型流量控制系统 IC-Riped，并研究推导出控制管线压降与流量的关系[50]；何东升等对井下流量控制系统进行了研究，设计并制造了井下流量控制系统的样机[51-53]；王海皎等提出了变磁阻式直线电机的流量控制阀的设计方案，通过多节电机串联增强驱动[54]；杨莹娜等提出了直接液压驱动+光纤测量的智能井完井方案，并针对小井眼提出全电动 ICV 的解决方案[55]。张冰等人对智能完井井下流量控制阀的数据监测和处理系统进行了研究[56-58]。

中国石油天然气集团公司勘探开发研究院购买的国外某型号的流量控制阀，其采用液压推动活塞运动带动节流器滑动开启或关闭阀的节流孔，以此来控制地层的进液量。该流量控制阀上缸体上开有 2 个开启进液孔道，其中一个进液孔道通过 1/4in NPT 接头进行螺纹密封连接，另一个为备用进液孔。当液压通过液压控制管线和流量控制阀上缸体的进液孔道进入上缸体内的活塞缸内，液压将推动上活塞移动，带动节流器移动到需要开启流入孔眼的位置。流量控制阀下缸体上开有 1 个公共关闭进液孔道，通过 1/4in NPT 三通接头进行螺纹密封连接。当液压油通过公共关闭液压控制管线和流量控制阀下缸体的进液孔道进入下缸体内的活塞缸内，液压油将推动下活塞移动，推动节流器移动到需要关闭流入孔眼的位置。该流量控制阀分为四级节流、全开、全关和 2 个节流位置。该流量控制阀结构如图 1-26 所示。

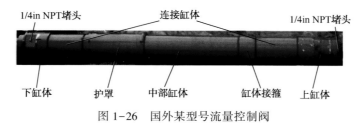

图 1-26　国外某型号流量控制阀

### 1.6.3　国外智能完井井下数据采集系统研究现状

目前，具有智能井系统的各公司都开发了与其井下监测系统相配套的地面数据采集系统，能够实现远程访问、数据下载、数据操作和报警等功能。Schlumberger 公司的 InterACT 实时监测和数据传递系统能够连续监测、按需查询和远程控制关键井场参数，为全球用户提供了基于 Web 技术的协同工作模式。Halliburton 公司的 iAcquire 系统能够对分布式温度监测系统（DTS）和井下压力/温度数据进行基本的处理、显示和存储，实时绘制数据之间的关系曲线，提供多井管理方案。Roxar 公司的 DACQUS 系统是一种分布式系统，能够为本地和远程用户提供历史数据和实时数据，并通过 TCP/IP、ODBC、OPC 等多种接口协议与第三方进行通信。Weatherford 公司的光学传感器数据处理系统可以满足不同的数据访问和数据管理要求，连接到监控、报警和数据采集系统（SCADA）或远程终端的 MODBUS 协议使平台生产工作人员能够将生产监测数据关联起来。

ProvosionDSP 系统是 Promore 工程公式的新一代油田用井下数据地面采集系统，与大多数传感器都兼容。它通过加密通信系统或移动电话、卫星、无线调制解调器以及 SCADA 实现数据远程通信，或利用 Promore 公司的 DATA web 网络来获取数据。ABB 公司的 Opimize17 系统以传感器获取的数据为基础，具有实时数据采集、历史数据输入、数据文件输入、以实时和脱机方式显示数据变化趋势、数据处理和分析评价等功能。它利用各个数据点来同时模拟整个生产系统中的所有流动，使得系统不再仅仅依赖单个传感器，从而提高了系统的可靠性和稳定性。

### 1.6.4　国外智能完井永久式井下仪表监测数据处理与分析研究现状

传统油气井生产时，井下数据常常是通过地面仪表的数据进行推算得到，其结果存在较大误差，且不能实现对生产动态的实时监测。自 20 世纪 60 年代早期第一例安装于陆上油井的永久式井下仪表（PDG）正式使用以来，井下数据已经能够通过电子仪表或光纤测量，经由电缆或光纤传输到地面，从而实现对井下生产动态的连续监测。但是由于智能井井下长期监测数据具有数据集海量、包含异常点和噪声、具有多个压力升降变化阶段等特点，不能直接用于油藏建模或用现有试井解释理论进行解释[59]。从 20 世纪 90 年代开始，多位学者已经提出了一些针对 PDG 数据处理与分析的方法。最具有代表性的是斯坦福大学的 Athichanagorn 等人建议的七个步骤，即：消除异常点、降噪、瞬态识别、数据精简、流量历史重建、行为滤波和移动窗口分析[60]。前四个步骤用于数据处理，后三个步骤用于数据分析和解释。之后学者们的研究大多是以他的"七步法"为基础进行的。

（1）消除异常点

在压力监测过程中，数据可能含有不同程度的异常点，因此，Athichanagorn 等人提出用迭代阈值消除异常点，即依次用 20psi，15psi，10psi 和 5psi 作为压力阈值来逐步消除阈值以外的异常点[60,61]。Khong 进一步解释了尖峰异常点和步异常的概念，并尝试使用 Athichanagorn 等的方法去消除这两种异常点，但是失败了。因此 Khong 建议手动删除异常点。Viberti 提出了一种改进方法，即通过在第一层小波分解系数中设置大、小振幅的阈值来对异常点进行识别，但在这种方法中没有考虑步异常点[62]。此外，Olsen 的研究表明，中值滤波器可以比小波方法更有效地消除异常值[63]。然而，前者对所选窗口和异常值的大小是敏感的，并且不能有效地消除步异常值[64]。因此，现有的方法不能有效删除所有类型的异常值，并且在长期压力变化过程中采用一个恒定的阈值也是不适合的。

（2）降噪

在时间序列中，噪声是指一组分散在整个数据变化趋势中数据点。智能井井下压力数据的主要问题是在进行预处理消除异常值后，如何使真实数据与高斯白噪声分离。目前，已经有多位学者提出了基于小波阈值的降噪方法和改进算法，并且在某些情况下这几种方法的确有效[65]。然而，小波阈值方法的降噪效果强烈地依赖于所选小波的类型、分解尺度和阈值。使用不同类型的小波函数分解相同的数据集会产生不同的结果[66]。对于影响 PDG 数据降噪效果的三个重要因素（即小波函数、阈值和分解尺度），目前没有进行全面的综合性比较分析，因此，在降噪过程中如何优化这三个因素组合，以达到最佳的降噪效果，这个问题值得进一步研究。

（3）瞬态识别

一口井完整连续的油井生产历史和作业记录是很难得到的。例如，流量通常是在地面进行的不连续测量，有时是一周一次或每月一次，所以其间的流量变化是未知的。但是，当流量变化时，井底压力会随之产生一个相应的突变。这些突变点（也被称为断点）可以从连续的压力信号中识别出来，它们对应于流量变化的开始和结束时刻。因此，通过断点识别将不同压力瞬态过程区分开来的过程被称为不稳定状态识别（或瞬态识别、断点识别）。目前，用于瞬态识别方法有：小波模极大值方法[67]、模式识别（拟合）方法[68]、斜率法、SG（Savitzky-Golay 的缩写）平滑滤波器和分割方法[69]和小波分析方法[70]。所有这些瞬态识别方法在处理实时 PDG 数据时都表现出一定的局限性。模式识别方法主要取决于预定义的瞬态模式，即只有理想的压力恢复和压降模型能够被识别出来。斜率法中压力的斜率阈值取决于相关工程师的经验。这两种方法的效果对移动窗口的大小非常敏感。SG 滤波器和小波模极大值方法也有类似的限制，但后者比前者更灵活。小波模极大值是小波分析方法的核心。然而，在一些实际的 PDG 压力数据中不存在小波模极大值，这导致小波分析方法的阈值难以确定。因此，需要研究一个新的算法来有效地识别不稳定状态过程的断点。

（4）数据精简

智能井生产过程中收集的 PDG 数据集非常庞大。然而，计算机的存储和计算资源是有限的，不可能所有的数据点都可以被包涵在分析和应用中。因此，必须删除一些冗余信息，将数据量减少到一个可以管理的范围内。这个过程被称为数据精简（或数据压缩）。目前，数据精简的主要方法是同时使用压力阈值和时间阈值来压缩数据点，就是仅当压力变化幅度超过预先规定的压力阈值时，数据点才被保存。考虑到压力可能在一定时期内保持不变或变化的幅度非常小，所以又将时间间隔设置为限制条件。例如，当时间间隔超过预设的时间阈值时，数据点被存储一次。然而，这种方法很容易将压力不稳定过程识别中的有用断点信息删除掉。因此，数据精简不是简单地增加数据点的采样间隔，减少数据点的数量，它必须在保护断点信息的前提下进行。

（5）流量历史重建

流量历史重建对于详细的井/储层参数计算非常重要。已经有多位学者提出了一些基于压力、温度和流量相互关系的流量历史重建方法。最简单的方法是利用产能公式或无穷大径向流动模型来进行流量重建。最有意义的进步是通过利用准确的解释模型来校正流量对应的压力值。但是当用于不稳定状态和一些复杂储层模型时，这些方法都存在局限。

Athichanagorn 运用非线性回归的方法进行流量历史重建。即在当前的移动窗口范围内，先通过压力导数确定储层模型，并在此基础上建立曲线拟合模型，然后用最小二乘法进行非线性回归，从而求出拟合模型中的最佳参数。他的非线性回归是建立在已经识别出了储层模型的基础上，且与移动窗口的大小密切相关，因此对于未知储层模型的情况就不适用了。Thomas、SanghuiAhn、Wang 等人运用试井分析基础的 Duhamel 原则，将井筒压降作为储层以时间为函数的脉冲响应与流量的卷积，并利用时间域方法去掉公式中的卷积，然后用最小二乘法对去卷积后的产量压力函数进行拟合[71-74]。去卷积可以让人们得到一个储层在经历一段时间后的动态展开图，因此相比较于只有单独一个瞬态的单一分析，去卷积可以提供 PDG 数据环境下更多有价值的信息。然而，去卷积也是有缺陷的，它在整个计算时期内存在一个潜在的假设，即储层模型保持常量不变。而在实际中，这个假设并非总是有效的。此外，压力和产量数据的误差也直接影响去卷积方法的效果。Li、Zheng 等人根据信号与系统理论研究发现，产量的变化量与高频压力值的振幅之比在产量变化时刻为常数。于是，通过小波变换识别出生产过程中的产量变化事件及对应的压力不稳定阶段，然后结合压力和累计产量进行流量历史重建[75]。

（6）数据分析应用

目前，全世界已经有数以万计的油井安装了井下永久式传感器，然而它们通常仅被用作监测井下设备的工作状态，而很少将这些数据用于储层分析[76]。PDG 数据背后丰富的信息资源和作用包括：操作大容量数据；去卷积以观察特征动态；识别断点，以分离不同瞬态；渗透率和表皮作为函数随时间的变化，流量信息，温度测量等。已经有多所大学和研究机构专门针对 PDG 数据展开了应用分析研究。爱丁堡赫瑞瓦特大学（Heriot-Watt University）的 David Davies 教授领导的智能井技术研究团队以北海油田多口智能井应用案例的压力/温度数据分析为基础，对判断水侵时间和位置[77-79]、井下各层产量及相关物性参数的计算[80,81]、智能井处理储层伤害[82]、流体前缘移动优化[83]、优化 ICV 位置和生产管理[84-86]等进行了研究。斯坦福大学智能油田研究中心与 BP、Chevron、Exxon Mobil 等石油公司合作，在永久式监测数据的处理与解释[87]、自动历史拟合[88]生产实时优化等方面进行了研究。代尔夫特理工大学的研究工作主要集中在理论和算法方面，即通过测量和控制来提高原油生产水平，主要强调油藏管理，尤其是闭环油藏管理技术方面的开发。它与斯坦福大学共同成立了闭环油藏管理小组，进行闭环控制和优化方面的研究。

## 1.6.5　国外智能完井生产数据管理系统研究现状

随着井下监测技术（特别是光纤监测技术）的发展，多参数、多通道、高速度数据传输将为数据处理带来新的挑战。如何有效地利用这些海量的井下监测数据为油井实时管理和生产优化提供决策支持？这就需要将数据采集、处理与数据分析集成到同一个软件平台上，并通过平台上的数据接口与第三方软件（如油藏数值模拟软件、试井解释软件等）建立链接，为生产井提供实时数据分析和优化。在智能井生产数据管理方面，Schlumberger 公司的 Decide 软件和 Landmark 公司的 Decision Space Production 系列软件代表了目前该领域的最新研究成果。Decide 软件借助数据挖掘技术和油藏工程方法，在生产数据管理系统和工程分析工具软件平台上，集成了第三方的储层模拟器（Eclipse 软件）和油井与管网建模工具（PIPESIM 生产系统分析）。软件包括数据采集模块、油藏监测模块、数据准备模块、数据研究模块、数据挖掘模块、数据驱动模块、石油工程模块以及报告生成模块等，能够实现从数据仓库的 ODBC 数据源中输入数据；完成数据的自动筛选、预警；进行数据处理、参数计算，并通过模式提取模块从数据库中提取数据以用于神经网络、多重线性回归、自组织映射等模拟模块，还能以图形方式完成数据的实时显示和统计分析，并自动生成报告文档。其数据中枢综合了数据仓库和 SCADA 技术解决方案，通过 Decide 软件桌面将实时监测数据自动传输给工程师。Landmark 公司的实时优化软件包括 Decision Space Production、WellSolver、Asset Solver、Assetlind 四部分。Decision Space Production 是首套商业化的、被证实的综合生产作业技术解决方案。软件包含一系列可以缩放的模块应用软件，并与基于 Web 技术的操作系统相连，使其能够很容易地将数据和现有应用软件集成到一个虚拟的、协同工作的生产作业环境中。WellSolver 软件具有监测、诊断和预测的功能，通过与智能仪表和工作阀相连接，能够实时监测生产井，并进行实时闭环优化操作。AssetSolver 软件是一个基于模型的实时优化解决方案，通过测试实际的操作环境或多个方案，能够进行实时全系统优化，范围涵盖了油藏、油井、管网和设备等方面。Assetlind 是一种基于 Web 技术的操作系统，它相当于一个数据中枢，将不同数据源与生产应用软件连接起来，为 Decision space Production 系列软件提供一个公用平台。

## 参　考　文　献

[1] HSMarkit. IHS energy：EDIN[EB/OL].（2011-01-01）[2017-12-31]. https：//ihsmarkit. com/index. html.

[2] IHS MARKIT. IHS energy：Vantage[EB/OL].（2011-01-01）[2017-12-31]. https：//ihsmarkit. com/index. html.

[3] 童晓光，张光亚，王兆明，等. 全球油气资源潜力与分布[J]. 地学前缘，2014，21（3）：1-9.

[4] 王兆会，曲从锋，袁进平. 智能完井系统的关键技术分析[J]. 石油钻井工艺，2009，31（5）：1-4.

[5] 姚军，刘军荣，张凯. 国外智能井技术[M]. 北京：石油工业出版社，2011.

［6］ Paulo Tubel，Mark Hopmann. Intelligent Completion for Oil and Gas Production Control in Subsea Muhilateral Well Applications［C］. SPE 36582，1996.

［7］ 王金龙，张宁生，汪跃龙，等. 智能井系统设计研究［J］. 西安石油大学学报（自然科学版），2015，30（1）：83-88.

［8］ XIAO Shu-qin，CHEN Jun-bin，QU Zhan. Intelligent well completion system［J］. Journal of Xi'an Shiyou University：Natural Science Edition，2004，19（2）：37-40.

［9］ 王新英，赵炜. 智能完井技术［J］. 国外油田工程，2004，20（2）：29-31.

［10］ Om Prakash Das，khalaf A-enezi，Muhammad Aslam. Novel Design and Implementation of Kuwait's First Smart Multilateral Well with Inflow Control Device and Inflow Control Valve for Life-cycle Reservoir Management in Big Mobility Reservoir，West Kuwait［C］. SPE 159261，2004.

［11］ Martinez，J. K.，&Konopczynski，M. R. Integrated Reservoir Management in an Intelligent Well Environment. Society of Petroleum Engineers，2002.

［12］ Chang Hong Gao，Thanabalasingam Rajeswaran，Edson Yoshihito Nakagawa. A Literature Review on Smart Well Technology［C］. Production and Operations Symposium，Oklahoma City，Oklahoma U. S. A，Society of Petroleum Engineers，2007.

［13］ T. S. Ramakrishnan，Schlumberger-Doll Research. On reservoir fluid-flow control with smart completions［J］. SPE Production & Operations，2007，22（1）：4-12.

［14］ Coull，C. Intelligent completion provides savings for snorre TLP［J］. Oil & Journal，2001. 99（14）：78-79

［15］ J. D. Jansen，Shell International E&P；Delft University of Technology；A. M. Wagenvoort，V. S. Droppert，Delft University of Technology；R. Daling，C. A. Glandt，Shell International E&P. Smart well solutionsfor thin oil rims：inflow switching and the smart stinger completion. SPE，Asia Pacific Oil and Gas Conference and Exhibition［C］. Melbourne，Australia，Society of Petroleum Engineers，2002：789-823.

［16］ JanSaeby，Frank de Lange，Brunei Shell Petroleum；Scott H. Aitken，Walter Aldaz，Weatherford Completion Systems. The Use of Expandable Sand-Control Technology as a Step Change for Multiple-Zone SMART Well Completion-A Case Study［C］. SPE Asia Pacific Oil and Gas Conferenceand Exhibition，Jakarta，Indonesia. Society of Petroleum Engineers，2001：655-689.

［17］ Ikemefula C. Nwogu，Anthony Oyewole. Delivering Relevant Time Value Through i-Field Application：Agbami Well Start-Up Case Study［J］. Society of Petroleum Engineers，2010：1-9.

［18］ Mohammed AAbduldayem，Saudi Aramco. Intelligent Completions Technology Offers Solutions to Optimize Production and Improve Recovery in Quad-Lateral Wells in a Mature Field［J］. Society of Petroleum Engineers，2007：1-4.

［19］ O. H. ünalmis，E. S. Johansen. Evolution in Optical Downhole Multiphase Flow Measurement：Experience Translates into Enhanced Design［J］. Society of Petroleum Engineers，2010：1-17.

［20］ Nashi M. Al-Otaibi. Smart-Well Completion Utilizes Natural Reservoir Energy to Produce High-Water-Cut and Low-Productivity-Index Well in Abqaiq Field［J］. Society of Petroleum Engineers，2006：1-7.

［21］ 筱明. 国外智能完井新技术动向［J］. 石油钻采工艺，2002，17（6）.

［22］ 盛磊祥，许亮斌，蒋世全，等. 智能完井井下流量阀液压控制系统设计［J］. 石油矿场机械，2016，41（4）：34-38.

［23］ 阮臣良，朱和明，冯丽莹. 国外智能完井技术介绍［J］. 石油机械，2011，39（3）：82-84.

［24］ Ajayi A，Konopczynski M. Simulation of Intelligent Well Completion Predicts Oil Recovery Increase in a

Commingled Production Scenario：A Case Study[J]. Society of Petroleum Engineers，2003.

[25] http://www. halliburton. com

[26] http://www. slb. com/

[27] http://www. bakerhughes. com/

[28] https://www. weatherford. com/

[29] 井下液压调节节流阀[J]. 通用机械，2004(4)：46.

[30] Baker Hughes. Flow Control Systems. 30573-flow control-catalog-1210. pdf -Model HCM Hydraulic Sliding Sleeve：58.

[31] Weatherford. ROSS® Remotely Operated Sliding Sleeve. WFT 028480. pdf.

[32] Weatherford. REAL RESULTS. wft033453. pdf.

[33] Jim Stevenson. A Combination of Expandable Sand Screens and Intelligent Control Systems in theOkwori Completions Offshore Nigeria. Offshore Technology Conference，2007：1-8.

[34] Changhong Gao，T. Rajeswaran et al. A Literature Review on Smart-Well Technolog[J]. Society of Petroleum Engineers，2007：1-9.

[35] Rolf J. Lorentzen，Ali Shafieirad，et al. Closed Loop Reservoir Management Using the Ensemble Kalman Filter and Sequential Quadratic Programming[J]. Society of Petroleum Engineers，2008：1-12.

[36] Yan Chen，Dean S. Oliver，et al. Effcient Ensemble-Based Closed-Loop Production Optimization[J]. Society of Petroleum Engineers，2008：1-19.

[37] Patrick Meum. Optimization of Smart Well Production Through Nonlinear Model Predictive Control[J]. Society of Petroleum Engineers，2008：1-11.

[38] Ahmed H. Alhuthali，Akhil Datta-Gupt，et al. Field Applications of Waterflood Optimization via Optimal Rate Control With Smart Wells[J]. Society of Petroleum Engineers，2009：1-21.

[39] 钱杰，沈泽俊，等. 中国智能完井技术发展的机遇与挑战[J]. 石油地质与工程，2009，23(2)：76-79.

[40] 许胜，陈贻累，杨元坤，等. 智能井井下仪器研究现状及应用前景[J]. 石油仪器，2011，25(1)：46-48.

[41] 余金陵，魏新芳. 胜利油田智能完井技术研究新进展[J]. 石油钻探技术，2011，39(2)：68-72.

[42] XuDekui，Zhong Fuwei，Wang Fengshan，et al. Smart Well Technology in Daqing Oil Field[J]. Society of Petroleum Engineers，2012：1-5.

[43] 沈泽俊，张卫平，钱杰，等. 智能完井技术与装备的研究和现场试验[J]. 石油机械，2012，40(10)：67-71.

[44] 黄志强，罗旭，彭世金，等. 智能井智能优化开采系统软件开发[J]. 石油钻采工艺，2014，36(6)：55-59.

[45] Zhiqiang Huang，et al. Study of the Intelligent Completion System for Liaohe Oil Field[J]. Procedia Engineering，15(2011)：739-746.

[46] 刘均荣，于伟强. ICD/ICV 井下流量控制技术[J]. 石油矿场机械，2013，(03)：1-6.

[47] 王金龙，张宁生，汪跃龙，张冰. 智能井系统设计研究[J]. 西安石油大学学报(自然科学版)，2015，(01)：83-88+94+9.

[48] 王威，刘淑静，邓辉，等. 智能井液压无级流量调控装置的研制[J]. 石油机械，2016，(02)：68-70.

[49] 杨继峰. 智能井用精细可调流量控制阀研究[D]. 东营：中国石油大学，2013.

[50] 廖成龙，黄鹏，李明，等. 智能完井用井下液控多级流量控制阀研究[J]. 石油机械，2016，44

（12）：32-37.

[51] 何东升，赵康，刘格宏，等. 智能井井下流入控制阀结构设计及密封性能分析[J]. 润滑与密封，2017，（02）：45-50.

[52] 郭栋. 智能井井下流量控制器参数化设计及分析[D]. 成都：西南石油大学，2018.

[53] 赵康. 智能井井下流量控制器集成化设计及分析[D]. 成都：西南石油大学，2017.

[54] 王海皎. 全电动井下流体控制技术研究[D]. 西安：西安石油大学，2014.

[55] 杨莹娜. 智能井井下层间流体控制系统研究[D]. 西安：西安石油大学，2013.

[56] 张阳. 智能井井下流量控制器液压监控系统研究与设计[D]. 成都：西南石油大学，2018.

[57] 张冰. 智能井井下数据采集与处理分析技术研究[D]. 成都：西南石油大学 2017.

[58] 王晋晖. 智能井压力数据分析方法研究[D]. 西安：西安石油大学，2015.

[59] Trond Unneland, Yves Manin. Permanent Gauge Preeesure and Rate Measurements for Reservoir Description and Well Monitoring：Field Cases[C]//paper SPE38658 presented at 1997 SPE Annual Technical Conference and Exibition, San Antonio, TX, 1997.

[60] Suwat Athichanagorn. Development of an Interpretation Methodology for Long-term Pressure Data for Permanent Downhole Gauges[D]. Palo Alto, California：Stanford University, 1999.

[61] Suwat Athichanagorn, Roland. N. Home. Processing and Interpretation of Long term Data for Permanent Downhole Gauges[C]//paper SPE56419 presented at 1999 SPE Annual Technical Conference and Exibition, Houston, Texas, 1999.

[62] Khong Chee Kin. Permanent Downhole Gauge Data Interpreration[D]. Palo AltooAlto, California：Stanford University, 2001.

[63] Dario Viberti, Francesca Verga, Palolo Delbosco An Improves Treatment of Kong-Term Pressure Data for Capturing Information[C]//paper SPE96859 presented at the2005 SPE ANNual Technical Conference and Exibition, Dallas, Texas, USA,, 2005.

[64] S. Olsen, J. E. Nordtvedt, Epsis. Improved Wavelet Filtering and Compression of Production Data[C]//paper SPE96800 Presented at the Offshore Europe 2005, Aberdeen, Scotland, UK, 2005.

[65] Liang Biao Ouyang, Jiterdra Kikani. Improving Permanent Down hoke Gauge（PDG）Data Processing vis Wavelet Analysis[C]//paper SPE78290 presented at SPE 13th European Petroleum Cinference Scotland, UK, 2002.

[66] 孙延奎. 小波分析与应用[M]. 北京：机械工业出版社，2005.

[67] Masahiko Nomura. Processing and Interpretation of Pressure Transient Data from Pennanent Downhole Gauges[D]. Palo Alto, California：Stanford University, 2006.

[68] Olubusola Olayemi Assumtpa Thomas. The Data as the Model：Interpreting Penna Downhole Gauge Data without Knowing the Reservoir Mole[D]. Palo Alto, California：Stanford University 2002.

[69] Himansu Rai. Analyzing Rate Data from Permanent Downhole Gauges[D]. Palo Alto, California：Stanford University, 2006.

[70] Xiao gang Li. Processing and Analsis of Transient Data from Permanent Down-hole Gauges（PDG）[D]. Edinburgh：Herriot-Watt University, 2009.

[71] Thomas von Schroeter, Florian Hollaender, ect. Deconvolution of Well Test Data as a Nonlinear Total Least Squares Problem[C]//paper SPE71574 presented at the 2001 SPE Annual Technical Conference and Exhibition, New Orleans, Louisiana, USA, 2001.

［72］Sanghui Ahn，Roland N. Home. Analysis of Permanent Downhole Gauge Data by Cointerpretation of Simulaneous Pressure and Flow Rate Signals［C］//paper SPE115793 presented at the 2008 SPE Annual Technical Colorado，USA，2008.

［73］Wang Fei. Processing and Analysis of Transient Pressure from Permanent Down-hole Gauges［D］. Edinburgh：Herriot-Watt University，2010.

［74］Zheng Shi-Yi，Li Xiao-Gang. Analyzing Transient Pressure from Permanent Downhole Gauges(PDG)Using Wavelet Method［C］//paper SPE107521 presented at the SPE Europec/EAGE Annual Conference and Exhibition，London，UK，2007.

［75］Roland N. Home. Listening to the Reservoir-Interpreting Data from Permanent Downhole Gauges［C］//paper SPE103513 presented at JPT，2007.

［76］Fajha H. Alutairi，David R. Davies. Modification of Temperature Prediction Model to Accommodate I-Well Complexities［C］//paper SPE113594 presented at the 2008 SPE Europec/EAGE Annual Conference and Exhibition，Rome，Italy，2008.

［77］George Aggrey，David Davies. Real-time Water Detection and Flow Rate Tracking in Vertical and Deviated Intelligent Wells with Pressure Sensors［C］//paper SPE113889 presented at the 2008 SPE Europec/EAGE Annual Conference and Exhibition，Rome，Italy，2008.

［78］K. M. Muradov，D. R. Davies. Temperature Modeling and Analysis of Wells with Advanced Completion ［C］//paper SPE121054 presented at the 2009 SPE Europec/EAGE Annual Conference and Exhibition，Amsterdam，the Netherlands，2009.

［79］K. M. Muradov，D. R. Davies. Zonal Rate Allocation in Intelligent Wells［C］//paper SPE121055 presented at the 2009 SPE Europec/EAGE Annual Conference and Exhibition，Amsterdam，the Netherlands，2009.

［80］D. K. Olowoleru，K. M. Muradov，D. R. Davies. Efficient Intelligent Well Cleanupusing Downhole Monitoring ［C］//paper SPE122231 presented at the 2009 SPE European Formation Damage Conference，Scheveningen，the Netherlands，2009.

［81］F. T. Al-Khelaiwi，K. M. Muradov，D. R. Davies. Advanced Well Flow Control Technologies can Improve Well Cleanup［C］//paper SPE122267 presented at the 2009 SPE European Formation Damage Conference，Scheveningen，the Netherlands，2009.

［82］K. M. Muradov，D. R. Davies. Novel Analytical Methods of Temperature Interpretation in Horizontal Wells ［C］//paper SPE131642 presented at the SPE Europec/EAGE Annual Conference and Exhibition，Barcelona，Spain，2010.

［83］G. H. Aggreg，D. R. Davies. A Novel Approach of Detectiong Water Influx Time in Multizone and Multilateral Completions using Real-Time Downhole Pressure Data［C］//paper SPE105374 presented at 15th SPE Middle East Oil&Gas Show and Conference，Bahrain International Exhibition Centre，Kingdom of Bahrain，2007.

［84］Oluwafisayo Meshioye，Eric Makay. Optimization of Waterflooding Using Smart Well Technology［C］//paper SPE136996 Presented at the 34th Annual SPE Internationl Conference and Exhibition，Tinapa-Calabar，Nigeria，2010.

［85］S. M. Elmsallati，D. R. Davies. Automatic Optimisation of Infinite Variable Control Valvesf［C］//paper IPTC10319 presented at the International Petroleum Technology Conference，Doha，Qatar，2005.

［86］F. Ebadi，D. R. Davies . Techniques for Optimum Placement of Interval Control Valve(s)in an Intelligent

Well[C]//paper SPE100191 presented at the SPE Europec/EAGE Annual Conference and Exhibition, Vienna, Austria, 2006.

[87] F. T. Al – Khelaiwi, D. R. Davies. Successful Application of a Robust Link to Automatically Optimize Reservoir Management of a Real Field[C]//paper SPE107171 presented at the SPE Europec/EAGE Annual Conference and Exhibition, London, UK, 2007.

[88] Homansu Rai, Roland N. Home. Analyzing Simultaneous Rate and Pressure Data from Permanent Downhole Gaugesf[C]//paper SPE110097 presented at the 2007 SPE Annual Technical Conference and Exhibition, Anaheim, California, USA, 2007.

[89] 车争安, 修海媚, 谭才渊, 等. Smart Well 智能完井技术在蓬莱油田的首次应用[J]. 重庆科技学院学报: 自然科学版, 2017(2): 47-50, 68.

[90] 谭绍栩, 宋昱东, 王宝军, 等. 渤海油田智能注水完井技术研究与应用[J]. 石油机械, 2019, 047 (004): 63-68.

[91] 刘义刚, 陈征, 孟祥海, 等. 渤海油田分层注水井电缆永置智能测调关键技术[J]. 石油钻探技术, 2019, 047(003): 133-139.

[92] 巩永刚, 修海媚, 代向辉, 等. 智能分采管柱在渤海油田的首次应用[J]. 石化技术, 2018, 025 (001): 216-217.

**02**

# 第二章
## 井下流量控制系统

井下流量控制系统是智能完井系统的核心组成部分，油气井的开采优化是通过井下流量控制系统控制井下各个生产层的流量来实现的[1]。井下流量控制系统主要包括地面动力系统、层间隔离工具、动力传输系统和井下流量控制器四部分。

流量控制器是实现流量控制的关键设备，主要是通过液压方式来进行控制动作，是整个井下流量控制系统不可或缺的部分。地面动力系统(地面液压控制单元)主要由液压控制系统、电气控制系统和上位机控制软件组成，地面动力系统主要根据设计要求，通过电气控制系统和上位机控制软件，向井下提供特定的液压动力源，从而实现井下流量控制器的不同开度[2]。封隔器是实现油层分隔的必备装置，智能完井封隔器与常规封隔器的最大差异就是封隔器上设计了便于控制线和信号线通过的贯穿孔。目前国内外已开发出遇油气可膨胀封隔器，该封隔器具备自愈合能力，控制线及信号线穿越时无须拼接，极大程度提高了系统的可靠性。动力传输系统主要包括液压管线和液控管线保护器，常见的有1/4″和3/8″连续不锈钢液压管线，通常是井下多个流量控制器共用一套动力传输系统。

井下流量控制器也被称为井下流量控制阀或滑套，其作用是开启、关闭或节流任意油层，从而调整油层间的压力和流体流动状态。具有解码功能的流量控制器主要由解码器和井下流量控制阀组成。目前，主要有液压式、电力驱动式、电力-液压混合式(电力控制+液力驱动)以及光纤技术与液压或电液混合式等井下流量控制器[3]。开关型的流量控制器只具备开、关两个工作状态，而节流型流量控制器则一般具有四个及以上的节流位置，少数产品可以实现无级调节。

## 2.1 地面动力系统

地面动力系统(地面液压控制单元)主要由液压控制系统、电气控制系统和上位机控制软件组成，地面动力系统主要是向井下提供特定的液压动力源，从而实现井下流量控制器不同的开度[2]。地面动力系统(地面液压控制单元)需要特别考虑长距离的液压传输压力损失影响、液控滑套的动作时间及液控滑套的位置反馈等。

地面动力系统是智能完井系统的关键部件，是井下流动控制系统的控制单元，主要作用是输出高压小流量流体给井下可遥控流量控制器，控制滑套的正反向运动和运动速度，并在地面反映滑套的运动状态。地面动力系统(地面液压控制单元)主要包括液压泵和控制系统，能向井下双向输送动力控制井下流量控制器的开度[4]。液压站又称液压泵站，它是独立的液压装置，适用于主机与液压装置可分离的各种液压机械下，由电机带动油泵旋转，泵从油箱中吸油后打油，将机械能转化为液压油的压力能，液压油通过集成块(或阀组合)实现了方向、压力、流量调节后经外接管路传输到液压机械的油缸或油马达中，从而控制了液动机方向的变换、力量的大小及速度的快慢，推动各种液压机械做功。

液压控制系统采用流量控制策略，通过流量调节阀或计量/增压油缸向井下滑套提供所需流量，并通过流量传感器或计量油缸测量位移和工作流量，以控制滑套位移速度及位移量，且不受负载影响。

液压控制系统的负载是由滑套的开启阻力及管路损失组成，可由在液压站控制台上的高精度防爆压力传感器和监控仪表监测，并可输出模拟信号至数据采集系统进行数据记录及分析。

国外多家技术服务公司如 Well Dynamics 公司、Baker Oil Tools 公司和 Schlumberger 公司等，已经形成了较为成熟的智能完井技术，并获得大量的现场应用[5]。主要厂家地面动力系统对比见表 2-1 所示。

表 2-1　地面动力系统对比表

| 厂　　家 | 地面液压控制单元 | 地面操作控制站 |
|---|---|---|
| Schlumberger | 采用气动液压泵<br>压力变送器远程信号传输<br>电磁阀实现电液控制<br>可就地直接操作，可远程控制<br>Zone 2 or NEMA 3R Enclosure | 可显示井下压力、温度<br>可远程控制液控滑套<br>隔离通信 HPU 卡、客户端界面卡<br>电源 90-260VAC-24VDC，15W<br>数据传输协议 Modbus |
| Halliburton | 采用电动液压泵<br>压力变送器远程信号传输<br>手动直接操作<br>可适用井口危险区域 | 可显示井下压力、温度<br>监控软件系统 SWM(Smart Well Master)<br>通过 OPC 的第三方接口及通过 TCP/IP、RS232&RS485 的网络传输 |
| Baker Hughes | 100%气动控制，气动液压泵<br>配置手动打压泵<br>手动直接操作<br>可应用于各种危险区域 | 可显示井下压力、温度<br>数据记录：7MB 闪存，超过458000 个条目；2GB Micro SD 卡允许 60 天<br>电源 85-264VAC，50/60Hz，27W<br>数据传输协议 Modbus RS-485/232 |
| 中海油 | 采用电动液压泵<br>配置手动打压泵<br>压力变送器远程信号传输<br>电磁阀实现电液控制<br>可就地直接操作，可远程控制<br>可应用井口危险区域 | 可显示井下压力、温度；液压系统压力、流量等<br>可远程控制液控滑套<br>压力数据的采集及储存不小于 1Gb<br>电源 220VAC，50Hz，50W<br>数据传输协议 Modbus RS-485/232 |

通过对比分析，Schlumberger、Halliburton 和 Baker Hughes 的地面动力系统各有特点，也有需要提升的部分。Schlumberger 的地面液压控制单元适用区域有一定的局限性。Halliburton 和 Baker Hughes 的地面控制器对使用人员要求较高，现场使用有一定的局限性，在系统扩展上有一定的难度。

井下流量控制器分为无解码功能的直接液力流量控制器和有解码功能的数字液力流量控制器。地面动力系统也分为井下直接液力流量控制地面动力系统和井下数字液力流量控制地面动力系统。

## 2.1.1　井下直接液力流量控制器地面动力系统

在直接液力式智能完井系统中，地面动力系统是核心部件，是井下流量控制系统的控制单元，主要作用是为长距离液控管线输出稳定高压、小流量流体给井下滑套，驱动滑套的正反向运动，监测滑套的运动状态，通过滑套的位移传感器或监测液控管线中液压油的压力及流量，实现对井下流量控制阀的精准控制，最终实现油井生产的闭环控制，提高油藏采收率和提高油藏经营管理水平，为建设数字油田、智慧油田奠定基础。

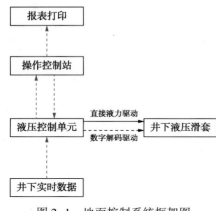

图 2-1　地面控制系统框架图

若井下滑套有位移传感器，则可以通过位移传感器实现对流量控制器位状态的跟踪和位置的控制。若井下滑套没有位移传感器，一般是采用监测和计量流量策略，通过对井下滑套状态采用对液控管线进油量、回油量和滑套控制压力等参数进行复合监控来确定阀门的位置和位移量。

直接液力地面动力系统整体设计以远程上位机自动控制为主，以本地应急手动控制为辅的设计思路。地面控制站还需要接收井下温度、压力和流量等数据分析，处理和存储，配置标准的对外数据接口及支持工作报表打印。图 2-1 为地面控制系统功能框架图。

（1）直接液力地面动力系统的组成

直接液力地面动力系统主要由液压泵组、蓄能器、压力调节阀和人机控制部分组成。直接液力地面动力系统是智能完井系统的控制中枢，负责收集、归纳及分析井下传感器的数据，掌握井下储层的实时动态，并模拟出最佳的开采方案，发出指令远程控制井下的滑套动作。直接液力地面动力系统功能框图如图 2-2 所示。

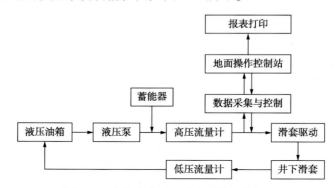

图 2-2　直接液力地面动力系统组成框图

（2）直接液力地面动力系统的整体设计

① 旁通回路设计。地面控制站设计时高、低压流量计需要设置旁通回路。一是考虑到对长管线的充液和清洗时需要旁通高、低压流量计，二是短距离做滑套的功能试验时，需要旁通高、低压流量计。

② 推荐油箱配置加热器，可以扩展地面控制器的使用范围及有效地提高液压油的流动性。

③ 在油箱容积计算和液压泵排量计算时需要考虑长距离液控管线注油时效的问题。

（3）沿程压力损失计算

由于液体流动时压力损失，尤其是长距离的液压传递。液体在管道中流动时克服由黏性而产生的摩擦阻力及体质点碰撞所消耗的能量，称为能力损失。这种能量损失表现为压力损失。压力损失分为沿程压力损失 $\Delta P_\lambda$ 和局部压力损失 $\Delta P_\zeta$ 两类。总压力损失为所有的沿程压力损失和所有的局部压力损失之和，即：

$$\sum \Delta P = \sum \Delta P_\lambda + \sum \Delta P_\zeta \qquad (2-1)$$

据研究，长距离液压传输局部压力损失占比很小，可以忽略不计。考虑到在滑套阀动作过程中，液压管线压力损失，地面控制系统的输出压力为滑套阀的临界运行压力和沿程压力损失之和，即：

$$P_{输出} = P_{临界} + \sum \Delta P_\lambda \qquad (2-2)$$

液压控制管线的内径较小（3.048mm），管线内壁非常光滑，且在进油过程中，液压油流速较小，可认为液压油在液控管线中的流动近似层流。液压油的雷诺系数 $Re = \dfrac{\rho v d}{\mu}$，其中 $\mu$ 为液压油动力黏度。对于层流，非等温时的不锈钢液压管线沿程阻力系数 $\lambda \approx 75/Re$。

液压油在管线中流动的压力损失可由达西公式估算：

$$\sum \Delta P = \lambda \times (l/d) \times (\rho v^2/2) = \left( \dfrac{150\mu l}{\pi d^4} \right) \times Q \qquad (2-3)$$

式中，$\lambda$ 为管路的沿程阻力系数，无单位；$l$ 为管路的长度，m；$d$ 为管路的直径，m；$\rho$ 为液压油的密度，kg/m³；$v$ 为液体的平均流速，平均进油量与管线截面积之比，$v = \dfrac{Q}{A}$，m/s。

由此可以判定，当选用液压油、管线类型和长度确定后，压力损失只和进油量有关。当进油量增大时，管线的压力损失也相应增大。可按照井下滑套阀的要求运动时间和最大进油量，计算出平均进油量，最终可以计算出地面液压控制系统的最大输出压力。

（4）蓄能器的选型计算

皮囊式蓄能器作为系统辅助动力源，系统启动后，液压泵首先向蓄能器充液，直至压力达到最高操作压力。初始充液过程一般控制在 10min 之内，充液完成后，储存液压油不会迅速被用掉，蓄能器中的氮气温度最终会与环境温度一致，对蓄能器中的气体来说，初始充液是一个等温压缩的过程。

当系统输出液压驱动井下滑套时，蓄能器中的气体快速膨胀，迅速排液，输出液压油时间一般大于 3min（动作时间小于 3min，可以认为是一个绝热的过程），且排液后的压力仍不小于其预充压力。故排液过程是一个等温过程。

当系统压力降至一定值，液压泵重新启动，为蓄能器补液。补液时间一般较短（时间小于 3min），可以将其过程看作一个绝热过程。

蓄能器的排液是一个等温过程，补液过程可以看作一个绝热过程，利用玻义尔定律可以计算出所需蓄能器的容积。

（5）油箱容积与液压泵选型计算

油箱容积的计算需要主要考虑液控管线和滑套活塞缸的容积，同时进行一定的冗余。正常工作时油箱液位推荐不超过 80%。油箱可设置堰板，以提高液压油洁净度。针对系统回油可配置过滤装置，系统回油经过滤后再进入油箱。

系统液压泵的选择主要考虑压力和流量因素，液压泵出口压力一般不低于系统的设计压力。若选择柱塞泵，则按照柱塞泵最高输出压力的 0.75 倍考虑。流量主要是要求在一定时间内将系统的初始压力建立起来，一般要求是 10min。在系统初始启动时，液压泵的主要作用是给蓄能器充液。电机的功耗计算：

$$P_{KW} = \frac{P_{bar} Q_{L/min} k}{612\eta} \qquad (2-4)$$

式中，$P_{KW}$ 为液压泵需要的驱动功率，kW；$P_{bar}$ 为泵的最大工作压力，bar；$Q_{L/min}$ 为液压泵的额定流量，L/min；$k$ 为泵的脉动理论系数。

（6）高压流量计的选型

高压流量计是针对中、高黏度的高压、高速的液压油的瞬时流量和累计流量进行计量，一般选用具有高输出频率、良好的分辨能力和较短的响应时间的流量计。直接液力地面动力系统选用的齿轮流量计为容积式流量计。考虑到高压和高频次的冲击，选用碳化钨套筒轴承。两个精密齿轮可在测量腔内单向自由旋转，齿轮与外壳之间形成密封腔，流动的介质被均匀分布在测量腔内，并驱动齿轮旋转。齿轮自由旋转且不受介质流的阻碍。齿轮的旋转频率与流量成正比。流量计出厂前应根据工作介质进行校准。

高压流量计配置配套二次仪表，以便校准和就地观察工作状态。高压流量计出口一般安装单向阀防止反向冲击和倒流。

（7）低压流量计的选型

低压流量计主要是针对回油瞬时流量和累计流量进行计量。在直接液力地面动力系统设计时低压流量计前后分别安装一定距离的直管，同时尽可能地减少回油管路的阻力。建议在低压流量计前端安装 200 目以上的过滤器，防止杂物堵塞流量计。对于回油压力较大或者回油量不同的测试，应该设置减压阀和旁通回路。减压阀减少回路冲击。旁通回路是为了检修和清洗回路。

低压流量计配置配套二次仪表，以便校准和就地观察工作状态。低压流量计出口一般安装单向阀防止反向冲击和倒流。

（8）远程自动调压设计

直接液力地面动力系统通过伺服电机和调压阀实现远程自动调压设计。远程自动调压系统框图如图 2-3 所示，远程自动调压系统设计有两种思路。第一种是通过可编程控制器采集压力信号，通过 PID 调节控制伺服电机驱动减压阀，输出目标压力值。第二种是通过专用调压器，输出端的压力信号直接接入专用调压器，调压器可根据接收工作站的指令，直接输出目标压力值。这种专用的调压器一般需要额外的动力源，常见的是仪表气驱动的调压器。

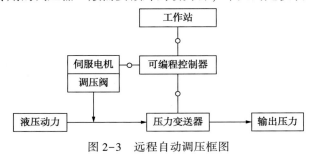

图 2-3　远程自动调压框图

（9）上位机界面设计

上位机软件主要是根据指令驱动、监测井下滑套并实现精准控制。同时对井下温度、压力和流量等数据进行分析处理和存储，实现对井下各层温度、压力实时监测，并根据井下流量计的计算原理，计算出各油层的实际流量，形成生产实时曲线，形象直观地反映井下状况。地面控制站利用油藏优化开采理论对井下生产数据进行实时分析和优化决策，通过地面控制系统控制井下不同油层的滑套阀的阀门开度，从而控制不同油层的生产流量。

软件部分通过控制井下流量控制滑套和层间控制器实现油井产量的控制，使油井按照最优开采方案进行开采，以降低油井的含水率，提高油井产量，最终实现提高油井采收率。软件采用标准的通信协议，为数据统一与整合做基础。如图 2-4 所示为直接液力地面动力系统上位机操作界面。

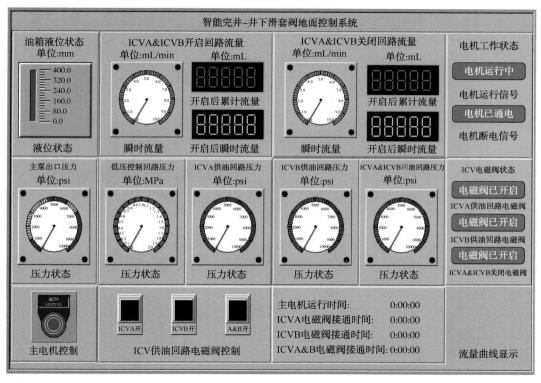

图 2-4　直接液力地面动力系统上位机操作界面

（10）整体撬装式设计

直接液力地面动力站一般安装在井口区，即室外一类一区的危险环境下使用，防护等级推荐不低于 IP65。考虑到井口区域作业化学药剂和泥浆的影响，柜体盘面采用 3mm 厚的 S31603 不锈钢。柜体支撑梁等采用 S31600。柜体底座选用高度为 100mm 槽钢。

油箱采用 3mm 厚的 316 锈钢材质，折边平直，直角通过打磨处理，去毛刺，焊接严密，保证不会发生油体外泄。油箱需要配置液位计和液位变送器以便监测液位。油箱的设计需要考虑到排油和油箱清洗等。油箱制作完成后一般需要对密封性进行测试。

防爆接线箱一般要求 ExdⅡBT4，IP65，防爆要求执行 GB 3836.1—2010、GB 3836.2—2010，

隔爆型填料函材质一般选用黄铜镀镍材质。

若将远程控制模块放置在防爆接线箱中要核算卡件、电源灯的功耗，功耗一般不宜过大，推荐远程控制模块采用热冗余配置。

第一套直接液力地面动力站撬装设计如图 2-5 所示。

第二套直接液力地面动力站撬装设计如图 2-6 所示。

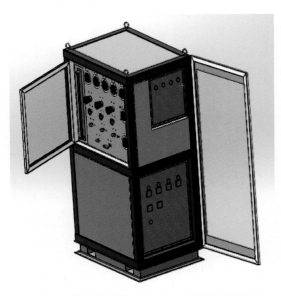 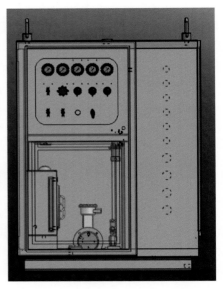

图 2-5　第一套直接液力地面动力站撬装设计　　图 2-6　第二套直接液力地面动力站撬装设计

（11）设备出厂检验

设备的出厂检验主要包括使用环境的验收，特别电气元件及接线箱的防爆的检查。设备生产完成后应进行管路清洗。工厂验收报告主要内容：

① 设备初始状态的检查主要有蓄能器预充压力，卸荷阀铅封等；

② 油箱液位计是否显示正确，油箱液位变送器是否通信正常；

③ 电磁阀动作检验。逐一检验电磁阀通电、电磁阀导通、回路导通、电磁阀断电、电磁阀关闭、回路泄压；

④ 流量计的安装检验。流量计安装是否稳固，RTU 可以读取瞬时流量值及累计流量值，上位机读取数值与实际显示数据对比，数据一致；

⑤ 电动泵检验。压力变送器输出随着压力变化而变化，泵出口压力时电动泵自动停止运行，释放系统压力使压力表示数小于泵出口压力。电动泵重新运行，压力表示数达到泵出口压力时，停止工作，打开相应阀门，释放系统压力，当系统压力泄放到低低设定点时，电动机停止运行，上位机提示系统问题，需整体检查手动复位后方可重新启动；

⑥ 电磁阀互锁功能检验；

⑦ 功能检验；

⑧ 进油检验。打开手拉阀、对应管路电磁阀通电，上位机读取累计流量与对应理论流量对比，上位机读取瞬时流量与对应理论流量对比，记录作用持续时间；

⑨ 回油检验。电磁阀断电，实现远程关闭，上位机读取累计流量与对应理论流量对比，上位机读取瞬时流量与对应理论流量对比；

⑩ 静压试验。将系统压力维持在额定工作范围内，将蓄能器和泵隔离。保压时间 2h，无压降。

（12）设备性能及海试试验

直接液力地面动力的设计解决了地面控制系统对高压、小管径、微小压差、微小流量的计量，研究了长距离液压传递的特性，解决了地面控制系统的系列难题，2017~2018 年在车间进行测试 200 多次，对滑套 1600 次的运动数据进行分析处理，保证了设备的可靠性，滑套试验曲线图如图 2-7 所示。

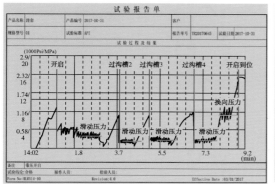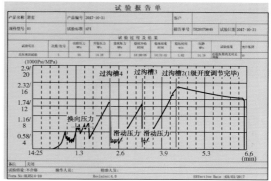

图 2-7　滑套试验曲线图

2019 年 3 月地面控制器成功在天津东沽试验井进行了实际测试，井内下入 9⅝″套管及液控智能完井管柱工具，通过原井 13⅜″套管、9⅝″套管及液控智能完井管柱形成的 2 层环空模拟 2 层储层层段，按照海试目标井 0.8m³/min 开泵循环排量进行模拟，泥浆泵效率按照 0.80 计算。开泵循环压力的理论值和实测值对比曲线和起出滑套验证图如图 2-8 所示。

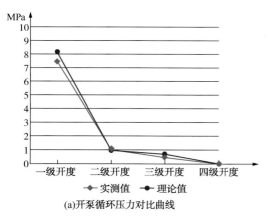

(a)开泵循环压力对比曲线　　　　　　(b)陆地试验井起出滑套验证图

图 2-8　试验井验证图

2019 年 6 月地面控制器在恩平 18-1 油田 A19 井进行第一次海试，2020 年 6 月地面控制器成功在恩平 23-1 油田 A10 井进行第二次海试。海试时利用关闭井口采油通道，开启电潜泵短暂憋压对下部智能滑套进行开度调节测试，利用泵工况监测出口与进口的压力差验证了井下滑套的执行动作。液控滑套初始下入状态或全关调节状态。运用地面控制器依次调节智能滑套 1 级、2 级、3 级不同开度，低频启泵并逐渐提频，记录电潜泵输出口与吸入口压力差值，观察压力差是否有区别，并随着智能滑套孔开度变大，压力差依次减小，则可判断为井筒内形成不同开度流动通道，下部智能滑套为不同开度状态，调节动作正常无误。恩平 18-1 油田 A19 井海试井试验验证图如图 2-9 所示。

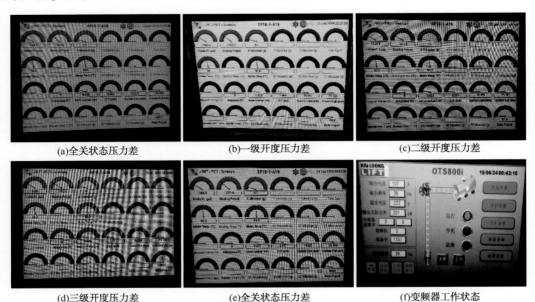

| (a)全关状态压力差 | (b)一级开度压力差 | (c)二级开度压力差 |
| (d)三级开度压力差 | (e)全关状态压力差 | (f)变频器工作状态 |

图 2-9　恩平 18-1 油田 A19 井海试井试验验证图

恩平 18-1 油田 A19 井海试井试验出口与进口的压力差柱状图如图 2-10 所示。

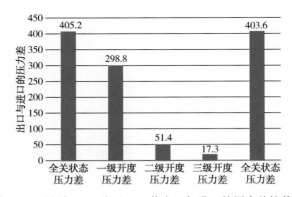

图 2-10　恩平 18-1 油田 A19 井出口与进口的压力差柱状图

## 2.1.2　井下数字液力流量控制器地面动力系统

根据现场智能完井作业的需求，西南石油大学自主研发出一套井下数字液力流量控制地面动力系统，该系统主要包括液压控制系统、电气控制系统和上位机控制软件。液压控制系统同时提供液压动力和液压信号。信号由无效信号和有效信号组成。系统设置一个门槛压力，低于这个门槛压力，系统认定为无效信号，或者为杂散信号，对井下系统不起作用。有效信号指系统压力达到一定值时，井下系统将这个压力认定为有效信号。有效信号根据压力大小分别表示门槛压力信号、高压信号。这样系统可识别 0 压力信号、门槛压力信号、高压信号 3 个压力信号[6]。该液压控制系统的运行和逻辑控制分别由电气控制系统和上位机控制软件来实现。电气控制系统实现液压油的加压、压力控制、注油回油监视、运行参数监控与记录、故障保护等功能，上位机控制软件实现液压控制系统的整个控制逻辑及人机交互界面。

（1）液压控制系统的组成

液压动力及信号发生系统在地面提供井下执行原件的动力，同时提供井下位置控制的液压信号。系统由液压油源、动力装置和溢流阀组所组成，如图 2-11 所示。该系统可向井下提供 2 个标准额定压力：门槛压力、高压，并能够防止无效信号对井下工况的干扰。

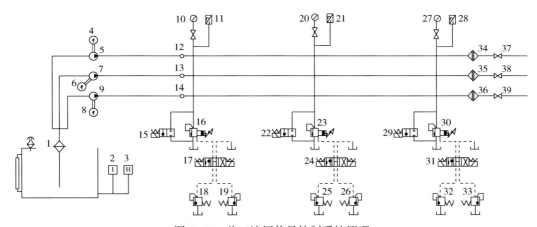

图 2-11　井口液压信号控制系统原理

1—油箱滤油器；2—油箱温度传感器；3—油箱液位传感器；4、6、8—变频电机；
5、7、9—液压泵；10、20、27—管路压力表；11、21、28—管路压力传感器；12、13、14—单向阀；
15、22、29—二位二通电磁换向阀；16、23、30—先导式溢流阀；17、24、31—二位四通电磁换向阀；
18、19、25、26、32、33—溢流阀；34、35、36—管线滤油器；37、38、39—管线截止阀

以其中 1 条管线为例说明系统的工作方式。油箱温度传感器、液位传感器的信号传到控制计算机。液压油经油箱滤油器到 9#液压泵，液压泵由 8#变频电机驱动，通过调节变频器的频率可调节电机转速，实现液压泵排量的调节。14#单向阀只允许液压油流出液压泵，以保护液压泵免受回流冲击。设定 18#溢流阀为门槛压力、19#溢流阀为高压。设定 16#先导式溢流阀的 1 个较大的开启压力（大于 19#溢流阀设定的高压值）。该系统向井下提供 2 个标准额定压力，过程是：

门槛压力的启动 17#启动电机，将二位四通电磁换向阀左边通电，16#先导式溢流阀的先导控制液压油经左位流向 18#溢流阀，当管线压力等于溢流阀设定的压力时，18#溢流阀打开，先导控制液压油流回油箱，由此打开 16#先导式溢流阀（主阀），液压油由 16#溢流

阀流回油箱。系统压力保持为18#溢流阀设定的门槛压力。系统压力可由管线上的10#压力表观察到，也可以由管线上的压力传感器传到计算机上。

高压的启动将17#二位四通电磁换向阀右边通电，16#先导式溢流阀的先导控制液压油经右位流向19#溢流阀，当管线压力等于该溢流阀设定的压力时，19#溢流阀打开，先导控制液压油流回油箱。由此打开16#先导式溢流阀（主阀），液压油由16#溢流阀流回油箱，系统压力保持为19#溢流阀设定的高压。系统压力可由管线上的10#压力表观察到，也可以由管线上的压力传感器传到计算机上。

液压油经36#管线滤油器、39#截止阀流向井底。36#滤油器过滤管线液压油，向井底提供清洁液压油；39#截止阀在必要时实现紧急关断油路。紧急泄压时，15#二位二通电磁阀通电，系统液压油经该阀左端直接流回油箱，系统压力变为0，实现紧急泄压。系统断电时，17#电磁阀回到中位，先导控制液压油经中位H型流道流回油箱，由此打开16#先导式溢流阀，液压油由16#溢流阀流回油箱，系统泄压。

其他管路的作用机理一样。将18#、25#、32#溢流阀的压力设定为统一的门槛压力，19#、26#、33#溢流阀设定为统一的高压。将16#、23#、30#先导式溢流阀本身的压力设定为更高的压力。由此在任意一条管路上均可以实现门槛压力、高压及应急泄压功能。

（2）液压控制系统指令设计

液压信号由无效信号和有效信号组成。液压信号的层位控制原理如表2-2所示。系统压力为零认定，为无效信号，对井下系统不起作用。有效信号指系统压力达到一定值时（与井下液压解码器设计的压力有关），井下系统将这个压力认定为有效液压信号。液压信号指令设计如表2-2所示，以目的层1的控制指令为例，利用控制线1和2对目的层1施加液压指令，控制线3为回流管线，先对控制线1施加有效液压信号，保持此压力信号，然后再对控制线2施加有效液压信号，实现目的层1的选择控制指令。

表2-2　层位控制原理

| 目的层 | 控制线1 | 控制线2 | 控制线3 |
| --- | --- | --- | --- |
| 1 | ++ | -+ | -- |
| 2 | -+ | ++ | -- |
| 3 | ++ | -- | -+ |
| 4 | -+ | -- | ++ |
| 5 | -- | ++ | -+ |
| 6 | -- | -+ | ++ |

注："++"表示首先加压，然后保持压力；"-+"表示先不加压，然后再加压；"--"表示不加压。

（3）电气控制系统

① 电气控制系统主要功能。智能完井系统通过远程控制的方式实现了对井下生产层流体参数的监测和产层的控制，满足了油井生产进行实时监控的要求。智能完井系统中井下流量控制系统需要通过一套远程液压装置予以控制，以实现滑套阀不同开度工作模式的切换，从而实现对生产状态的控制。液压系统的运行控制，需要依靠一套功能完整、运行可靠的电气控制系统以实现液压油的加压、压力控制、注油回油监视、运行参数监控与记录、故障保护等多种功能。

本电气控制系统主要实现功能有以下几个方面：

a. 控制主压力回路加压电机运行；

b. 监视主高压回路、低压控制回路、高压控制回路运行压力；

c. 监视液压系统的送油流量、回油流量数据；

d. 实现驱动回路电磁阀的切换控制；

e. 系统故障时可以及时停机保护。

② 电气控制系统结构与组成。该电气控制系统主要由三相交流电动机、压力传感器、流量传感器、传感器信号处理模块、电磁阀、中间继电器、断路器、控制开关、指示灯、远程控制终端（RTU）等组成，整体系统结构组成如图 2-12 所示，系统电气接线图如图 2-13 所示。该控制系统实现系统启停、远程本地操作切换、工作状态指示等功能。电气控制系统实物如图 2-14 所示。为满足井场使用的具体需要，整套电控系统安装于满足防爆技术标准的不锈钢电控箱内。

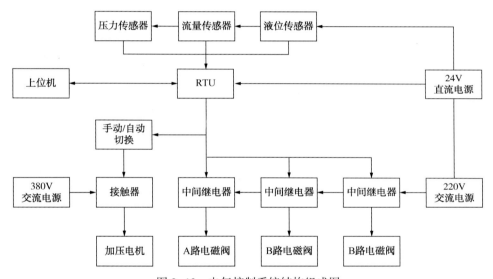

图 2-12　电气控制系统结构组成图

　a. 三相交流电动机选型与主要工作参数。在本液压控制系统中，液压泵的驱动依靠电动机来完成，根据设计需求和具体使用环境等多种因素综合考虑，选用 ABB 公司的三相交流异步电动机，该电机结构紧凑，功率适中，更重要的是本电机满足石油开采领域对防爆条件的要求。电动机外观如图 2-15 所示，其参数见表 2-3。

表 2-3　电动机参数

| 参　数 | 数　值 | 参　数 | 数　值 |
| --- | --- | --- | --- |
| 型号 | 100L8A | 额定功率 | 0.75kW |
| 转速 | 695r/min | 功率因数 | 0.67 |
| 工作电压 | 380V/50Hz | 工作电流 | 2.43A |
| 效率 | 70% | | |

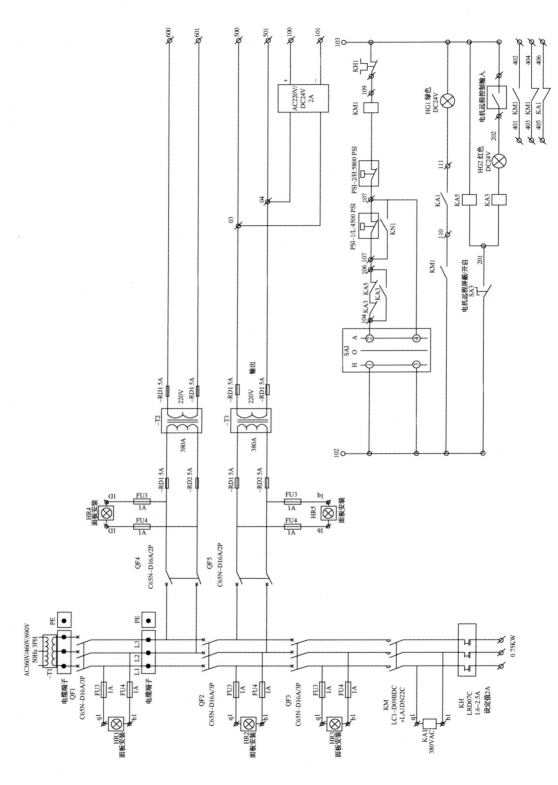

图2-13 电气控制系统电气接线图

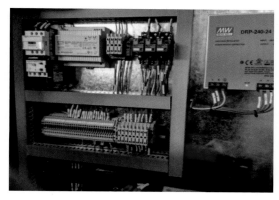

图 2-14　电气控制系统实物

　　b. 压力传感器选型与主要工作参数。压力传感器在本电气控制系统中主要对液压管线重点部位的压力进行监控，一方面是检测液压系统压力是否满足工况需求，实现管路压力的自动控制，另一方面可以实时监控压力管线中的过压事件，在系统出现故障时可以及时停机，保护系统安全。压力传感器外观如图 2-16 所示，其参数见表 2-4。

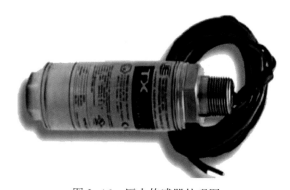

图 2-15　ABB 三相交流异步电动机　　　　　图 2-16　压力传感器外观图

**表 2-4　压力传感器参数**

| 参　　数 | 数　　值 | 参　　数 | 数　　值 |
|---|---|---|---|
| 满量程压力范围 | 0~25000psi | 非线性度 | 0.1%~0.3% |
| 迟滞和重复性 | ±0.1% | 精度 | 0.25%~0.5% |
| 满量程输出 | 16mA(4~20mA) | 量程比 | 10∶1 |
| 零漂 | ±0.5%(FSO) | 反应时间 | 10ms |
| 工作温度 | -40~85℃ | 供电电压 | 10~36VDC(4~20mA 输出) |
| 输出信号 | 4~20mA | 电气连接 | 1/2″NPT 或可选 M20 公制(外螺纹)，72″18 AWG，彩色编码导联线 |
| 接液材质 | 316，15-5 不锈钢 | 压力接口 | 1/4″NPT，1/2″NPT，7/16-20SAE，G-1/4，G-1/2 |

c. 流量传感器选型与主要工作参数。流量传感器在本液压系统中有着较为重要的作用，一方面通过流量传感器测量液压油的流量，以监控系统的工作状态。另一方面，通过对实时流量的监控可以换算出液压油的累积流动容量，从而判断井下滑套阀的运动及位移情况。本系统采用齿轮流量计对液压油的流动情况进行测量，齿轮流量计测量状态与流体的流动状态无关，这是因为齿轮流量计是依靠被测介质推动齿轮旋转而进行计量的，被测液体黏度愈大，从齿轮和计量空间隙中泄漏出去的泄漏量愈小，被测介质的黏度越大，泄漏误差愈小，对测量愈有利，适用于液压油等高黏度介质流量的测量。齿轮流量计外观如图 2-17 所示，其参数见表 2-5。

图 2-17　齿轮流量计外观图

表 2-5　齿轮流量计参数

| 参　数 | 数　值 | 参　数 | 数　值 |
|---|---|---|---|
| 型号 | VCX-M3 | 流量范围 | 0.5~150mL/min 3~300mL/min 5~1000mL/min 0.5~100L/h |
| 测量精度 | 0.50% | 连接方式 | G1/8 内螺纹 G1/8 内螺纹 G1/8 内螺纹 G1/4 内螺纹 |
| 工作温度 | -30~80℃ | 工作压力 | 32bar 或更高 |
| 输出形式 | 方波脉冲 | 供电方式 | 4~26VDC |
| 壳体材质 | 不锈钢或铝材质 | | |

d. 远程控制终端(RTU)选型与主要工作参数。为实现液压控制系统中各传感器信号的采集、执行机构以及电动机的控制驱动、上位机数据传输、系统的自动化运行等功能，该电气控制系统采用远程控制终端(RTU)模块作为系统控制的核心部件。该部件一方面需要实时读取各传感器及开关的信号，并将信号处理后利用以太网或者 RS2323、RS485 总线上传至上位机，另一方面需要将上位机下达的控制指令通过输出端口控制电机、电磁阀等部件工作。RTU 本身相当于一个信号采集和控制的枢纽，控制程序由上位机完成，这样便于系统的调试和使用。RTU 外观和接口如图 2-18 所示，其参数见表 2-6。

表 2-6　RTU 参数

| 参　数 | 数　值 | 参　数 | 数　值 |
|---|---|---|---|
| 型号 | RTU805R | CPU | 32 位 ATMEL ARM 高速处理器，主频 72MHz |
| 操作系统 | GCOS，10ms 调度机制 | 供电电压 | 7-35VDC/2W，电源反接保护，隔离设计 |
| 外形尺寸 | 180×108×44(mm) | 通讯接口 | RJ45 以太网、RS232、RS485 |
| 安装方式 | 螺丝固定或者导轨安装 | 工作环境 | -40~85℃，5%~95%RH 无凝露，IP20 防护 |
| 通道隔离 | 2500VDC 隔离、抗干扰保护设计 | 主要接口 | 16AI（4~20mA，0~10V）、8DI（隔离）、6DO（继电器输出） |

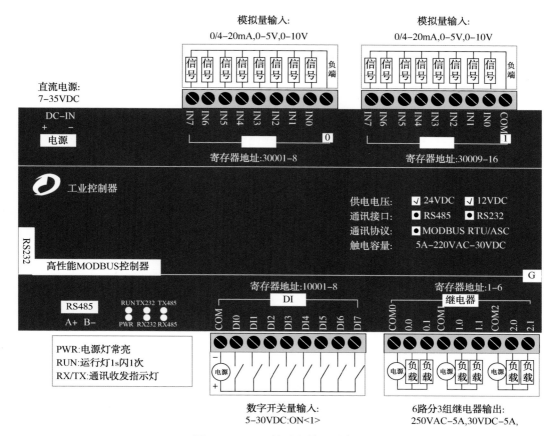

图 2-18　RTU 外观和接口示意图

（4）上位机控制软件设计与开发。

① 基于力控的上位机控制软件设计与开发。该液压控制系统的整个控制逻辑及人机交互界面都由上位机组态予以实现，相对于基于 PLC 的逻辑控制系统，本方案实现方式更加灵活，程序调试和更新更为方便。

该系统所采用的上位机组态设计软件为北京三维力控的 Force Control 监控组态软件。力控通用监控组态软件 Force Control 是一款通用型的人机可视化监控组态软件，是国内率先以分布式实时数据库技术作为内核的自动化软件产品。软件提供易用的配置工具和行业套件、良好的用户开发界面和简捷的工程实现方法，支持和国内外各种工业控制厂家的设备进行网络通信，提供软、硬件全部接口实现与第三方的软、硬件系统集成，同时可与力控产品家族中的其他产品无缝集成，实现工业互联。软件广泛应用于市政、水利、环保、装备制造、石油、化工、国防、冶金、煤矿、配电、新能源、制药、交通、教育等行业。

Force Control 主要特点如下：

a. 灵活方便的开发环境，高分辨率开发设计；

b. 可靠的工业通信设计，工业协议多达 3000 种驱动协议；

c. 协同方式的可视化工具，增强趋势曲线、同环比分析饼图等；

d. 类 Excel 专家报表工具，快速开发基于日、月、年的各类生产报表；

e. 工业报警管理，支持 9999 级别、99 分组、声光闪、导出打印、短信推送等功能；

f. 强大的编译及运算引擎，应用程序、数据改变、条件、自定义函数等多事件脚本；

g. 高度同步的 Web 网络发布，无须二次开发快速实现网络访问；

h. 多种风格的工程模板及行业素材模版，辅助客户快速构建系统；

i. 便捷的国际化应用，多语言资源在线切换，支持中、英、繁语言资源包。

Force Control 分为采集层、数据层、可视化层三层架构。采集层支持串口、以太网、Zigbee 网络等方式与远程现场设备进行通信，实现对设备数据的采集；数据层采用实时数据库，可对采集来的数据进行一些运算处理，并提供报警、历史数据存储、统计等功能，其他应用程序或者功能模块通过与实时数据库交互而实现其功能及扩展。可视化层提供丰富的二次开发工具，可组态的配置环境，通过与实时数据库的交互，实现对现场设备的监控，Force Control 软件架构如图 2-19 所示。

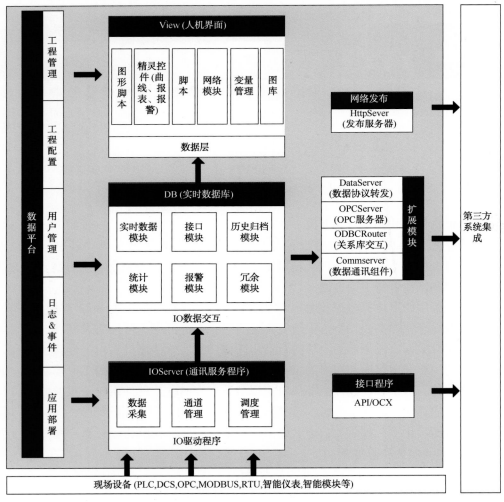

图 2-19　Force Control 软件架构图

② 系统控制信号及其主要功能。在液压系统过的运行过程中，需要实时读取各传感器的数据并转换成便于操作人员阅读和识别的物理参数，同时通过控制软件的内部控制逻辑对液压系统的运行进行实时控制。本液压系统所涉及的主要模拟量传感器如表 2-7 所示，该表列出了主要的传感器信号输出范围以及所对应的物理量量程上下限，便于开发人员和操作人员在系统调试和运行中参考。

表 2-7　传感器信号统计表

| 信号名 | 信号说明 | 传感器电流输出范围 | | 传感器物理量输出范围 | |
| --- | --- | --- | --- | --- | --- |
| | | min | max | min | max |
| LT1_1 | 油箱液位 | 4mA | 20mA | 0mm | 400mm |
| PT4_1 | 主泵出口压力 | 4mA | 20mA | 0psi | 14503psi |
| PT5_1 | 低压控制管路压力 | 4mA | 20mA | 0MPa | 1.6MPa |
| PT1_1 | A 供油管路压力 | 4mA | 20mA | 0psi | 14503psi |
| PT2_1 | B 供油管路压力 | 4mA | 20mA | 0psi | 14503psi |
| PT3_1 | C 回油管路压力 | 4mA | 20mA | 0psi | 14503psi |
| FT1_1 | C 路开启瞬时流量 | 4mA | 20mA | 0ml/min | 250ml/min |
| FT2_1 | C 路关闭瞬时流量 | 4mA | 20mA | 0ml/min | 250ml/min |

在表 2-7 中，油箱液位传感器主要测量液压油油箱中的剩余油量，当液压油不足或过量时可以发出警报，提示操作人员注意；主泵出口压力传感器主要检测主加压回路管线中的压力，该压力需要维持在合理范围内，当压力下降到一定程度后，系统将自动启动加压电机进行加压，当压力达到阈值后自动停止加压，从而维持主泵输出压力的稳定；A、B、C 供油管路压力传感器主要监视驱动管线内的液压油压力，通过压力的变化可以判断液压系统是否处于正常工作状态；C 路开启、关闭瞬时流量计的主要作用是监测液压油的流动情况，一方面可以通过液压油的流动监视液压系统是否在正常工作，另一方面可以通过对瞬时流量的累计，以判断井下滑套阀是否运动到位。

③ 系统控制程序设计。系统控制程序是实现液压站自动化运行的重要方式，利用力控软件平台开发液压站控制程序，所有的控制逻辑均在上位机中进行实现。

a. 油箱液位监测程序。油箱液位监测程序主要实现对油箱内液压油的剩余量进行监测，当系统发现油箱液位过高或者过低时，关闭系统并发出警告提示。油箱液位监测程序流程图如图 2-20 所示。

b. 主泵出口压力控制程序。主泵出口压力控制程序一方面实现主泵输出压力恒定控制，另一方面当压力超过安全限定时，及时关闭加压电机停止加压，并进行故障提示。主泵出口压力控制程序图如图 2-21 所示。

c. 低压控制回路压力控制程序。低压控制回路主要是为液压阀的运行提供一个合适的低压控制压力，当该回路压力超过安全上限时，需要停止主加压回路的工作并且进行报警。低压控制回路压力控制程序如图 2-22 所示。

d. A、B、C 管路压力检测与控制程序。A、B、C 管路压力检测与控制程序主要实现两个主要功能：首先，监测各控制端压力是否在安全范围以内，如果超过安全限定，及时关闭对应管路的电磁阀。其次，当压力在正常范围内时，通过上位机实现 A、B、C 三路加压的远程控制。A、B、C 管路压力检测与控制程序如图 2-23 所示。

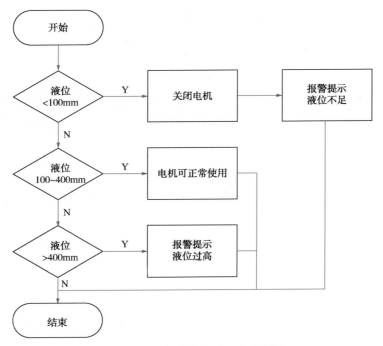

图 2-20　油箱液位监测程序流程图

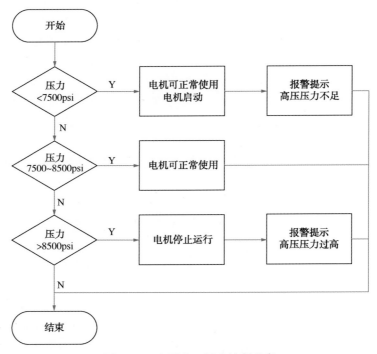

图 2-21　主泵出口压力控制程序

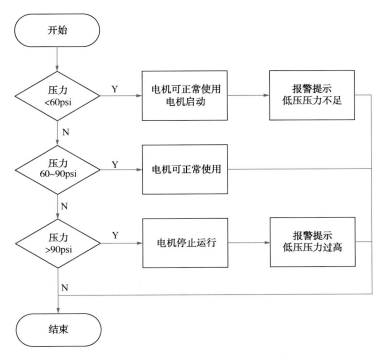

图 2-22　低压控制回路压力控制程序

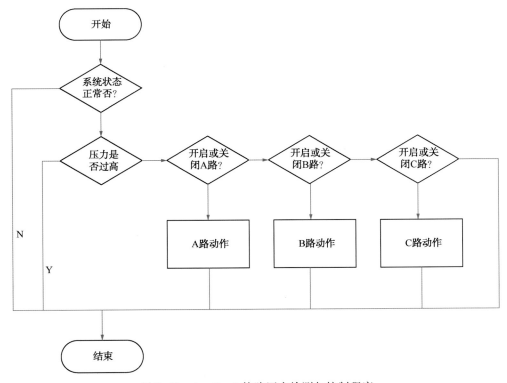

图 2-23　A、B、C 管路压力检测与控制程序

e. 瞬时流量监测与累积流量计算程序。瞬时流量监测与累积流量计算程序主要实现流量传感器数据的读取和累积流量的计算功能，并在将处理后的数据记录在系统数据库中，以便调阅或导出。瞬时流量监测与累积流量计算程序如图 2-24 所示。

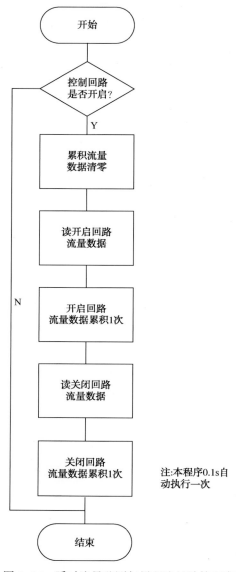

图 2-24　瞬时流量监测与累积流量计算程序

④ 用户交互界面设计。液压系统远程控制上位机软件基于三位力控组态软件开发平台设计，运行于基于 Windows 7 的工业控制计算机。软件界面采用虚拟仪表面板设计，和真实仪表具有相同的使用读数方法，软件操作直观简洁。虚拟仪表滑套阀地面控制系统分为两个主要的工作界面：系统操作面板及历史数据记录曲线面板。

系统操作面板如图 2-25 所示，该面板主要实现系统所有工作参数的实时监控、运行状态显示、故障报警、阀控及流量监测计算等功能。操作面板按照仪表功能和操作人员一般使用习惯进行分区设计，简洁易用。

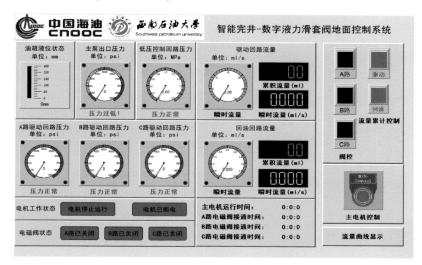

图 2-25　系统操作面板

　　历史数据记录曲线面板如图 2-26 所示。该面板主要用来显示各传感器所采集到的数据随时间变化的情况，用户可以通过相关数据的曲线变化规律，合理操作液压系统运行。同时该面板还可以将记录于系统数据库中的历史参数导出，便于用户分析液压系统历史工况。

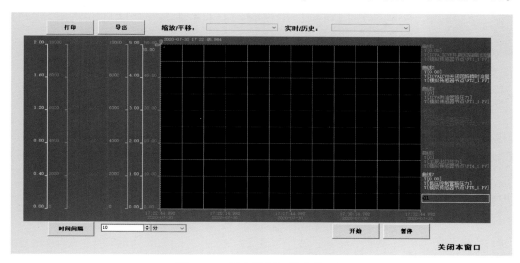

图 2-26　历史数据记录曲线面板

## 2.2　层间隔离工具

　　层间隔离工具主要是使用封隔器，按照油藏工程师的要求，用封隔器将油井封隔成几个不同的生产层段，每个生产层段安装一个井下控制阀，同时这些封隔器能够穿越液压控制管线和光纤。封隔器是建立油管与地层间分隔的必备工具，已有多年的历史。由于油管封隔器发展较早，也很成熟，智能完井系统用的油管封隔器除了设计有传输线/控制线通过的贯穿孔以外，与常规完井所使用的封隔器没有本质的区别。

封隔器按操作方式分机械式和液压式两种。随着智能完井技术的发展和需求，智能完井系统所使用的封隔器逐步向液压式发展，并且逐步用控制管线来代替油管内外压差操作坐封。另外，随着封隔器技术的发展，目前已开始将遇油气膨胀封隔器用在智能完井系统中。因遇油气膨胀封隔器具有自愈合能力，控制线/传输线可无拼接通过封隔器，从而可大幅度地提高智能完井系统的可靠性。目前，国内在油管生产封隔器研究方面取得了很好的成绩，基本满足了常规油气生产的需要，但还没有智能完井专用封隔器，因此，国内开始研制遇油气膨胀封隔器，并取得了一些成果。

### 2.2.1　TAM 公司的穿线式自膨胀封隔器技术

TAM 公司的穿线式自膨胀封隔器技术（如图 2-27）采用特种吸油吸水膨胀橡胶，在裸眼完井中具有自我修复能力强、膨胀系数高和密封压力大的特点[7]。穿孔式自膨胀封隔器是预先在封隔器橡胶层割槽，在封隔器入井时将液压控制管线或电缆完整地穿过橡胶层，无须切割和拼接，待自膨胀封隔器到达设计位置吸油（水）坐封后，它会自行密封线缆和橡胶层之间的间隙。

在其他智能完井系统中，系统很大一部分失效原因是线缆拼接后的密封不严。TAM 公司的穿线式自膨胀封隔器技术在使用时无须切断和连接线缆，具有较高的可靠性[8]。

图 2-27　穿线式自
膨胀封隔器

### 2.2.2　Halliburton 公司 HF-1 封隔器

HF-1 封隔器是一种单管柱、可回收的套管式封隔器，其特点是可以绕过多条电气和/或液压控制管线，如图 2-28 所示[9]。HF-1 封隔器包括一种特殊的滑块结构和附加的阀体锁环，既可用于顶部生产封隔器，也可用于隔离相邻区域的下部封隔器。这样就可以在比标准生产封隔器更高的负载和更大的压力下操作。

HF-1 系列层间隔离封隔器的特征如下：

① 液压启动联锁机构防止过早设置；

② 设置过程中没有主体移动；

③ 高级线程连接；

④ 具有防挤压系统的丁腈橡胶和天然橡胶元件；

⑤ 尾管可能处于张力或压缩状态。

HF-1 封隔器的优点如下：

① 采用多锥、全覆盖滑移系统，减少了套管损坏；

② 安装后可完全收回；

③ 可以与智能井系统一起部署；

④ 可同时用作顶部生产封隔器和下部隔离封隔器;

⑤ 避免在设置过程中损坏控制线。

HF-1封隔器有两个坐封机构和三个释放机构。其中设置机构包括油管压力设置和控制线设置。它的释放机构有冲孔和压力释放、换挡减压、机械移位释放。释放机构是隐藏式和选择性的,允许其他工具通过。轴向载荷在两个方向上都有支撑,因此工具不能被油管力释放。

HF-1封隔器通过整体优质螺纹连接直接与油管柱相连。内部芯轴也使用高级螺纹连接以保持连续性。

① 防预置机构:设有液压启动联锁系统,可在进井前进行调整。该系统允许封隔器在大斜度井或水平井下入,从而消除了套管阻力带来的预置风险。

② 串联式设置:适用于排气管在拉力、压缩或中性状态下的串联式设置。坐封机构与油管运动或压力引起的油管力无关。设置动作不会对任何穿透或线路造成负载或损害。

HF-1封隔器采用弹性密封,下环空密封和油管的设置材料要根据应用条件进行选择。

HF-1封隔器看包装元件是多件丁腈密封元件。它包含一个抗挤压系统,具有很高的抗擦拭能力,可以在凝结前提高运行速度和达到较高的环空循环速率(最高可达8bbl/min)。该系统以水和氮气为试验介质,经过多次热循环,达到了试验要求。

HF-1封隔器的负载和功能性能,所有HF系列封隔器均为API11D1V0或V3等级。

HAL 80291

图 2-28　HF-1 封隔器

## 2.2.3　Halliburton 公司 MC 封隔器

MC封隔器,可用于生产(MC-1)和隔离(MC-0)应用程序(无滑动),是一种单管套孔可回收封隔器,主要设计用于边际或成熟资产中的智能完井。MC封隔器外观如图2-29所示[9]。

MC生产和隔离封隔器都有通过8条液压或电气控制线的设备。这允许在不影响隔离区完整性的情况下与其他智能设备进行通信。在某些情况下,MC生产封隔器可以用作主要的HF-1生产封隔器之下的隔离封隔器。

MC封隔器的特征如下:

① 具有简单、性价比高的设计;

② 最多馈入8条控制线;

③ 采用油管组的方式;

④ 封隔器使用丁腈橡胶、氢化丁腈橡胶、氟橡胶密封元件密封。

MC封隔器的优点如下:

① 在边远或稳定开采井中应用智能井技术;

② 维护区域完整性;

③ 进行高压/油管压力测试;

④ 用激光工具实现通信。

MC 封隔器的设置机制：MC 生产封隔器和隔离封隔器都是油管压力设置。由于采用了液压启动的联锁系统，MC 封隔器可以在进井前进行外部调整。联锁系统可以使封隔器在大斜度井中运行，帮助消除套管造成的预置风险。

MC 封隔器的回收机制：MC-1 生产封隔器是通过"移动—拉动"的方法释放。一旦主隔离封隔器被释放，MC-0 隔离封隔器可以简单地通过下拉回收；没有释放特性。

MC 封隔器的密封元件：该 MC 封隔器安装了最先进的丁腈橡胶、氢化丁腈橡胶、氟橡密封元件，类似于高性能 HF-1 封隔器。这些元件具有坚固性和优良的密封性能。

MC 生产封隔器和 MC 隔离封隔器适用于以下正常井况：

① 井底压力<5000psi；

② $H_2S$ 和 $CO_2$ 可以忽略不计，井底温度<275℉；

③ 最大工作压力 5000psi。

MC 生产和隔离封隔器均符合 ISO 14310 V3 标准。

图 2-29　MC 封隔器

## 2.2.4　Schlumberger 公司 XMP 优质多端口生产封隔器

XMP 高级多端口生产封隔器专为智能完井而设计，是一种通过输送油管、液压坐封、可回收的封隔器，它具有多旁路配置的液压控制线路或电力管道[10]。

适用于单层和双层完井，封隔器具有表面测试能力，封隔器长度短，便于下入井。

XMP 封隔器的主要特点

（1）液压坐封式封隔器；

（2）可回收；

（3）用于智能完井；

（4）设计和测试符合 ISO 14310 V0。

XMP 高级多端口生产封隔器的优点如下：

① 能够进行表面测试；

② 适用于在垂直、倾斜或水平井筒中下入；

③ 外壳无损坏；

④ 通过设置机构设计避免了管道移动；

⑤ 与完井管相匹配的抗拉和抗压等级；

⑥ 封隔器本体长度短；

⑦ 卡瓦位于元件下方，防止碎屑进入；

⑧ 适用于无支撑套管的筒体卡瓦设计；

⑨ 优质弹性体和冶金；

⑩ 具有防预置、防复位机构；

⑪ 具有中央定位液压设置机构；

⑫ 可回收设计，消除与铣削相关的损坏；

⑬ 有多个旁路端口，用于液压和电线的贯通；

⑭ 可用在控制线设置配置。

XMP 封隔器的灵活设计意味着使用者可以通过配置选项对其进行排序，可以进行左旋断开，也可以通过油管切割器进行干预回收。封隔器的设计也避免了管道移动。

筒式卡瓦设计使得封隔器适用于无支撑套管，卡瓦位于元件下方，可以最大限度地降低回收风险。

XMP 封隔器与完井油管一起安装，通过向油管施加压力来实现封隔。XMP 封隔器的回收是通过油管干预工具完成的，随后对油管进行向上拉动。

XMP 封隔器外观如图 2-30 所示。

图 2-30　XMP 封隔器外观图

XMP 的坐封机构消除了坐封过程中封隔器的运动，通过简单地提拉油管就可实现封隔器液压坐封和解封。现场证实其密封单元系统能承受 250℉的温度，并且系统中的反挤压装置与套管配合有助于减小密封挤压。系统提供的高温密封单元可承受更高的温度。

## 2.2.5　Schlumberger 公司 MRP-MP 模块化多端口封隔器

MRP-MP 封隔器系列由输送油管、液压坐封生产和隔离封隔器组成，设计用于单层或多层完井、智能完井、垂直井或斜井[11]。

每个封隔器具有多旁路配置，适用于液压控制管线或电缆管道的应用。

MRP-MP 封隔器的主要特点：

① 液压坐封；

② 可回收；

③ 用于智能完井。

MRP-MP 封隔器的优点如下：

① 通过多层生产降低了开发成本；

② 通过经济的直通式封隔器平台，降低了完井成本；

③ 通过防止卡瓦上方的岩屑堆积，降低了回收风险；

④ 通过在安装过程中消除管道的移动，降低了操作失误的风险。

MRP-MP 封隔器的其他特点：

① 灵活的配置，有助于不同的完井设计；

② 通过五个液压控制线或电气管道实现安装在封隔器下方的设备之间的通信；

③ 基于经现场验证的经济型 Schlumberger MRP 模块化可回收封隔器的模块化平台；

④ 适用于多种应用的配置选项：直接拉出释放、切割释放和隔离；

⑤ 卡瓦位于密封元件下方；

⑥ 液压设置机构位于元件和卡瓦之间；

⑦ 能够在整个油管柱中保持优质连接的配置。

MRP-MP 封隔器是通过将油管环空来设置的不同的压力。封隔器的设置需要一个封闭的流量控制阀或调节阀、一个球座、一个阀塞或其他油管下料装置。回收方法取决于所选择的配置。

图 2-31 为 MRP-MP 生产封隔器外观图，图 2-32 为 MRP-MP 隔离封隔器外观图。

图 2-31　MRP-MP 生产封隔器外观图

图 2-32　MRP-MP 隔离封隔器外观图

### 2.2.6　Schlumberger 公司 QMP 系列封隔器

（1）QMP 多端口层间隔离封隔器

QMP 多端口层间隔离封隔器是为在多层地层中需要对低压层进行层位封隔而设计的，适合于与地面操作的井下流动控制设备和装在油管上的井下监测设备配合使用[12]。QMP 封隔器的工作筒内径较大，特别适合于要求采用大内径油管的完井，如单井眼完井。

QMP 的坐封机构消除了坐封过程中封隔器的运动，通过简单地提拉油管就可实现封隔器液压坐封和解封。现场证实其密封单元系统能承受 250 ℉的温度，并且系统中的反挤压装置与套管配合有助于减小密封挤压。系统提供的高温密封单元可承受更高的温度。

QMP 多端口层间隔离封隔器的应用：

① 智能完井和闭合的化学剂注入完井；

② 普通和恶劣环境；

③ 低压层层位封隔；

QMP 多端口层间隔离封隔器的优势：

① 消除了油管起下作业或钢丝作业；

② 通过垂直提升实现简单的剪切解封；

③ 灵活的设计允许在现场进行调整以适应具体应用要求；

④ 增加旁通管线结构的可靠性，简化完井作业；

⑤ 安装和取回完井设备不需要特别的隔开操作和设备；

⑥增加了封隔器的可靠性，消除了从螺纹处发生泄漏的可能性；

⑦在下入作业过程中保护密封元件；

⑧允许在现场调整解封值；

⑨简化了事故磨铣作业。

（2）QMP 多端口生产封隔器

QMP 多端口生产封隔器是一种液压坐封、可回收式封隔器，特别适合于智能完井[12]。在多层地层中，常当作上部封隔器与地面控制的井下流动控制阀和安装在油管上的油藏监测设备配合使用。表 2-8 为 QMP 多端口层间隔离封隔器技术参数。

表 2-8    QMP 多端口层间隔离封隔器技术参数

| 套管尺寸/in | 9 5/8 | 9 5/8 | 7 | 7 |
| --- | --- | --- | --- | --- |
| 套管质量/(lbm/ft) | 40~47 | 47~53.5 | 26~29 | 29~32 |
| 最大温度/℉ | 300 | 300 | 300 | 300 |
| 压差/psi | 5000 | 5000 | 5000 | 5000 |
| 封隔器抗张强度/lbf | 300000 | 300000 | 150000 | 150000 |
| 坐封方式 | 油管液压坐封 | | | |
| 推荐坐封压力/psi | 3800 | 3800 | 3800 | 3800 |
| 封隔器长度/in | 82.530 | 82.530 | 81.270 | 81.270 |
| 封隔器回收方式 | 垂直上拉机械解封 | | | |
| 电缆通路数量 | 7 | 7 | 4 | 4 |
| 最大外径/in | 8.440 | 8.340 | 5.992 | 5.900 |
| 最小内径/in | 4.750 | 4.750 | 2.940 | 2.940 |
| 上部压差/psi | 5000 | 5000 | 5000 | 5000 |
| 下部压差/psi | 与剪切解封有关 | | | |

QMP 多端口生产封隔器是一种液压坐封、可回收式封隔器，特别适合于智能井完井，图 2-33 为 QMP 多端口生产封隔器的外观图。在多层地层中，常当作上部封隔器与地面控制的井下流动控制阀和安装在油管上的油藏监测设备配合使用。

图 2-33    QMP 封隔器外观图

封隔器允许在现场嵌通和连接电力和液力管线。完成管线嵌通后，要对封隔器上的控制管线接头进行测试。封隔器以整体工作筒结构和偏心流道为特征。连续的工作筒设计杜绝了解封时局部伸长的现象。这种设计有助于解封作业，不必考虑油管载荷状况，如受拉或受压。QMP 生产封隔器允许同时坐封多个封隔器，并且具有在钻台上同时进行旁路密封测试的能力。

液压坐封 QMP 生产封隔器有一对坐封活塞，可在锚定卡瓦之前向密封单元施加足够的能量。QMP 生产封隔器的回收通过油管修井工具和上提油管来完成。QMP 生产封隔器可适用于不同的生产环境，包括 $H_2S$ 和 $CO_2$ 环境。

QMP 生产封隔器的应用：
① 智能完井和闭合的化学剂注入完井；
② 普通和恶劣环境。

QMP 生产封隔器的优势：
① 消除了油管起下作业或钢丝作业；
② 通过钢丝解锁、垂直提升实现简单解封；
③ 为液压管线或电缆提供进入接口；
④ 灵活的设计允许在现场进行调整以适应具体应用要求；
⑤ 增加旁通管线结构的可靠性，简化完井作业；
⑥ 安装和取回完井设备不需要特别的隔开操作和设备。

## 2.2.7 Weatherford 公司的 HellCat™2 智能井完井封隔器

Weatherford 公司的 HellCat™2 封隔器是一种可回收的液压采油封隔器，单程速度快，效率高，可用于智能井完井、海底完井、斜井和水平井完井以及地层封隔。芯轴内径大，可以实现 8 根控制线的穿越，是理想的单管生产封隔器[13]。Hell Cat 封隔器已通过 ISO 14310 的测试。HellCat™2 封隔器外观如图 2-34 所示。

图 2-34 HellCat™2 封隔器示意图

特征和优点：
① 坐封压力低（3500psi），减少了坐封过程中油管伸长。在许多情况下，可以通过钻井泵来完成坐封，以减少使用高压泵的费用；
② 坐封过程中无芯轴运动，能够在单趟管柱上使用多个封隔器；
③ 转动解封能力（利用钢丝转位工具）使操作变得简单，同时降低了在变载荷条件下过早损毁的风险；
④ 切断解封能力降低了在极端载荷条件下剪断型封隔器过早损毁的风险；
⑤ 封隔器也可在井口完工后坐封，具有更大的操作灵活性和安全性；
⑥ 一次起下作业系统节约钻机占用时间。

## 2.2.8 Baker Hughes 可回收封隔器

（1）Baker Hughes Premier 可回收反馈式封隔器

Baker Hughes 的 Premier™ 封隔器是一款液压坐封、大孔径可拆卸的生产封隔器[14]，它结合了永久封隔器的性能和可回收封隔器的便利。该封隔器具有通用性、可重复使用性和可拆卸性，适用于任何钻井井况。V0 级封隔器有助于锚定油井中的生产油管，防止气体沿环空向上移动。安装 V0 级封隔器有助于保持良好的井况控制，为人员和环境提供保护。

在包括智能完井系统设计的油井中，我们的反馈式可回收封隔器允许部署控制管线，以提供动力并与井筒下方的设备进行通信。可拆卸生产封隔器也可以提供与永久封隔器相同的压力和温度等级，且在需要时可以方便地拆卸。

Premier 封隔器非常适合大口径完井和多区域、叠层封隔器完井。其回收选项为高干预成本应用提供了新的替代方案，并可达到 API 11D1/ISO 14310 V0-H 的高性能要求。它可以配置为尾管顶部隔离、单孔完井、堆叠式单选择性完井和无干涉深水或大位移完井。

Premier 封隔器的模块化设计使得它可以直接通过螺纹连接到生产管柱上，或与锚定密封组件连接，这样就可以在不收回封隔器的情况下拆卸油管。通过向封隔器下方的封堵装置加压，完成一次坐封。

当封隔器需要拆卸时，在生产油管内运行一个切割器，并将其放置在芯轴内下部卡瓦的正下方。切割机用于切断封隔器内芯轴，使卡瓦脱离套管壁，使填料函松弛。然后，就可以将封隔器通过生产油管从井中取出。

Baker Hughes 可回收封隔器的优点如下：

① 节省钻井时间，降低成本。Baker Hughes 的生产封隔器可以很方便地从井筒中拆卸出来进行再利用，从而节省修井时间和研铣削成本。

② 实现更大的灵活性。使用 Baker Hughes 的可回收采油封隔器可以有效地进行二次采油作业、重新完井和采油油管的更换。

③ 保持沿井筒的高效通信。可靠地地监测封隔器下方井筒的状况和潜油电泵等控制设备。

Baker Hughes 可回收反馈式封隔器在实现套管封隔的同时允许控制管线通过封隔器实现对下部工具控制，图 2-35 为其封隔器示意图。

Baker Hughes 的可回收反馈式封隔器的工作特点：

套管尺寸：5～10¾in；

工作压力：10000psi（70MPa）；

工作温度：350℉；

最多允许通过 8 根 1/4in 控制管线。

图 2-35　可回收反馈式封隔器示意图

（2）Baker Hughes Octopus 可回收 ESP 封隔器

Baker Hughes Octopus 可回收潜油电泵（ESP）封隔器除了保持可靠的隔离外，ESP 封隔器还应该提供两方面的功能：针对不同的增产方案，灵活的反馈通配置，以及可靠的下入和回收[15]。

此系列封隔器具有符合 V3 要求的密封元件和流线型设计，可降低悬挂风险，提供液密保护和无故障的下井和取出。

Octopus 封隔器非常灵活。Octopus 多管柱 ESP 封隔器具有较宽的横截面，可容纳多种配置。Octopus 超薄型 ESP 封隔器是业界第一款专为纤细内径（ID）套管和衬管而设计的同心 ESP 封隔器，它将 ESP 部署选项扩展到一些最具挑战性的井深和井身结构上。

图 2-36 为 Baker Hughes Octopus 可回收 ESP 封隔器示意图。

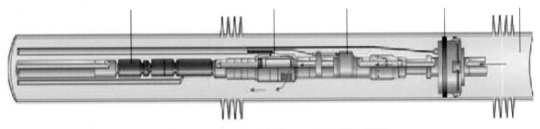

图 2-36　Octopus 可回收 ESP 封隔器示意图

## 2.3　动力传输系统

动力传输系统主要包括液压管线和液控管线保护器，一般是 1/4″或 3/8″连续不锈钢液压管线，多个井下控制阀公用一套动力传输系统。井下流量控制系统需要通过液压管线控制井下各产层的流量控制阀开度，就必须了解传输管线的传输性能。该流量控制系统采用液压介质向井下传递动力和信号，再从井下传递回地面动力系统。从地面液压站传向目的层，传输距离通常为数千米。一般液压系统的液压介质通常为数米到几十米，相对较短，而在智能完井系统中液压信号和动力传送距离大，传输阻力大。同时智能完井系统拟以液压油为传送介质，向井下传送压力信号，控制井下目的层的开启、控制井下流量控制阀的开度。受井下空间的限制，液压管线直径要尽可能小，同时满足强度要求，地面信号和动力能否有效地传到井下、实现相关控制，必须事先论证，以确定智能井流量控制的技术方案的可行性。

### 2.3.1　参数优选及智能完井液压控制计算模型

为了确定管线的内径、壁厚、液压油等参数的影响，需要对管线的内径、壁厚以及液压油型号等进行分析[16]。智能完井系统的流量控制阀通常安装在各产油层对应的井下管柱上，如图 2-37 所示，不同油气生产层之间的流量控制阀由层间封隔器隔开，图 2-38 中的智能完井流量控制系统可简化为模型：泵-管线-流量控制阀[17]。流量控制阀开启前可视为盲端，分析中将以种情况为基础进行研究，如图 2-39 所示。计算的参数如表 2-9 所示，泵压力曲线如图 2-40 所示。

表 2-9　计　算　参　数

| 管线长度 $L$ | 1300m | 重力加速度 $g$ | 9.806N/kg |
|---|---|---|---|
| 管内液体密度 $\rho$ | 850kg/m³ | 泵压力 $p$ | 40MPa |
| 液柱压力 $\rho gL$ | 12.5MPa | 泵加压时间 | 1400s |

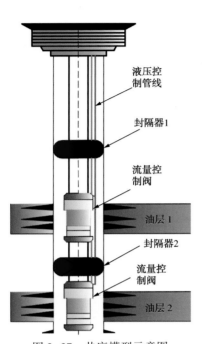

图 2-37　井底模型示意图

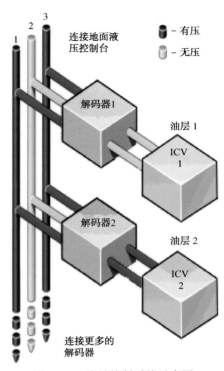

图 2-38　流量控制系统示意图

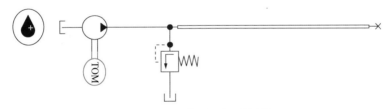

图 2-39　泵-管线-流量控制阀

（1）管径的分析

以管线的内径作为研究的对象，分析管线内径为 2mm、3mm、4mm、5mm、6mm、7mm 时管线内压力与流量的变化情况。管线末端的压力和临近管线末端的流量变化值如图 2-41、图 2-42 所示。可以看出，管线内径越大，临近管线末端的流量也就越大，造成的波动也越大。同样，管线末端的压力响应也越快，压力达到稳定值的耗时也会越短，但这样会导致系统的稳定性变差。管线内径越小，管线末端的压力响应也会越慢。因此我们就必须选

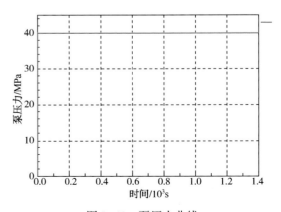

图 2-40　泵压力曲线

择一个合适的管线内径，既不能过大，也不能过小，既要保证系统的稳定性，又要使管线末端压力在最短时间内达到稳定值。研究结果认为取 3~5mm 之间较为合适，选取液压管线内径为 3.048mm 的 316L 不锈钢液压管线。

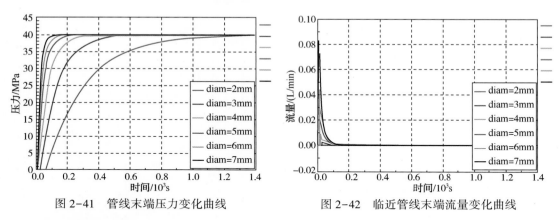

图 2-41　管线末端压力变化曲线　　　　　图 2-42　临近管线末端流量变化曲线

（2）壁厚的分析

以管线的壁厚作为研究对象，分析壁厚为 1mm、2mm、3mm、4mm 时管线内压强与流量的变化情况。管线末端压力和临近管线末端的流量变化值如图 2-43 和图 2-45 所示，图 2-44、图 2-46 分别为其局部放大图。

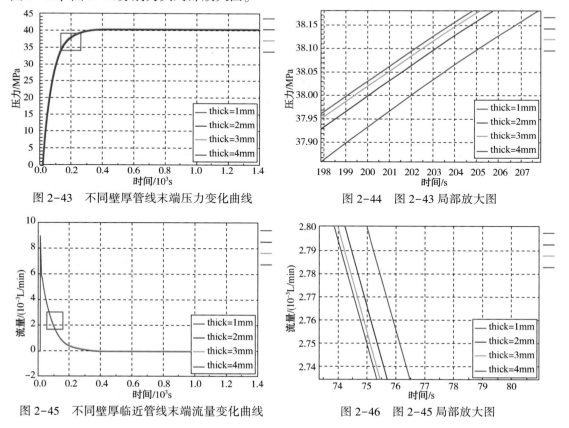

图 2-43　不同壁厚管线末端压力变化曲线　　　图 2-44　图 2-43 局部放大图

图 2-45　不同壁厚临近管线末端流量变化曲线　　图 2-46　图 2-45 局部放大图

从图 2-43 和图 2-45 可以看出，随着管线壁厚的增加，管线末端的压力值达到平衡的耗时也逐渐越少，临近管线末端的流量波动也越大，但从图 2-43 的局部放大图（图 2-44）、从图 2-45 的局部放大图（图 2-46）中可以看出，管线的壁厚对管线内流量和管线末端压力是存在影响的，但相对较小，故将其产生的影响忽略。

（3）管线的弹性模量

以管线的材料作为研究对象，分析管线的不同弹性模量对管线内压力与流量的变化情况。不同材料的弹性模量参数如表 2-10 所示，图 2-47 为不同管线弹性模量时，管线末端的压力变化曲线。图 2-48 为不同管线弹性模量时，临近管线末端的流量变化曲线。

表 2-10　不同材料的弹性模量　　　　　　　　　　　　　　　　GPa

| 材料 | 铸铁 | 钢 | 紫铜 | 黄铜 | 铝合金 | 橡胶 |
|------|------|-----|------|------|--------|------|
| 弹性模量 | 120 | 210 | 120 | 110 | 72 | 0.002~0.006 |

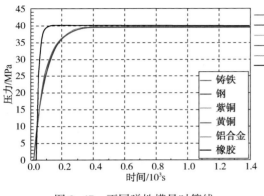

图 2-47　不同弹性模量时管线
末端压力变化曲线

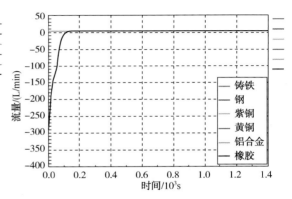

图 2-48　不同弹性模量时临近管线
末端流量变化曲线

从图 2-47 和图 2-48 中可以看出，如果管线采用钢、铜、铝合金等金属材料的话，管线末端的压力变化值与邻近管线末端的流量变化时基本保持一致，差值非常小。但如果使用的是橡胶等材料的话，相比于金属材料，管线末端的压力与流量则会有很大的偏差，稳定性较差，则不予考虑，该井下流量控制系统中液压管线所采用的材料是 316L 不锈钢，弹性模量 $E = 210 \text{GPa}$。

（4）液压油型号的选择

选用液压油时，最先考虑的是液压油的黏度，因为黏度既影响泄漏，又影响功率损失，其次还应考虑系统的工作压力、环境温度、液压泵的类型等因素。

首先考虑的是液压油黏度问题，根据泵种类、工作温度、系统速度和工作压力首先确定适用范围，然后再选择合适的液压油品种。液压油的黏度分类如表 2-11 所示[18]。

① 确定最佳黏度范围。选择的系统地面液压工作站供压方式采用的是柱塞泵供压，设油箱工作温度在 40℃ 左右，液压油的最佳黏度范围在 $25 \sim 43 \text{mm}^2/\text{s}$。如表 2-11 所示。

表 2-11  不同的环境温度下各类油泵所用液压液的最佳黏度范围    mm²/s

| 环境温度 | | 50~40℃ | | 40~80℃ | |
|---|---|---|---|---|---|
| 油泵类型 | | 40℃黏度 | 50℃黏度 | 40℃黏度 | 50℃黏度 |
| 叶片泵 | 工作压力小于7MPa | 30~50 | 16~29 | 43~77 | 25~44 |
| | 工作压力大于7MPa | 54~70 | 31~42 | 65~95 | 35~55 |
| 齿轮泵 | | 30~70 | 16~36 | 110~154 | 58~98 |
| 柱塞泵 | 轴向 | 43~77 | 25~43 | 70~172 | 40~98 |
| | 径向 | 30~128 | 17~62 | 65~270 | 37~154 |
| 螺杆泵 | | 19~29 | | 25~49 | |

② 确定系统工作的温度范围。考虑到智能完井系统是处于深海环境的，其温度变化示意图如图 2-49 所示。海面温度为 30℃，到海底陆地表面温度降至 16℃，进入地层后地温梯度为 5.5℃/100m[19]，井底温度为 82℃。所以系统的最低温度为 16℃，最高温度为 82℃，油箱的最佳温工作温度为 40~60℃。

在图 2-50 中找出对应的油箱的最佳工作温度区间，有三种型号的液压油可以满足系统的要求，分别是 ISO VG32、VG46 和 VG68 液压油，综合使用环境、工况、价格等因素，选择 ISO VG32 液压油。表 2-12 为工业润滑油黏度分类表（GB/T 3141）。例如，32 表示该型号的液压油在 40℃温度下的运动黏度为 32mm²/s。

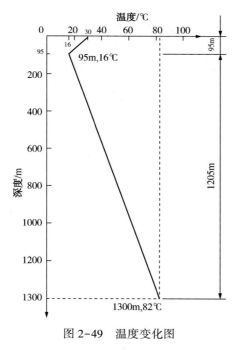

图 2-49  温度变化图          图 2-50  不同黏度等级的液压油黏度-温度图

表 2-12　工业润滑油黏度分类表(GB/T 3141)

| GB 3141—94 规定黏度等级 | 40℃运动 黏度范围/(mm²/s) | ISO 黏度等级 | GB 3141—94 规定黏度等级 | 40℃运动 黏度范围/(mm²/s) | ISO 黏度等级 |
|---|---|---|---|---|---|
| 15 | 13.5~16.5 | VG15 | 68 | 61.2~74.8 | VG68 |
| 22 | 19.8~24.2 | VG22 | 100 | 90.0~110 | VG100 |
| 32 | 28.8~35.2 | VG32 | 150 | 135~165 | VG150 |
| 46 | 41.4~50.6 | VG46 | | | |

(5)计算模型

以智能完井系统中 3 根液压控制管线中的 1 根管线作为研究对象,对管线中的一维瞬变流进行分析求解,利用特征线法(MOC)研究温度对管线中的瞬变流特性的影响以及液压信号的传播规律[20,21]。

(6)特征线法

Wylie 和 Streeter 根据牛顿第二定律所推导出的运动方程,以及根据质量守恒定律推导出的连续方程是目前被研究者所采用的最常见的形式[22]:

$$运动方程:gH_x+VV_x+V_t+\frac{f}{2D}V|V|=0 \tag{2-5}$$

$$连续方程:VH_x+H_t-V\sin\alpha+\frac{a^2}{g}V_x=0 \tag{2-6}$$

式中,$g$ 表示重力加速度,$H$ 表示压力,$V$ 表示流体速度,$f$ 表示达西摩擦系数,$D$ 表示管道内径,$\alpha$ 表示管道与水平的夹角,$a$ 表示管道内压力波的速度。下标 $x$ 和 $t$ 表示对沿管道的距离和时间的偏微分(如:$H_x=\partial H/\partial x$)。

对于方程(2-5),$VV_x \ll V_t$,对于方程(2-6),$VH_x \ll H_t$,$V\sin\alpha$ 对整体的计算影响很小,所以在实际计的工程运用中,通常省略上述三项[22],以简化计算,则方程(2-6)可改写为:

$$运动方程:gH_x+V_t+\frac{f}{2D}V|V|=0 \tag{2-7}$$

$$连续方程:VH_x+\frac{a^2}{g}V_x=0 \tag{2-8}$$

Wylie 和 Streeter 采用了特征线法(MOC)来求解方程(2-7)和方程(2-8),特征线法的优点是非常适合计算机进行迭代计算,精度高,已被广泛应用于瞬变流工程问题。其思想是把两个偏微分方程(2-7)、(2-8)变化为 4 个常微分方程[22,23]:

$$C^+:\frac{a}{g}\frac{\mathrm{d}H}{\mathrm{d}t}+\frac{\mathrm{d}v}{\mathrm{d}t}+\frac{fv|v|}{2D}=0 \tag{2-9}$$

$$C^+:\frac{\mathrm{d}x}{\mathrm{d}t}=+a \tag{2-10}$$

$$C^-:-\frac{a}{g}\frac{\mathrm{d}H}{\mathrm{d}t}+\frac{\mathrm{d}v}{\mathrm{d}t}+\frac{fv|v|}{2D}=0 \tag{2-11}$$

$$C^-:\frac{\mathrm{d}x}{\mathrm{d}t}=-a \tag{2-12}$$

将方程的解在 $x$-$t$ 平面表示出来如图 2-51 所示。

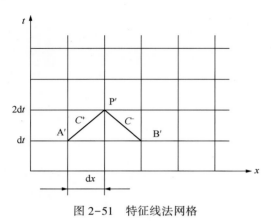

图 2-51　特征线法网格

图中，$\dfrac{\mathrm{d}x}{\mathrm{d}t}=\pm a$ 在图中为直线，叫做特征线，P 点为未知参数点，A、B 为已知参数点，这样结合适当的边界条件就可求解出 P 点的参数 $H$、$Q$。

方程（2-9）、（2-11）通过积分后可得到：

$$C^+:\ H_{Pi}=C_P-BQ_{Pi} \tag{2-13}$$

$$C^-:\ H_{Pi}=C_M+BQ_{Pi} \tag{2-14}$$

$$C_P=H_{i-1}+BQ_{i-1}-RQ_{i-1}\mid Q_{i-1}\mid \tag{2-15}$$

$$C_M=H_{i+1}-BQ_{i+1}+RQ_{i+1}\mid Q_{i+1}\mid \tag{2-16}$$

其中 $B=\dfrac{a}{g}$，$R=\dfrac{f\Delta x}{2gDA^2}$。

（7）边界条件

在地面液压控制系统给管线施加压力时，管线末端的压力也会随之增加，但在未达到管线末端解码器阀门压力前，管线末端可视为盲端。这样，我们得到边界条件[22,24]：

$Q_{PNS}=0$，$H_{PNS}=C_P$。

处理管线中一维瞬变流问题时，压力 $H$、流量 $Q$ 都是时间 $t$ 和位移 $x$ 的函数，即：

$$H=H(x,\ t) \tag{2-17}$$

$$Q=Q(x,\ t) \tag{2-18}$$

这样，边界条件又可以表示为：

$$H(x=0,\ t)=H_{泵} \tag{2-19}$$

$$H(x=L,\ t)=C_P \tag{2-20}$$

$$Q(x=0,\ t)=\dfrac{H-C_M}{B} \tag{2-21}$$

$$Q(x=L,\ t)=0 \tag{2-22}$$

对于边界条件公式（2-19）中的 $H_{泵}$，在本次研究中采用的是如图 2-52 所示的边界条件曲线，泵的压力曲线分为两个阶段：第一阶段泵压力值为 40MPa，持续时间为 1000s，第二阶段泵压力值为 0MPa，持续时间同样为 1000s。

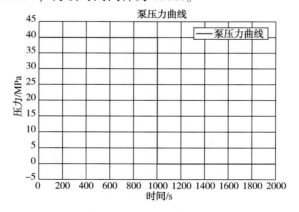

图 2-52　泵压力曲线

### 2.3.2　流体特性分析

智能完井液压控制管线与其他学者所研究的管道瞬变流等问题有几点不同：①长距离，且管线竖直；②管径小；③管线内介质为液压油；④处于连续变化的温度环境中。对于管线内的流体，通常情况下其黏度 $\eta$、密度 $\rho$、体积模量 $K$ 是压力 $p$、温度 $T$ 的函数，即：$\eta=\eta(p,\ T)$、$\rho=\rho(p,\ T)$、$K=K(p,\ T)$。

本节分析了温度、压强对流体特性的影响，以及管径、液压油黏度、管线与水平夹角 $\alpha$ 对管线末端压力的影响。

（1）黏压-黏温特性

由于地温梯度对于管线内液压油的特性影响，管内流体的黏度也随之变化，工程中广泛使用的 Roelands 黏压-黏温特性关系式为[25]：

$$\eta=\eta_0\exp\left\{(\ln\eta_0+9.67)\left[-1+(1+5.1\times10^{-9}p)^z\left(\frac{T-138}{T_0-138}\right)^{-s}\right]\right\} \tag{2-23}$$

式中，$\eta_0$ 叫作环境黏度，$T_0$ 叫作环境温度，$Z=\dfrac{\alpha}{[5.1\times10^{-9}(\ln\eta_0+9.67)]}$，$S=\dfrac{\beta(T_0-138)}{\ln\eta_0+9.67}$。取黏压系数 $\alpha=2.2\times10^{-8}\text{m}^2/\text{N}$，黏温系数 $\beta=0.0402$，$T_0=313.5\text{K}$

32 号液压油，其黏度、压力、温度关系如图 2-53 所示。

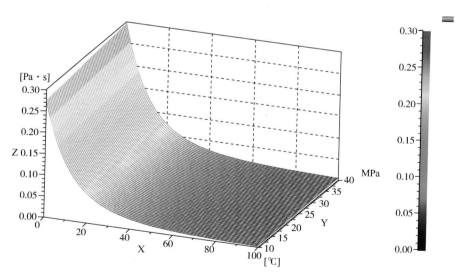

图 2-53　黏度、压力、温度关系图

（2）密压-密温特性

流体密度也会受到环境温度与压力的影响，工程应用中经常用到的经验公式如下[25]：

$$\rho=\rho_0\left[1+\frac{0.6\times10^{-9}p}{1+1.7\times10^{-9}p}-0.00065(T-T_0)\right] \tag{2-24}$$

式中，$\rho_0$ 叫作环境密度，$T_0$ 叫作环境温度。

32 号液压油，其密度、压力、温度关系如图 2-54 所示。

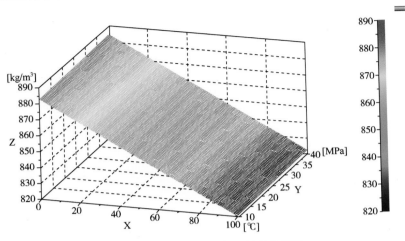

图 2-54　密度、压力、温度关系图

（3）体积模量

温度、压强除了影响流体的黏度和密度，还会影响其体积模量 $K$[26]。

$$K = \left[1 - A\lg 1 + p - p_0 B_1 + B_2 T + B_3 T + B_4 T\right] \times B_1 + B_2 T + B_3 T_2 + B_4 T_3 + p - p_0 A$$

$$K = \left[1 - A\lg\left(1 + \frac{p - p_0}{B_1 + B_2 T + B_3 T + B_4 T}\right)\right] \times \frac{B_1 + B_2 T + B_3 T^2 + B_4 T^3 + p - p_0}{A} \qquad (2\text{-}25)$$

其中 $A$、$B_1 \sim B_4$ 为液压油特性参数，每种液压油具有不同的特性参数。32 号液压油，具体参数如表 2-13 所示[27]。

表 2-13　32 号液压油参数

| $A$ | $9.828433920 \times 10^{-2}$ | $B_3$ | $8.272200630 \times 10^{-2}$ |
|---|---|---|---|
| $B_1$ | $7.859715090 \times 10^3$ | $B_4$ | $-6.353550140 \times 10^{-5}$ |
| $B_2$ | $-4.021511920 \times 10^1$ | | |

32 号液压油，其体积模量、压力、温度关系如图 2-55 所示。

（4）黏度、管径的影响分析

在有压管道中，由于流体的流速发生急剧变化，管内会产生大幅度的压力波动，这种水流不稳定现象叫作水击。水击发生的内因是液体的可压缩性和管中流体的惯性。这种压力波动所产生的压力非常大，往往会造成管道、设备的损坏，引起巨大的损失。

但随着管内流体黏度的增加，或者管径的减小时，这种压力波动现象则会逐渐减小。从图 2-56（a）中可以看出，在其他条件不变时，黏度越大，管道末端的压力波动越小。图中 $f$ 表示达西摩擦系数，在公式（2-5）中已经提到过，在层流区 $f = \dfrac{64}{Re}$，在紊流区 $f = \dfrac{0.3164}{Re^{0.25}}$，$Re = \dfrac{vd\rho}{\mu}$，其中 $v$ 表示流体的流速，$d$ 为特征长度，在这里是管道直径，$\rho$ 为流体密度，$\mu$ 表示流体的绝对黏度。

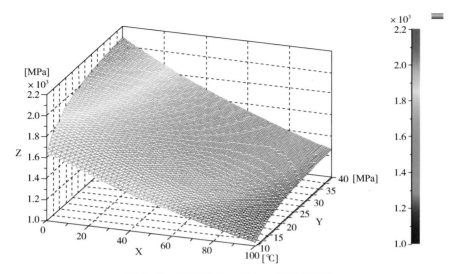

图 2-55　体积模量、压力、温度关系图

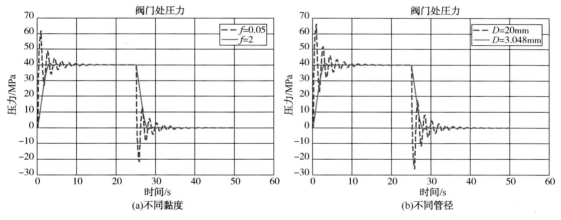

图 2-56　黏度、管径的影响分析

　　从图 2-56(b)中可以看出，当在其他条件不变时，管径越小，管道末端的压力波动也会越小。对于智能完井控制管线来说，管线的直径通常只有几毫米，管内的流体介质为液压油，与大管径、长距离的输水、油气运输相比，并不会产生大的压力波动，这个现象也是智能完井控制管线中最明显的一个现象。

　　（5）重力因素的分析

　　以常见的竖直井为例，地面液压控制台与油层的距离通常在数千米以上，这使得连接地面与解码器的管线也有数千米之长，因此管线内液压油的静液柱压力不可忽略，若忽略管线的形变，以地面到管线末端所连接解码器的直线距离作为管线的长度。

　　张雪颖等人从概率分布的情况为出发点，研究得出结论[28]：静水压力与水击压力基本不相关，在结构可靠度计算中静水压力与水击压力应作为两项可变荷载处理。为了进一步验证静液柱压力即重力因素的影响，可利用 AMESim 软件做一个简单的仿真。在软件中建立一个"泵-管线-盲端"的简单模型，如图 2-57 所示，模型旨在验证重力因素的影响，因此除管线与水平夹角(0°或者 90°)当作变量，为研究对象以外，其余参数均不在这里赘述。

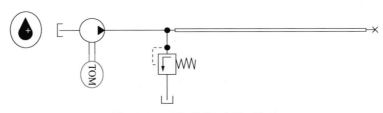

图 2-57 "泵-管线-盲端"模型

在图 2-58 中，曲线 1 为泵口压力加载变化情况，曲线 2 为管线水平时，管线末端的压力变化情况，曲线 3 为管线竖直时，管线末端的压力变化情况，曲线 4 为管线竖直(90°)时，泵不施压管线末端的压力变化情况。

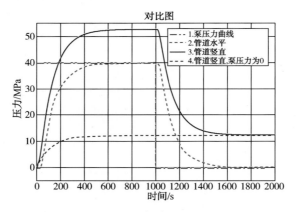

图 2-58 仿真对比图

若将图 2-58 中曲线 3 和曲线 4 求差的结果与曲线 2 进行对比，如图 2-59 所示。

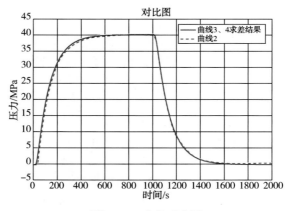

图 2-59 求差对比图

从图中的对比结果可表明：管内液柱所产生的压力其实是恒定的，是不影响管线末端压力的计算的，且大小近似等于液柱产生的压强。进一步地，为了验证，设置仿真模型参数如表 2-14 所示。

表 2-14    模型计算参数

| 管线长度 $L$ | 1300m | 泵口压力 $P$ | 30MPa |
|---|---|---|---|
| 管内液体密度 $\rho$ | 850kg/m³ | 液柱压力 $\rho gL$ | 12.5MPa |
| 重力加速度 $g$ | 9.806N/kg | | |

为了验证液柱压力大小，在管线水平时设置泵的加载为等效压力 $P+\rho gL$，图 2-52 中曲线 1 为管线竖直时，管线末端的压力变化情况（即图 2-58 曲线 3），曲线 2 为管线水平，泵加载等效压力（即图 2-60 曲线 3）时，管线末端的压力变化情况。结果表明管内液柱所产生的压力其实是恒定的，大小等于液柱所产生的压强。

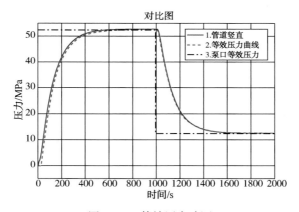

图 2-60    等效压力验证

（6）对角度 $\alpha$ 的分析

公式（2-1）中，在简化处理时，认为 $V\sin\alpha$ 对整体的计算影响很小，所以此项省略，其中 $\alpha$ 表示管线与水平的夹角，若为竖直管线，$\alpha=90°$，则公式（2-16）、（2-17）变为：

$$C_P = H_{i-1} + BQ_{i-1} - RQ_{i-1} \mid Q_{i-1} \mid + \Delta tQ_{i-1}/A \tag{2-26}$$

$$C_M = H_{i+1} - BQ_{i+1} + RQ_{i+1} \mid Q_{i+1} \mid - \Delta tQ_{i-1}/A \tag{2-27}$$

其中 $\Delta t$ 为每次计算的时间步长，$A$ 为管线横截面积。

方程（2-26）、（2-27）中多出一项不平衡值：$\Delta tQ/A$，但此项与瞬变期间方程其他项相比通常是一个小量，并不会有太大影响[8]。虽然在方程（2-5）的推导过程中，引入了管线与水平的夹角 $\alpha$：

$$\frac{\partial P}{\partial x} = \rho g\left(\frac{\partial H}{\partial x} - \sin\alpha\right) \tag{2-28}$$

在计算过程中被消去了，同时在方程（2-6）推导过程中，也引入了管线与水平的夹角 $\alpha$[8]：

$$P = \rho g(H-Z) = \rho g\left(V\frac{\partial H}{\partial x} + H_t - V\sin\alpha\right) \tag{2-29}$$

其中，变量上面的点表示变量对时间的全微分。如：$\dot{P} = \dfrac{dP}{dt} = \dfrac{\partial H}{\partial x}\dfrac{dx}{dt} + \dfrac{\partial H}{\partial t}$。但公式（2-28）中的 $\alpha$ 来源于

$$\frac{\partial Z}{\partial x} = \sin\alpha \tag{2-30}$$

此项的意义其实是 $Z$ 的值在的 $x$ 轴上的变化率，并不能反映静液柱压力对管线末端的影响。

### 2.3.3　能量方程的推导

流体力学中有三个基本控制方程：连续性方程、动量方程、能量方程。这三个基本方程遵循基本物理学原理[13]：质量守恒、牛顿第二定律、能量守恒定律。在以怀利编写的《瞬变流》为代表的管道瞬变流、水击等相关的著作中，一般只采用了两个方程来计算瞬变流等问题，即运动方程和连续方程。运动方程和连续方程的联立对于一般瞬变流问题，比如水击是适用的。但对于有温度变化、热传导以及能量转换等情况的瞬变，运动方程和连续方程就无法处理了，这时候就需要引入能量方程以及第三条特征线，这条特征线是用实际流动速度传递信息的[22]。

许多研究者对瞬变流进行了研究，Allievi 最早建立了不稳定流动的基本微分方程。Wylie 和 Streeter 的《瞬变流》中所推导的运动方程和连续性方程是目前最广泛使用的一组方程。王树人的《水击理论与水击计算》是国内较早有关瞬变流的专著。对于变温环境的瞬变流，目前的研究大多与天然气运输有关。Andrze、Maciej、Augusto、M. Abbaspour 等研究者分析研究了非恒温情况下的瞬变流模型选择、时间步长与波速、气体流动的求解等问题，但少有关于长距离非等温液体瞬变流以及智能完井液压控制系统及其控制管线的研究。本章将针对智能完井系统所处的特殊环境推导适用于智能完井液压控制管线内流体的能量方程。并联立现有的运动方程和连续方程，利用特征线法（MOC）对其进行求解。

（1）能量方程的定义

能量方程的描述有许多种，但其本质都是对能量守恒的描述。以其中一种作为依据，以图 2-61 所示的无穷小流体微元模型作为研究对象。

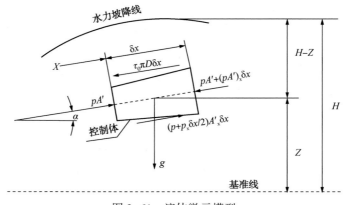

图 2-61　流体微元模型

流体微元内的能量随时间的变化率($A$)= 净流入流体元的热量($B$)+体积力和表面力对流体微元所做功的功率($C$)[29]。

$$A=B+C \qquad (2-31)$$

（2）能量方程的推导

对于式（2-31）中的左边，$A$ 项，表示流体微元内的能量随时间的变化率，可表示为：

$A=\rho\dfrac{D\left(e+\dfrac{v^2}{2}\right)}{Dt}A'\delta x$，其中 $\rho$ 表示密度，$e+\dfrac{v^2}{2}=E=cT+\dfrac{v^2}{2}$，$E$ 表示总能量能，$e$ 表示内能，$c$ 表示比热容，$T$ 表示温度，$A'$ 表示流体微元的横截面积，$\delta x$ 表示流体微元的长度。

对于式（2-31）中的右边第一项，$B$ 项，表示净流入流体元的热量，可表示为 $B=\left[\rho q+\dfrac{\partial}{\partial x}\left(k\dfrac{\partial T}{\partial x}\right)\right]A\delta x$，在本文的研究中，认为管线内液压油温度等于环境温度，两者之间是没有热量交换的，所以此项是被忽略的。

对于式（2-31）中的右边第二项，$C$ 项，表示体积力和表面力对流体元所做功的功率，$x$ 方向的表面力包括：压力 $p$、切应力 $\tau_{yx}$、正应力 $\tau_{xx}$，但在大多数黏性流动中，正应力要比切应力小得多，很多情形下是被忽略[22]。所以可表示为：$C=\left[-\dfrac{\partial(pv)}{\partial x}+\dfrac{\partial(v\tau_{yx})}{\partial x}\right]A'\delta x+v\rho fA'\delta x C=-\partial pv\partial x+\partial v\tau_{yx}\partial x A'\delta x+v\rho fA'\delta x$，$f$ 表示单位质量体积力，即重力加速度 $g$。

因此有：

$$A=CA=C \qquad (2-32)$$

$$即：\rho\dfrac{DE}{Dt}=-\dfrac{\partial(pv)}{\partial x}+\dfrac{\partial(v\tau_{yx})}{\partial y}+\rho gv \qquad (2-33)$$

展开 $\dfrac{\partial(v\tau_{yx})}{\partial y}=v\dfrac{\partial\tau_{yx}}{\partial y}+\tau_{yx}\dfrac{\partial v}{\partial y}$，其中 $v\dfrac{\partial\tau_{yx}}{\partial y}=v\mu\dfrac{\partial^2 v}{\partial y^2}=v\rho\dfrac{\mu}{\rho}\dfrac{\partial^2 v}{\partial y^2}=v\rho\nu\dfrac{\partial^2 v}{\partial y^2}=-v\rho\dfrac{fv|v|}{2D}v\partial\tau_{yx}\partial y=v\mu\partial^2 v\partial y^2=v\rho\mu\rho\partial^2 v\partial y^2=v\rho\nu\partial^2 v\partial y^2=-v\rho fv|v|2D$，$\tau_{yx}=\mu\dfrac{\mathrm{d}v}{\mathrm{d}y}$，所以有 $\dfrac{\partial(v\tau_{yx})}{\partial y}=-v\rho\dfrac{fv|v|}{2D}+\dfrac{1}{\mu}\tau^2$。

代入式（2-33）得到：

$$\rho\dfrac{DE}{Dt}+\dfrac{\partial(pv)}{\partial x}=-v\rho\dfrac{fv|v|}{2D}+\dfrac{1}{\mu}\tau^2+\rho gv \qquad (2-34)$$

其中 $\mu$ 为黏度系数、动力黏度。

将 $E=cT+\dfrac{v^2}{2}$ 代入式（2-34）并展开，得到：

$$\dfrac{DcT}{Dt}-\dfrac{p}{\rho^2}\dfrac{D\rho}{Dt}-v\dfrac{fv|v|}{2D}=\dfrac{1}{\rho}\left(-v\rho\dfrac{fv|v|}{2D}+\dfrac{1}{\mu}\tau^2+\rho gv\right) \qquad (2-35)$$

简化后有：

$$\dfrac{DcT}{Dt}-\dfrac{p}{\rho^2}\dfrac{D\rho}{Dt}=\dfrac{1}{\rho}\left(\dfrac{1}{\mu}\tau^2+\rho gv\right) \qquad (2-36)$$

方程(2-36)就是目前所得到的能量方程一个基本形式。

该井下流量控制系统所采用的液压油为 32 号液压油，液压油型号的选择将会在后续小节中说明。

对于 32 号液压油，$T-c$ 的表达式为：

$$c = 4.403T + 1789 \tag{2-37}$$

其中 $T$ 为温度，$c$ 为比热容，32 号液压油温度-比热容如图 2-62 所示。

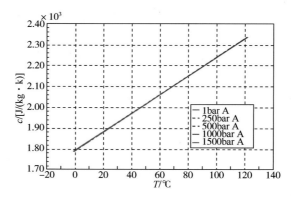

图 2-62　32 号液压油 $T-c$ 关系图

对于矿物油，其密度也会受到环境温度与压力的影响，工程应用中经常用到的经验公式如下[29]：

$$\rho = \rho_0 \left[ 1 + \frac{0.6 \times 10^{-9} p}{1 + 1.7 \times 10^{-9} p} - 0.00065(T - T_0) \right] \tag{2-38}$$

其中 $\rho_0$ 为环境密度，$T_0$ 为环境温度，对于 32 号液压油 $\rho_0 = 872 \text{kg/m}^3$，$T_0 = 15℃$。

将式(2-38)改写为：

$$T = -1.76\rho + 7.9 \times 10^{-7} p + 1555.7 \tag{2-39}$$

则有：

$$cT = 13.7\rho^2 + 2.71 \times 10^{-12} p^2 - 1.22 \times 10^{-5} \rho p - 27326\rho + 0.0122p + 13439299 \tag{2-40}$$

为了使计算过程更清晰，可利用字母代替式(2-40)中的 $p$、$\rho$ 前面的系数，令：

$$a = 13.7,$$
$$b = 2.71 \times 10^{-12},$$
$$c = -1.22 \times 10^{-5},$$
$$d = -27326,$$
$$e = 0.0122,$$
$$f = 13439299,$$

并代入式(2-32)，有：

$$\frac{D(cT)}{Dt} = (2a\rho + c p + d)\frac{D\rho}{Dt} + (2bp + c\rho + e)\frac{Dp}{Dt} = -\frac{p}{\rho^2}\frac{D\rho}{Dt} = \frac{1}{\rho}\left( \frac{1}{\mu}\tau^2 + \rho g v \right) \tag{2-41}$$

整理后得到：

$$\left(2bp+c\rho+e\right)\frac{Dp}{Dt}+\left(2a\rho+cp+d-\frac{p}{\rho^2}\right)\frac{D\rho}{Dt}=\frac{1}{\rho}\left(\frac{1}{\mu}\tau^2+\rho gv\right) \qquad (2-42)$$

方程（2-42）就是最终形式的能量方程。

（3）特征线法求解

令 $2bp+c\rho+e=Y$，$2a\rho+cp+d-\dfrac{p}{\rho^2}=-X$，有：

$$L_3: \quad Y\frac{Dp}{Dt}-X\frac{D\rho}{Dt}=\frac{1}{\rho}\left(\frac{1}{\mu}\tau^2+\rho gv\right) \qquad (2-43)$$

方程（2-42）联立现有的动量方程和连续方程：

$$L_1: \quad \frac{\partial v}{\partial t}+v\frac{\partial v}{\partial x}+\frac{1}{\rho}\frac{\partial p}{\partial x}+\frac{fv\mid v\mid}{2D}=0 \qquad (2-44)$$

$$L_2: \quad \frac{\partial \rho}{\partial t}+\rho\frac{\partial v}{\partial x}+v\frac{\partial \rho}{\partial x}=0 \qquad (2-45)$$

用两个未知因子 $\lambda_1$、$\lambda_2$ 把 $L_1$、$L_2$、$L_3$ 线性组合起来得到：

$$\lambda_1 L_1+\lambda_2 L_2+L_3=0 \qquad (2-46)$$

把方程（2-43）、（2-44）、（2-45）代入式（2-46）整理得到：

$$Y\left[\frac{\partial p}{\partial t}+\frac{Yv+\dfrac{\lambda_1}{\rho}}{Y}\frac{\partial p}{\partial x}\right]+(\lambda_2-X)\left[\frac{\partial \rho}{\partial t}+\frac{\lambda_2 v-Xv}{\lambda_2-X}\frac{\partial \rho}{\partial x}\right]+\lambda_1\left[\frac{\partial v}{\partial t}+\frac{\lambda_1 v+\lambda_2 \rho}{\lambda_1}\frac{\partial v}{\partial x}\right]$$

$$=-\lambda_1\frac{fv\mid v\mid}{2D}+\frac{1}{\rho}\left(+\frac{1}{\mu}\tau^2+\rho fv\right) \qquad (2-47)$$

为了在括号中得出全导数 $\dfrac{\mathrm{d}p}{\mathrm{d}t}$、$\dfrac{\mathrm{d}\rho}{\mathrm{d}t}$、$\dfrac{\mathrm{d}v}{\mathrm{d}t}$，必须有：

$$\frac{\mathrm{d}x}{\mathrm{d}t}=\frac{Yv+\dfrac{\lambda_1}{\rho}}{Y}=\frac{\lambda_2 v-Xv}{\lambda_2-X}=\frac{\lambda_1 v+\lambda_2 \rho}{\lambda_1} \qquad (2-48)$$

① $\lambda_1=\lambda_2=0$ 时，有 $\dfrac{\mathrm{d}x}{\mathrm{d}t}=v$

② $\lambda_2=X$ 时，有 $\lambda_1=\pm\rho\sqrt{XY}$，$\dfrac{\mathrm{d}x}{\mathrm{d}t}=v\pm\sqrt{\dfrac{X}{Y}}=v\pm\sqrt{\dfrac{\dfrac{p}{\rho^2}-2a\rho-cp-d}{2bp+c\rho+e}}$

此时得到的三个方程为：

① $\lambda_1=\lambda_2=0$ 时，

$$C^D: \begin{cases} Y\dfrac{Dp}{Dt}-X\dfrac{D\rho}{Dt}-\dfrac{1}{\rho}\dfrac{1}{\mu}\tau^2-gv=0 \\[2ex] \dfrac{\mathrm{d}x}{\mathrm{d}t}=v \end{cases} \qquad (2-49)$$

② $\lambda_2=X$ 时，$\lambda_1=+\rho\sqrt{XY}$，

$$C^+: \begin{cases} Y\dfrac{Dp}{Dt}+\rho\sqrt{XY}\dfrac{Dv}{Dt}+\rho\sqrt{XY}\dfrac{fv\mid v\mid}{2D}-\dfrac{1}{\rho\mu}\tau^2-gv=0 \\[3mm] \dfrac{\mathrm{d}x}{\mathrm{d}t}=v+\sqrt{\dfrac{X}{Y}} \end{cases} \tag{2-50}$$

$\lambda_2=X$ 时，$\lambda_1=-\rho\sqrt{XY}$，

$$C^-: \begin{cases} Y\dfrac{Dp}{Dt}-\rho\sqrt{XY}\dfrac{Dv}{Dt}-\rho\sqrt{XY}\dfrac{fv\mid v\mid}{2D}-\dfrac{1}{\rho\mu}\tau^2-gv=0 \\[3mm] \dfrac{\mathrm{d}x}{\mathrm{d}t}=v-\sqrt{\dfrac{X}{Y}} \end{cases} \tag{2-51}$$

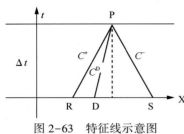

图 2-63　特征线示意图

图 2-63 为特征线示意图，方程（2-49）、（2-50）、（2-51）是相容方程，它们只在各自的特征线上才适用，即 $\dfrac{\mathrm{d}x}{\mathrm{d}t}=v$、$\dfrac{\mathrm{d}x}{\mathrm{d}t}=v+\sqrt{\dfrac{X}{Y}}$、$\mathrm{d}x\mathrm{d}t=v-XY\dfrac{\mathrm{d}x}{\mathrm{d}t}=v-\sqrt{\dfrac{X}{Y}}$。对上述三个方程沿着各自的特征线进行积分，方程的一阶积分为：

$$C^D: \begin{cases} C^D:\ Y_D(P_P-P_D)-X_D(\rho_P-\rho_D)-\left[\dfrac{\rho_D}{\mu}\left(\dfrac{fv_D\mid v_D\mid}{8}\right)^2+gv_D\right]\dfrac{x_P-x_D}{v_D}=0 \\[3mm] x_P-x_D=v_D\Delta t \end{cases} \tag{2-52}$$

$$C^+: \begin{cases} Y_R(P_P-P_R)+\rho_R\sqrt{X_RY_R}(v_P-v_R)-\left[-\rho_R\sqrt{X_RY_R}\dfrac{fv_R\mid v_R\mid}{2D}+\dfrac{\rho_R}{\mu}\left(\dfrac{fv_R\mid v_R\mid}{8}\right)^2+gv_R\right]\dfrac{x_P-x_R}{\left(v+\sqrt{\dfrac{X}{Y}}\right)_R}=0 \\[5mm] x_P-x_R=\left(v+\sqrt{\dfrac{X}{Y}}\right)_R\Delta t \end{cases} \tag{2-53}$$

$$C^-: \begin{cases} Y_S(P_P-P_S)-\rho_S\sqrt{X_SY_S}(v_P-v_S)-\left[\rho_S\sqrt{X_SY_S}\dfrac{fv_S\mid v_S\mid}{2D}+\dfrac{\rho_S}{\mu}\left(\dfrac{fv_S\mid v_S\mid}{8}\right)^2+gv_S\right]\dfrac{x_P-x_S}{\left(v+\sqrt{\dfrac{X}{Y}}\right)_S}=0 \\[5mm] x_P-x_S=\left(v+\sqrt{\dfrac{X}{Y}}\right)_S\Delta t \end{cases} \tag{2-54}$$

整理后得到 P 点的速度 $v_P$、压力 $P_P$ 与密度 $\rho_P$：

$$v_P=\dfrac{1}{\left(\dfrac{\rho_R}{Y_R}\sqrt{X_RY_R}+\dfrac{\rho_S}{Y_S}\sqrt{X_SY_S}\right)}\left\{P_R-P_S+\dfrac{\rho_R}{Y_R}\sqrt{X_RY_R}\,v_R+\dfrac{\rho_S}{Y_S}\sqrt{X_SY_S}\,v_S\right.$$

$$\left.+\dfrac{1}{Y_R}\left[(-\rho_R\sqrt{X_RY_R})\dfrac{fv_R\mid v_R\mid}{2D}+\dfrac{\rho_R}{\mu}\left(\dfrac{fv_R\mid v_R\mid}{8}\right)^2+gv_R\right]\Delta t\right.$$

$$-\frac{1}{Y_S}\left[(\rho_S\sqrt{X_SY_S})\frac{fv_S\mid v_S\mid}{2D}+\frac{\rho_S}{\mu}\left(\frac{fv_S\mid v_S\mid}{8}\right)^2+gv_S\right]\Delta t\Bigg\} \qquad (2-55)$$

$$P_P=\frac{1}{2}\Bigg\{P_R+P_S-\frac{\rho_R}{Y_R}\sqrt{X_RY_R}(v_P-v_R)+\frac{\rho_S}{Y_S}\sqrt{X_SY_S}(v_P-v_S)$$

$$+\frac{1}{Y_R}\left[(-\rho_R\sqrt{X_RY_R})\frac{fv_R\mid v_R\mid}{2D}+\frac{\rho_R}{\mu}\left(\frac{fv_R\mid v_R\mid}{8}\right)^2+gv_R\right]\Delta t$$

$$+\frac{1}{Y_S}\left[(\rho_S\sqrt{X_SY_S})\frac{fv_S\mid v_S\mid}{2D}+\frac{\rho_S}{\mu}\left(\frac{fv_S\mid v_S\mid}{8}\right)^2+gv_S\right]\Delta t\Bigg\} \qquad (2-56)$$

$$\rho_P=\rho_D+\frac{Y_D}{X_D}(P_P-P_D)-\frac{1}{X_D}\left[\frac{\rho_D}{\mu}\left(\frac{fv_D\mid v_D\mid}{8}\right)^2+gv_D\right]\Delta t \qquad (2-57)$$

以上就是能量方程的推导过程以及利用特征线法(MOC)求解过程。

(4)能量方程的验证

为了验证上述推导的能量方程和特征线法(MOC)求解结果的正确性,本小节将运用AMESim 软件和 COMSOL 软件对其进行验证。

表 2-15　算例计算参数

| 管道长度 $L$/m | 3000 | 泵口压力 $P_泵$/MPa | 30 |
|---|---|---|---|
| 管线内径 $D$/mm | 3.048 | 泵加压时间 $t$/s | 1200 |
| 管线壁厚 $e$/mm | 1.651 | 总计算时间 $t_{max}$/s | 2400 |
| 管线弹性模量 $E$/MPa | $2.1\times10^5$ | 温度/℃ | 20、40、60、80、100 |

验证所采用的参数如表 2-15 所示,进行本小节所推导的能量方程结合特征线法(MOC)的求解结果与 AMESim 软件和 COMSOL 软件仿真在不同温度下(20℃、40℃、60℃、80℃、100℃)下的结果对比(图 2-64~图 2-68)。

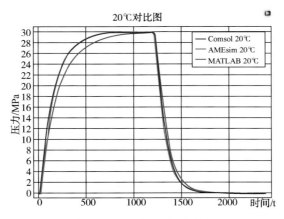

图 2-64　20℃时结果对比

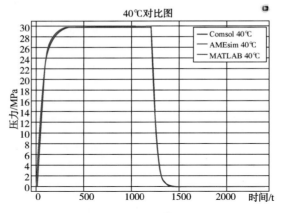

图 2-65　40℃时结果对比

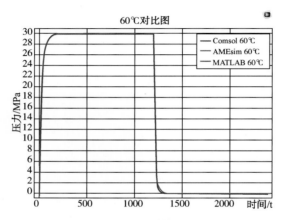

图 2-66　60℃时结果对比

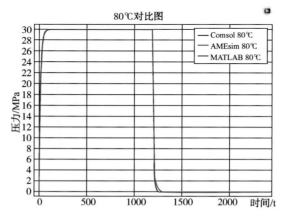

图 2-67　80℃时结果对比

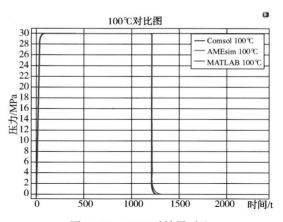

图 2-68    100℃时结果对比

从以上的对比结果可以看出，三者的相符性是比较高的，验证了本小节所推导的能量方程的正确性。

## 2.3.4    不同工况的研究

智能完井系统是一套非常复杂的系统，采用全液压的方式，通过 3 根液压管线即可实现对最多 6 层的油气开发，如图 2-69 所示，表 2-16 为层位控制原理。在本小节中，将对管线末端不同的边界条件、工况进行分析。分别是最基本的井下堵头情况、井下控制阀开启情况、液缸的开启与关闭、不同温度环境等情况。

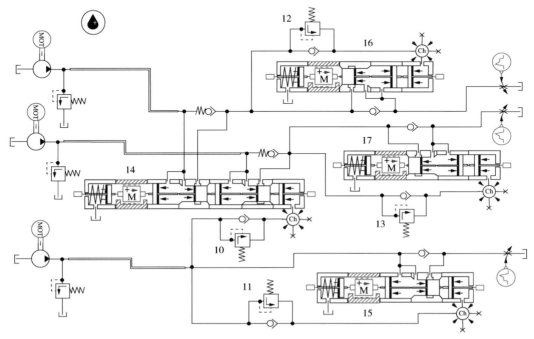

图 2-69    智能完井系统图

表 2-16　层位控制原理

| 目的层 | 控制线 1 | 控制线 2 | 控制线 3 |
|---|---|---|---|
| 1 | ++ | -+ | -- |
| 2 | -+ | ++ | -- |
| 3 | ++ | -- | -+ |
| 4 | -+ | -- | ++ |
| 5 | -- | ++ | -+ |
| 6 | -- | -+ | ++ |

注："++"表示首先加压，然后保持压力；"-+"表示线不加压，然后再加压；"--"表示不加压。

（1）井下堵头

如图 2-70 所示，以 3 根管线中的一根为例，在地面液压控制系统给管线施加压力时，管线末端的压力也会随之增加，但在管线末端未达到解码器阀门压力前，井下的解码器与流量控制阀不会有任何动作，管线末端与堵头相连，可视为盲端。这时的边界条件为：$Q_{PNS}=0$，$H_{PNS}=C_P$。

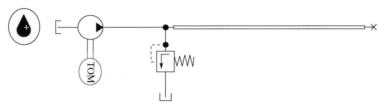

图 2-70　井下堵头模型

处理管线中一维瞬变流问题时，压力 $H$、流量 $Q$ 都是时间 $t$ 和位移 $x$ 的函数，即：

$$H=H(x,t) \tag{2-58}$$

$$Q=Q(x,t) \tag{2-59}$$

这样，边界条件又可以表示为：

$$H(x=0,t)=H_\text{泵} \tag{2-60}$$

$$H(x=L,t)=C_P \tag{2-61}$$

$$Q(x=0,t)=\frac{H-C_M}{B} \tag{2-62}$$

$$Q(x=L,t)=0 \tag{2-63}$$

这种情况是研究的主要情况。这种情况下，管线末端压力会逐渐上升，达到泵的压力后就会保持稳定不变。如图 2-71 所示，其计算参数如表 2-17 所示。

表 2-17　算例计算参数

| 管线长度 $L$/m | 1300 | 泵口压力 $P_\text{泵}$/MPa | 40 |
|---|---|---|---|
| 管线内径 $D$/mm | 3.048 | 泵加压时间 $t$/s | 1000 |
| 管线壁厚 $e$/mm | 1.651 | 总计算时间 $t_{max}$/s | 2000 |
| 管线弹性模量 $E$/MPa | $2.1\times10^5$ | 温度/℃ | 40 |

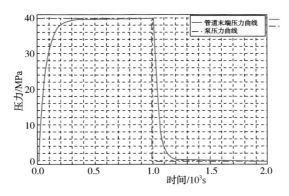

图 2-71　井下堵头压力曲线图

（2）井下控制阀的开启

在智能完井系统中，管线是和解码器相连的。在管线末压力达到解码器阀门压力时，解码器内部的阀会自动打开。为了便于理解以及降低计算的困难程度，本小节中将模型简化，如图 2-72 所示。以本研究中一个阀为例，其开启压力为 3MPa，液缸启动压力为 40MPa。

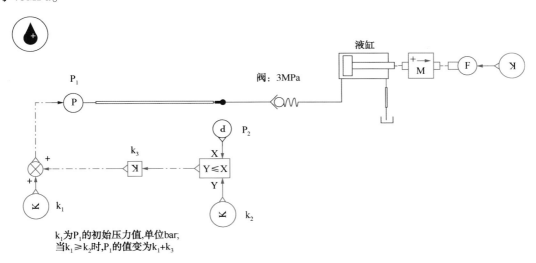

图 2-72　简化的阀开启模型

此时管线末端的压力变化曲线如图 2-73 所示。

① 模型分析。对于图 2-72 所示的简化后的模型，其中阀开启压力为 3MPa，使液缸动作的压力为 40MPa。其中泵 $P_1$ 的初始压力为 5MPa，由 $k_1$ 确定，$P_2$ 为压力传感器，所处位置为管线末端，检测的是管线末端的压力，当压力传感器 $P_2$ 检测到管线末端的压力达到所设置的阀门压力 3MPa 时，会通过 $k_3$ 迅速给 $P_1$ 一个反馈信号，这时 $P_1$ 的压力会变为 50MPa，如图 2-74 所示。

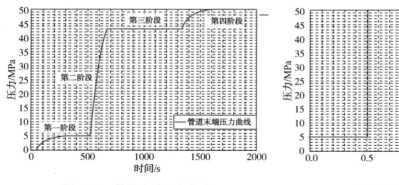

图 2-73　管线末端压力曲线

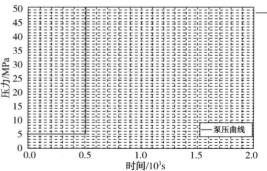

图 2-74　泵压力曲线

② 阀开启过程曲线分析。图 2-73 所示的管线末端压力曲线可分为 4 个阶段。

第一阶段为压力上升阶段，此时泵对管线施加的压力为 5MPa，管线末端阀的开启压力为是 3MPa，此阶段是阀开启前的管线末端压力的变化情况。

第二阶同样为压力上升阶段，在管线末端阀开启之后，为了使液缸完成开启或关闭的动作，压力需要到达液缸动作的压力 40MPa，此阶段是阀开启后的管线末端压力的变化情况。

第三阶为压力稳定阶段，其值为 43MPa。此阶段为液缸运动的阶段，所以液缸入口压力保持 40MPa 不变，管线末端压力等于液缸入口压力加上阀的开启压力。

第四阶同样为压力上升阶段。当液缸运动到行程终点时，就会停止运动。由于泵压力为 50MPa，使液缸运动的压力为 40MPa，而此时液缸已经停止运动，管线末端的压力会继续上升，达到泵压力 50MPa 后保持稳定。

（3）液缸的开启与关闭

本节所采用的模型依然是图 2-72 所示的模型，模型液缸行程为 300mm，在整个系统的控制过程中，其活塞位移变化如图 2-75 所示，液缸的入口压力曲线图如图 2-76 所示，曲线可分为 3 个阶段，图 2-75 与图 2-76 的三个阶段是一一对应的。

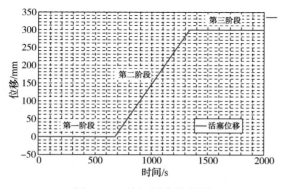

图 2-75　液缸活塞位移图

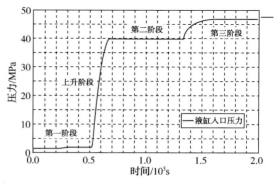

图 2-76　液缸入口压力曲线图

第一阶段中，管线末端的压力未达到液缸所需的压力，这时活塞未有任何运动，图 2-76 第一阶段与第二阶段存在一个压力上升阶段，对应图 2-73 中的第一阶段、第二阶段。

第二阶段中，管线末端的压力已经达到液缸所需的压力，活塞开始运动，到达行程终点后停止运动，这一阶段对应图 2-73 中的第三阶段，可以看出，液缸活塞在运动时，液缸入口是保持不变的，其值为 40MPa。

第三阶段中，活塞已经到达行程终点并停止运动，管线末端压力开始上升，达到泵压力 50MPa 后保持稳定。

（4）不同温度变化环境

① 陆地井。井内的温度、压强是随着井深变化的，这使得液压控制管线是处在一个连续变化温度的环境中，这对管线内流体的黏度、密度等特性造成了不可忽略的影响。对于陆地井，其井深和井内温度可以看作是线性变化的，地温梯度取 3℃/100m[30]，地表温度为 20℃，井深为 1300m，如图 2-77 所示。

根据图 2-77 所示的陆地井温度曲线，利用 2.3.3 节中所推导的能量方程(2-42)，对此温度环境下的智能完井液压控制管线流体流动问题进行求解，得出此环境下的管线末端的压力变化如图 2-78 所示。

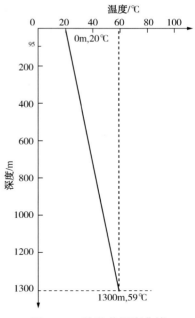

图 2-77　陆地井温度曲线

② 导管架井。对导管架井，其井内温度会先下降，进入地层后温度再升高，其地温梯度取 5.5℃/100m[30]，海面温度为 30℃，海底陆地表面温度为 16℃，井深为 1300m，如图 2-79 所示。

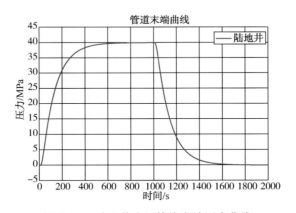

图 2-78　陆地井液压管线末端压力曲线

同样，根据图 2-79 所示的导管架井的温度曲线，利用公式(2-38)，对此温度环境下的智能完井液压控制管线流体流动问题进行求解，得出此环境下的管线末端的压力变化如图 2-80 所示。

（5）结果对比

将图 2-78 与图 2-80 绘制在一起进行对比，可以看出外部温度对液压管线内压力的影响，这是不能忽略的，这也是本节研究重点与核心，研究结果见图 2-81，可为井下流量控制阀的开启状态提供参考。

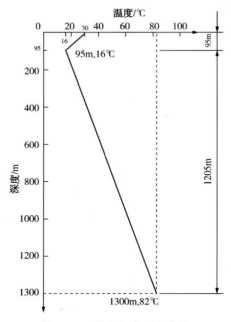

图 2-79　导管架井温度曲线

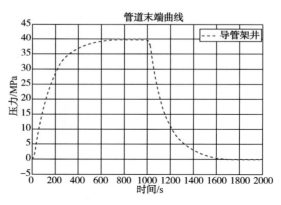

图 2-80　陆地井液压管线末端压力曲线

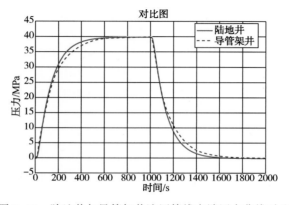

图 2-81　陆地井与导管架井液压管线末端压力曲线对比

### 2.3.5 含气量的影响

对于管线内的油液中的空气，一般以两种形式存在：溶解于油液中和未溶解于油液中。溶解于油液中的空气对油液黏度、密度、体积模量等参数是没有影响的，故在此忽略不计，仅考虑未溶解而悬浮于油液中的空气对油黏度、密度、体积模量的影响，通常，此时的油液综合密度可表示为[31]：

$$\rho = \frac{1 + \dfrac{\rho_{aSTP}}{\rho_{lSTP}} \dfrac{C_u}{1 - C_u}}{\dfrac{1}{\rho_l} + \dfrac{1}{\rho_{lSTP}} \dfrac{p_{STP}}{p_{sat}} \left(\dfrac{p_{sat}}{p}\right)^{\frac{1}{k}} \dfrac{T}{T_{STP}} \dfrac{C_u}{1 - C_u}} \tag{2-64}$$

油液的体积模量可表示为[32]：

$$E_q = B \frac{1 + C_u\left[\left(\dfrac{p_{STP}T}{pT_0}\right)^k - 1\right]}{1 + C_u\left[\dfrac{B}{kp}\left(\dfrac{p_{STP}T}{pT_0}\right)^{\frac{1}{k}} - 1\right]} \tag{2-65}$$

式中，$\rho_{aSTP}$ 为标准状态时空气密度，这里取值为 $1.293\mathrm{kg/m^3}$；$\rho_{lSTP}$ 为标准状态纯油液密度，这里区只为 $872\mathrm{kg/m^3}$；$C_u$ 为含气量；$\rho_l$ 为纯油液密度；$p_{STP}$ 为标准状态压力，这里取值为 $0.101315\mathrm{MPa}$；$T_{STP}$ 为标准状态温度，这里取值为 $293.15\mathrm{K}$；$p_{sat}$ 为饱和状态时压力，这里取值为 $0.2\mathrm{MPa}$；$p$ 为油液压力；$T$ 为油液温度，单位为 K；$k$ 为空气比热比，这里取值为 1.4。

油液综合黏度可表示为[33]：

$$\mu_c = \mu(1 + 0.015C_u)\exp[\alpha p - \beta(T - T_0)] \tag{2-66}$$

式中，$\mu$ 为油液的标准黏度单位为 $\mathrm{Pa \cdot s}$；$C_u$ 为含气量；$\alpha$ 为黏压系数，这里取 $2.2 \times 10^{-8}\mathrm{m^2/N}$；$\beta$ 为黏温系数，这里取 $0.0402\mathrm{K^{-1}}$；$T$ 为油液温度，单位为 K；$T_0$ 为液压油初始温度，通常取 $T_0 = 288.6\mathrm{K}$。

管线内的空气含量直接影响管线内的压力变化与流量变化，计算的参数如表 2-17 所示，研究含气量 $C_u$ 为 0、0.05%、0.1% 时管线末端压力变化曲线，外部温度变化条件如图 2-79 所示，计算结果对比图如图 2-82 所示，图 2-83 为图 2-82 的局部放大图。从图可以看出，含气量对管线末端的压力是存在影响的，含气量越高，则管线末端达到稳定压力的时间越长。

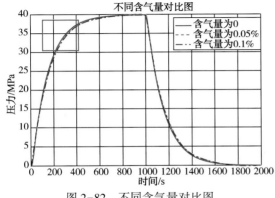

图 2-82　不同含气量对比图

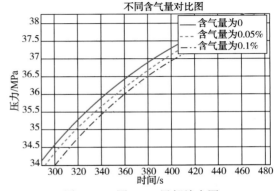

图 2-83　图 2-74 局部放大图

## 2.4 井下流量控制器

根据井下流量控制器是否具有解码功能，可以将井下流量控制器分为直接液力井下流量控制器(不具有解码功能)和数字液力井下流量控制器(具有解码功能)。直接液力井下流量控制器是一种简单的液压控制系统，如图2-84所示。井下控制阀的打开端分别直接与地面控制系统的管线相连，关闭端共用1条控制管线。例如：当2#管线施加压力时，推动阀门A液压缸活塞打开阀门；同样，3#管线可以控制B阀门的开启，1#管线可以同时关闭2个阀门。直接液力控制系统液压缸直接作用于滑套阀门上，能够极大地提高由于结垢而被卡住套筒的移动能力。

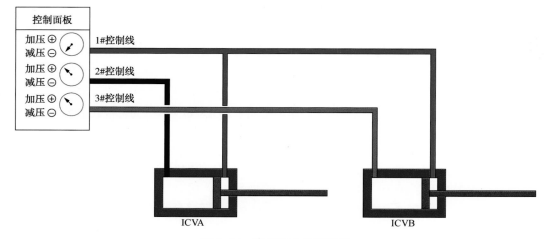

图2-84 直接液力控制系统

数字液力井下流量控制器是一种采用全水力(压力)编码的多节点水力(管线)系统[34]。

数字液力井下流量控制器由地面液压产生设备、地面压力控制设备(系统)、液力传输管线、液力传输管线连接头、井下ICV设备、井下水力解码器等设备所组成[35]。数字水力系统采用水力编码的方式传递液力和控制(水力压力编码)信号，经水力解码器解码后使得相应的井下ICV动作。

图2-85为"3-2型"数字液压解码器。为了激活解码器，压力首先施加到3#控制管线上，接着才施加到2#控制管线上。3根液力管线最多可实现对井下6个ICV的控制，最高工作温度125℃。

数字水力系统工作原理是根据按预先设定程序所施加压力的逻辑结果为基础进行操作，如图2-86所示，其编码是用压力大于2000psi代表编码"1"，压力低于500psi代表编码"0"，基于编码的序列(先后顺序)建立地面与井下设备的通信。

井下的每1个ICV都配套有1个液力解码器，该解码器有1个独立的识别代码，只有下传的液力编码与该代码匹配时，相应的ICV才可以动作。相对于直接液压系统，数字液压系统的优点为控制阀工作程序不依赖压力的大小，且控制管线数量有所减少，这样降低了智能井操作和安装工作的复杂性和作业风险。

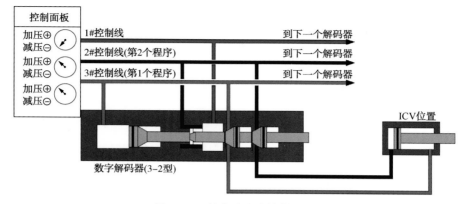

图 2-85　数字式液力控制系统

如果有 3~6 个控制层段，最适合使用数字液压系统，但如果需要控制更多层段的话，此系统还是需要多根液压管线，不可避免地存在与直接液压系统类似的问题，且复杂的液力解码器还存在可靠性问题。

## 2.4.1　直接液力井下流量控制器

（1）直接液力控制系统概述

直接液压控制系统是一种简单的液压控制系统，整个系统的特点为：

① 可用在陆上、平台或水下/海底。

② 采用纯液压控制方式，保证了系统的稳定性。

③ 系统与油管压力或环空压力无关，下入深度不受限制。

④ $N+1$ 条控制管线控制 $N$ 个滑套。

⑤ 节流状态可做到 2~15 级。

（2）直接液力控制原理设计

直接液压控制系统的结构如图 2-87 所示。井下控制阀的打开端分别直接与地面控制系统的管线相连，关闭端共用 1 条控制管线。例如：当 2#管线施加压力时，推动阀门 A 液压缸活塞打开阀

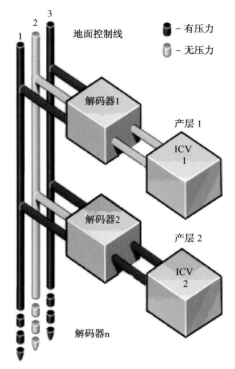

图 2-86　数字水力系统工作原理图

门；同样，3#管线可以控制 B 阀门的开启，1#管线可以同时关闭 2 个阀门。直接液压控制系统液压缸直接作用于滑套阀门上，能够极大地提高由于结垢而被卡住套筒的移动能力。

（3）国内设计的直接液力式四开度井下流量控制阀

国内设计的一种用于遥控配产控制各油层产量的智能完井系统的直接液力式四开度井下流量控制阀装置，实现阀门开度大小的变换调节，从而达到遥控配产控制各油层产量的目的。该直接液力式四开度井下流量控制阀装置包括上接头、导向钉、轨套、上部外筒、

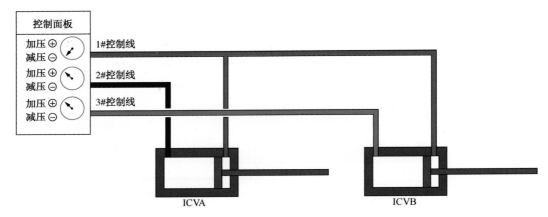

图 2-87　直接液压系统

锁套、管线管、心轴、开度套、密封组、下部外筒、下接头、控制管线、密封圈等。直接液力式四开度井下流量控制阀随生产管柱一同下入封隔层位置，地面液压系统通过从地面到直接液力式四开度井下流量控制阀之间连接的液控管线，对直接液力式四开度井下流量控制阀进行打压操作实现四个位置顺序切换，从而实现该层产液进生产管柱进口开度大小调节。直接液力式四开度井下流量控制阀的优点是：控制方式为机械液压，井下无电子元件，安全可靠性高；具备位置压力显示反馈；密封可靠；开度可调节等。

　　如图 2-88~图 2-90 直接液力式四开度井下流量控制阀(a)~(d)所示，本实例提供了一种用于遥控配产控制各油层产量的直接液力式四开度井下流量控制阀，随生产管柱下入的直接液力式四开度井下流量控制阀个数根据需要控制油层分段数而定，即需要控制的每一油层对应的管柱中配一个直接液力式四开度井下流量控制阀；该直接液力式四开度井下流量控制阀，包括上接头(1)、导向钉(2)、轨套(3)、上部外筒(4)、锁套(5)、管线管(6)、心轴(7)、开度套(8)、密封组(9)、下部外筒(10)、下接头(11)、控制管线(12)；控制管线(12)包括一号液控管线(13)和二号液控管线(14)。

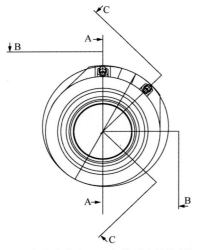

图 2-88　直接液力式四开度井下流量控制阀(a)

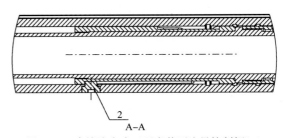

图 2-89　直接液力式四开度井下流量控制阀(b)

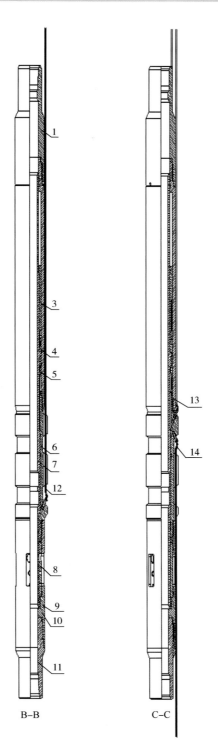

B-B C-C

图 2-90 直接液力式四开度井下流量控制阀(c)(d)

上接头 1 上部设置有内螺纹，通过该内螺纹与上部生产管柱相连。上接头 1 下部设置有内螺纹，通过该内螺纹连接上部外筒 4；该内螺纹上方的上部外筒 4 外回转面设置有密封槽，通过设置在密封槽中的密封圈与上接头 1 之间形成密封。上部外筒 4 下部设置有内螺纹，通过该内螺纹连接管线管 6；该内螺纹上方的管线管 6 外回转面设置有密封槽，通过设置在密封槽中的密封圈与上部外筒 4 之间形成密封。管线管 6 下部设置有外螺纹，通过该外螺纹连接下部外筒 10；该外螺纹下方的管线管 6 外回转面设置有密封槽，通过设置在密封槽中的密封圈与下部外筒 10 之间形成密封。下部外筒 10 下部设置有内螺纹，通过该内螺纹连接下接头 11；下接头 11 上部的外回转面设置有密封槽，通过设置在密封槽中的密封圈与下部外筒 10 之间形成密封。下部外筒 10 与心轴 7 之间构成环空，开度套 8、密封组 9 安装在该环空内；开度套 8 位于管线管 6 下方，管线管 6 的下部端面设置有密封槽，通过设置在密封槽中的密封圈与开度套 8 上部端面之间形成密封；密封组 9 位于开度套 8 下方，密封组 9 下部端面与心轴 7 下部端面齐平，且均由下部外筒 10 的内部限位台肩 1001 的上表面限位；直接液力式四开度井下流量控制阀初始关闭位置，心轴 7 下端与密封组 9 接触，保证套管与工具之间环空的密封性。上接头 1、上部外筒 4、管线管 6、下部外筒 10 及下接头 11 从上到下依次采用螺纹连接，与开度套 8、密封组 9 一同构成外工作筒。

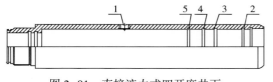

图 2-91　直接液力式四开度井下
流量控制阀的上部外筒结构

如图 2-91 所示，上部外筒上部的内回转面设置有两道密封槽，通过设置在这两道密封槽中的密封圈与心轴之间形成密封。上部外筒中段设置有一个径向的螺纹孔 1，该螺纹孔用于将导向钉螺纹连接于上部外筒。上部外筒下部的内回转面间隔的设置有四道沟槽，由下到上分别为第一沟槽 2、第二沟槽 3、第三沟槽 4 和第四沟槽 5，第一沟槽 2、第二沟槽 3、第三沟槽 4 和第四沟槽 5 分别为锁套上弹性爪结构的卡爪的四个停留位置。

如图 2-92~图 2-93 所示，管线管上部的内回转面设置有两道密封槽，通过设置在这两道密封槽中的密封圈与心轴之间形成密封，这两个密封圈与上部外筒、心轴、管线管以及上部外筒与心轴之间的两个密封圈形成上部液压腔。对应于上部液压腔的位置，管线管设置有贯通管内外的两个传压孔，其中上部的传压孔外端安装有第二管线接头、下部的传压孔外端安装有第三管线接头，如图 2-93 所示，第二管线接头用于实现与本节直接液力式四开度井下流量控制阀的二号液控管线的连接，第三管线接头用于实现与下一节直接液力式四开度井下流量控制阀的二号液控管线 2 的连接。管线管下部的内回转面设置有两道密封槽，通过设置在这两道密封槽中的密封圈与心轴之间形成密封，这两个密封圈与心轴、管线管以及管线管上部与心轴之间的两个密封圈形成下部液压腔。对应于下部液压腔的位置，管线管设置有贯通管内外的一个传压孔，该传压孔外端安装有第一管线接头，如图 2-92 所示，第一管线接头用于实现与本节直接液力式四开度井下流量控制阀的一号液控管线 1 连接。除此以外，管线管的外回转面还设置有用于放置一号液控管线 1 和二号液控管线 2 的管线开槽。

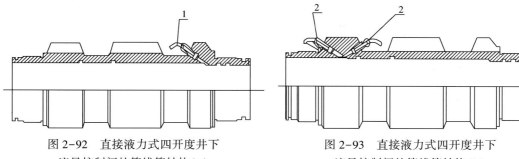

图 2-92　直接液力式四开度井下
流量控制阀的管线管结构(a)

图 2-93　直接液力式四开度井下
流量控制阀的管线管结构(b)

一号液控管线 1 打压(注液)、二号液控管线 2 放压(回液)时，下部液压腔的压力高于上部液压腔，心轴向上方移动，也为直接液力式四开度井下流量控制阀开启方向；二号液控管线 2 打压(注液)、一号液控管线 1 放压(回液)时，上部液压腔的压力高于下部液压腔，心轴向下方移动，也为直接液力式四开度井下流量控制阀关闭方向。地面液压系统也同时显示一号液控管线 1 和二号液控管线 2 的压力变化，从而确定井下直接液力式四开度井下流量控制阀的开度位置状态。与第三管线接头连接的二号液控管线 2 为下一节直接液力式四开度井下流量控制阀提供压力，下一节直接液力式四开度井下流量控制阀的一号液控管线 1 为类似于本节直接液力式四开度井下流量控制阀的一号液控管线的单独液压管线，即也构成两条液压管线控制一个直接液力式四开度井下流量控制阀。

如图 2-94 所示，下部外筒开设有周向均布的四个相同的条形孔 2，条形孔 2 的两端为圆弧形。条形孔 2 的上方和下方在下部外筒的内回转面分别设置有一道密封槽，通过设置在这两道密封槽中的密封圈实现下部外筒与开度套之间在条形孔 2 两端的密封。条形孔 2 下方的密封槽以下的位置设置有内部限位台肩 1，内部限位台肩 1 的上表面用于形成密封组的装配位置和对心轴下行限位。

如图 2-95 所示，开度套沿轴向设置有排孔眼，每排分别包括周向均布的四个相同孔眼；由下到上分别为第一开孔 1、第二开孔 2 和第三开孔 3，且第一开孔 1、第二开孔 2 和第三开孔 3 的孔径依次增大，与下部外筒的条形孔相配合实现三种流道尺寸，可根据要求进行调整尺寸。第一开孔 1、第二开孔 2 和第三开孔 3 的两端由下部外筒的条形孔两端密封圈形成密封。

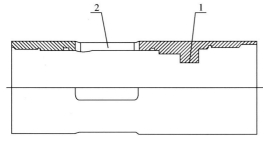

图 2-94　直接液力式四开度井下
流量控制阀的下部外筒结构

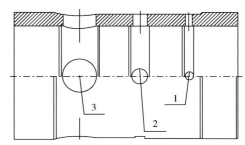

图 2-95　直接液力式四开度井下
流量控制阀的开度套结构

如图 2-96 所示，心轴中段的内回转面具有直角台阶 2 和两边的倒角设计，用于与专用机械开关工具相配合，一旦一号液控管线和二号液控管线发生泄漏而无法提供液压压力时，可以利用专用机械开关工具实现开关作业。

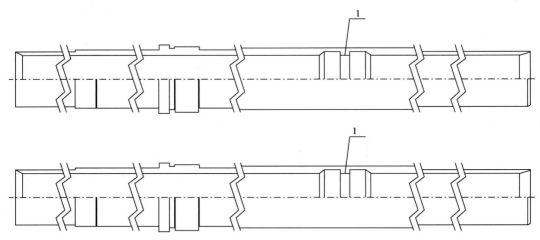

图 2-96　直接液力式四开度井下流量控制阀的心轴结构

如图 2-97 和图 2-98 所示，轨套的外回转面设置有整圈的轨道，该轨道设置有用于机械定位的八个死点，且这八个死点在周向上均等分布，按照轨道的轨迹依次为第一死点 1、第二死点 2、第三死点 3、第四死点 4、第五死点 5、第六死点 6、第七死点 7、第八死点 8。其中，第二死点 2、第四死点 4、第六死点 6、第八死点 8 为上行死点，第二死点 2、第四死点 4、第六死点 6、第八死点 8 位于轨套下部，与轨套下端面的轴线距离相等。其中，第一死点 1、第三死点 3、第五死点 5、第七死点 7 为下行死点，第一死点 1、第三死点 3、第五死点 5、第七死点 7 位于轨套上部，与轨套上端面的轴向距离呈递进式增加。第一死点 1→第二死点 2→第三死点 3→第四死点 4→第五死点 5→第六死点 6→第七死点 7→第八死点 8→最后回到第一死点 1 的连线构成轨道轨迹。为了使滑动顺利进行，较为优选的一种轨道形状展开示意图如图 2-98 所示，该轨道形状是：以第一死点 1 的位置沿轴向向下延伸后转向第二死点 2 的位置，之后由第二死点 2 的位置转向第三死点 3 方向并沿轴向向上延伸至第三死点 3 的位置，之后由第三死点 3 的位置沿轴向向下延伸后转向第四死点 4 的位置，之后由第四死点 4 的位置转向第五死点 5 方向并沿轴向向上延伸至第五死点 5 的位置，之后由第五死点 5 的位置沿轴向向下延伸后转向第六死点 6 的位置，之后由第六死点 6 的位置转向第七死点 7 方向并沿轴向向上延伸至第七死点 7 的位置，之后由第七死点 7 的位置沿轴向向下延伸后转向第八死点 8 的位置，之后由第八死点 8 的位置转向第一死点 1 方向并沿轴向向上延伸至第一死点 1 的位置。

安装于上部外筒的导向钉端部嵌装于轨套的轨道内，并在心轴向上或向下移动的同时，导向钉随轨套的转动在其轨道内滑动，其滑动轨迹为从第一死点 1 经直线下行到内倒角旋进入第二死点 2；从第二死点 2 直线上行到内倒角旋进入第三死点 3；从第三死点 3 经直线下行到内倒角旋进入第四死点 4；从第四死点 4 直线上行到内倒角旋进入第五死点 5；从第五死点 5 经直线下行到内倒角旋进入第六死点 6；从第六死点 6 直线上行到内倒角旋进入第七死点 7；从第七死点 7 经直线下行到内倒角旋进入第八死点 8；从第八死点 8 直线上行到内倒角旋回到第一死点 1 的连线构成。

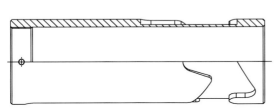

图 2-97　直接液力式四开度井下
流量控制阀的轨套结构（a）

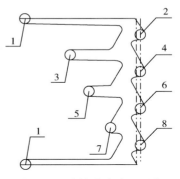

图 2-98　直接液力式四开度
井下流量控制阀的轨套结构（b）

如图 2-99 所示，锁套下部设置有弹性爪结构，弹性爪结构的卡爪位于锁套的外回转面，用于与上部外筒的第一沟槽、第二沟槽、第三沟槽和第四沟槽相配合。一号液控管线和二号液控管线打压，推动心轴、轨套和锁套移动，锁套的上弹性爪结构的卡爪依次通过上部外筒的四道沟槽。

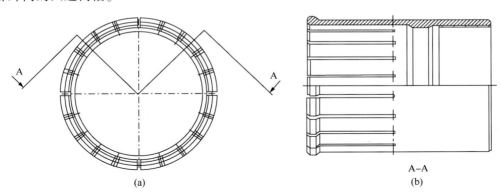

图 2-99　直接液力式四开度井下流量控制阀的轨套结构

该直接液力式四开度井下流量控制阀，其控制方法如下：

首先，（一）一号液控管线打压（注液）、二号液控管线放压（回液），下部液压腔的压力高于上部液压腔，心轴向上方移动，带动轨套向上方移动，导向钉在轨套的轨道中由第一死点滑移至第二死点。与此同时，锁套上弹性爪结构的卡爪依次经过上部外筒的第一沟槽、第二沟槽、第三沟槽和第四沟槽，并停留在第四沟槽上方的位置。由于心轴向上方移动，心轴下端依次经过开度套的第一开孔、第二开孔和第三开孔，并停留在第三开孔上方，使第一开孔、第二开孔和第三开孔全部打开。

之后，（二）二号液控管线打压（注液）、一号液控管线放压（回液），上部液压腔的压力高于下部液压腔，心轴向下方移动，带动轨套向下方移动，导向钉在轨套的轨道中由第二死点滑移至第三死点。与此同时，锁套上弹性爪结构的卡爪依次经过上部外筒的第四沟

槽、第三沟槽、第二沟槽,并停留在第二沟槽内。由于心轴向下方移动,心轴下端依次经过开度套的第三开孔和第二开孔,并停留在第二开孔和第一开孔之间,使第三开孔和第二开孔关闭、第一开孔打开。

以上所述(一)和(二)两个过程,完成一次直接液力式四开度井下流量控制阀开度调节,即从全关闭调整为第一位置打开,使得直接液力式四开度井下流量控制阀内腔与环空形成第一设计开度的流通通道。

之后,(三)一号液控管线打压(注液)、二号液控管线放压(回液),下部液压腔的压力高于上部液压腔,心轴向上方移动,带动轨套向上方移动,导向钉在轨套的轨道中由第三死点滑移至第四死点。与此同时,锁套上弹性爪结构的卡爪依次经过上部外筒的第二沟槽、第三沟槽和第四沟槽,并停留在第四沟槽上方的位置。由于心轴向上方移动,心轴下端依次经过开度套的第二开孔和第三开孔,并停留在第三开孔上方,使第一开孔、第二开孔和第三开孔全部打开。

之后,(四)二号液控管线打压(注液)、一号液控管线放压(回液),上部液压腔的压力高于下部液压腔,心轴向下方移动,带动轨套向下方移动,导向钉在轨套的轨道中由第四死点滑移至第五死点。与此同时,锁套上弹性爪结构的卡爪依次经过上部外筒的第四沟槽、第三沟槽,并停留在第三沟槽内。由于心轴向下方移动,心轴下端经过开度套的第三开孔,并停留在第三开孔和第二开孔之间,使第三开孔关闭、第一开孔和第二开孔打开。

以上所述(三)和(四)两个过程,完成一次直接液力式四开度井下流量控制阀开度调节,即从第一位置打开为第二位置打开,使得直接液力式四开度井下流量控制阀内腔与环空形成第二设计开度的流通通道。

之后,(五)一号液控管线打压(注液)、二号液控管线放压(回液),下部液压腔的压力高于上部液压腔,心轴向上方移动,带动轨套向上方移动,导向钉在轨套的轨道中由第五死点滑移至第六死点。与此同时,锁套上弹性爪结构的卡爪依次经过上部外筒的第三沟槽和第四沟槽,并停留在第四沟槽上方的位置。由于心轴向上方移动,心轴下端经过开度套的第三开孔,并停留在第三开孔上方,使第一开孔、第二开孔和第三开孔全部打开。

之后,(六)二号液控管线打压(注液)、一号液控管线放压(回液),上部液压腔的压力高于下部液压腔,心轴向下方移动,带动轨套向下方移动,导向钉在轨套的轨道中由第六死点滑移至第七死点。与此同时,锁套上弹性爪结构的卡爪经过上部外筒4的第四沟槽,并留在第四沟槽内。此时心轴向下方移动,但仍停留在第三开孔上方,使第一开孔、第二开孔和第三开孔全部打开。

以上所述(五)和(六)两个过程,完成一次直接液力式四开度井下流量控制阀开度调节,即从第二位置打开为第三位置打开,使得直接液力式四开度井下流量控制阀内腔与环空形成第三设计开度的流通通道。

之后,(七)一号液控管线打压(注液)、二号液控管线放压(回液),下部液压腔的压力高于上部液压腔,心轴向上方移动,带动轨套向上方移动,导向钉在轨套的轨道中由第七死点滑移至第八死点。与此同时,锁套上弹性爪结构的卡爪从上部外筒的第四沟槽上移,并停留在第四沟槽上方的位置。此时心轴向下方移动,但仍停留在第三开孔上方,使第一开孔、第二开孔和第三开孔全部打开。

之后，（八）二号液控管线打压（注液）、一号液控管线放压（回液），上部液压腔的压力高于下部液压腔，心轴向下方移动，带动轨套向下方移动，导向钉在轨套的轨道中由第八死点滑移至第一死点。与此同时，锁套上弹性爪结构的卡爪经过上部外筒的第四沟槽、第三沟槽、第二沟槽、第一沟槽，并留在第一沟槽内。由于心轴向下方移动，心轴下端依次经过开度套的第三开孔、第二开孔和第一开孔，并停留在第一开孔下方（限位于下部外筒的内部限位台肩的上表面），使第一开孔、第二开孔和第三开孔全部关闭。

以上所述（七）和（八）两个过程，完成一次直接液力式四开度井下流量控制阀开度调节，即从第三位置打开为全部关闭，使得直接液力式四开度井下流量控制阀内腔与环空形成封闭状态。

综上，所述（二）、（四）、（六）、（八）为四种开度状态，所述（一）、（三）、（五）、（七）为中间状态，图2-100为直接液力式四开度井下流量控制阀的不同开度结构图。一号液控管线或二号液控管线提供额外高压，以保证锁套上弹性爪结构的卡爪顺利通过上部外筒的相应沟槽，此时测量并记录一号液控管线或二号液控管线内的压力曲线，会出现通过对应数量沟槽而出现的相同数量高压力波峰，从而有效反馈井下工具动作状态的显示，进而使地面人员可以通过管线内的曲线了解井下工具的动作状态。

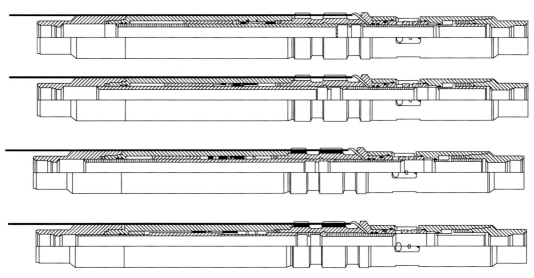

图2-100　直接液力式四开度井下流量控制阀的不同开度结构图

该直接液力式四开度井下流量控制阀，采用二根液压管线随完井管柱一次性下入，下入后无须其他修井作业，只需要在地面通过液压站进行压力操作，通过压力表和流量计来判断井下控制阀的状态，操作简单。

## 2.4.2　数字液力井下流量控制器

（1）如流量控制器概述

流量控制器是智能井井下不同生产层段流体控制系统的核心组成部件之一[38]。流量控制器的工作原理是通过改变节流孔的节流面积来实现井下流量控制的目的，目前大部分的流量控制器都是采用液压控制方案，但是随着现代技术的发展，电动控制阀在智能井中也逐渐开始使用。若要采用电力驱动控制，则必须在流量控制器上安装电力驱动装置和井下永久传感器，这种井下用的电力驱动装置制造标准要求很高，必须要满足在井下高温高压原油介质及含沙流体等工况下使用。这种条件下要保证电子元件可靠性和寿命，对元件的材料及加工制造技术提出了巨大挑战[39]。因此电力驱动的流量控制阀目前应用难度较大，实际生产应用中液压控制占主导地位。

智能完井系统可以通过控制多层合采、多分支井监控使得单井眼能够同时完成多口井的任务，其中，智能完井系统中最核心的装备就是智能井井下流量控制器[40]。鉴于钻遇的油藏大部分是非均质油层，并且很有可能多个地层含有底水，因此，需要不断调整开采方案，关闭那些出水的层位，并且还可以根据指令随时调节控制器的开度以控制油井整体的产量。

智能井系统通过井下安装的永久传感器可以实时地对井下压力、温度、流量等参数进行检测并反馈给地面信息处理和控制系统，而地面信息处理系统则对这些数据进行分析，再通过地面控制装置来调节井下流量控制器[40,41]。智能井井下流量控制器安装于油气井的各个产层，各个产层之间的流量控制器用封隔器分隔开，流量控制器可以实现对一个或多个产层的开启、关闭或者是调节不同的开度，通过调节储层间的压力等参数来控制产量。

流量控制器的动力驱动方式主要包括全液压控制、电力驱动控制以及电力液压混合驱动[42]，其中，电力驱动需要安装配套的传感器以及动力装置。但是，由于智能井控制系统一般都安装在几千米深的地下，长时间处在高温、高压的工作环境中，电子元件在这种环境下很有可能发生失效。因此，采用电力控制的手段往往可靠性不高，比如 Baker Hughes 的 In Charge 系统就是采用电驱动的方式，但是在实际的油田生产中存在极大的不稳定性，逐步退出了市场。

对井下油层或分支的流量控制是智能完井系统的核心任务，而井下流量控制器（井下流量控制阀）是实现井下流量控制的关键装备[43]。井下生产控制系统中最简单的是井下流量控制器（井下流量控制阀），它可以在油藏中调整各层段之间的产量，是最直接控制井下流量的工具。

（2）多层液压控制系统

直接液力驱动与电缆测量的智能完井系统的主要优点是可靠性高，其主要是针对 1 个产层，可以将液压动力管线直接连接到井下流量控制器，实现流量控制器的调控；如果涉及 2 个产层，通常需要增加 1 个液压管线，繁多的液压管线必然为井下工具的设计及安装过程带来麻烦。针对多层的智能完井，目前主流解决方案是通过数字解码器实现，先选择需要操作的目标层位，然后将高压动力液引向目标层位控制滑套动作。井下流量控制器液压控制系统，需要输出高压动力液和目标选择层位液压信号源。井下液压解码器，根据液压信号指令，选择和引导高压动力液进入目的层的滑套，实现对滑套阀的控制[44]。

（3）流量控制阀的结构及工作原理[45]

① 流量控制阀的结构。流量控制阀的结构如图 2-101 所示[46]，图中编号 1 为上阀体；2 为挡板；3 为第一级液压缸活塞；4 为第二级液压缸活塞；5 为斯特密封组合；6 为紧定螺钉；7 为节流阀套；8 为径向密封装置；9 为密封阀座；10 为下阀体。

图 2-101　流量控制阀二维装配图示意图

井下流量控制阀主要由外阀体、密封装置、节流装置、液压控制装置等组成。其中上阀体 1 与下阀体 10 之间通过密封螺纹连接，节流阀套 7 与下阀体 10 之间采用紧钉螺钉 6 连接，两级液压控制装置安装在上阀体中，与上阀体的内腔共同组成两级液压缸，以此来实现对过流套筒的控制。过流套筒与节流阀套相配合组成节流装置，通过过流套筒与节流阀套之间的相对位移来实现改变流量控制器开度的目的。

如图 2-102 所示，下阀体上的结构主要包括节流孔外孔、密封槽和螺纹孔，密封槽安装密封圈，完成金属密封装置与下阀体之间的静态密封，螺纹孔安装螺钉来实现节流阀套的固定，下阀体上部安装上阀体。

节流阀套上的节流孔包含四种类型，如图 2-103 中所示。其中，（a）图中的圆形节流孔结构简单，力学性能好，便于制造生产；(b)图中的微调式节流孔能够实现小

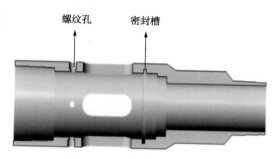

图 2-102　下阀体结构示意图

范围流量精细化调节；（c）图中无级调速流量控制器能够实现流量无级差调速；（d）图中纵向节流孔优点是每次打开和关闭节流孔时活塞行程最短。由于微调式节流孔的设计主要依赖经验及生产要求，难以采用统一的设计标准，因此在后面将重点研究纵向节流孔、无级调速节流孔及圆形节流孔这三种节流孔的流量与压差关系、综合流量系数、冲蚀性能及力学特性，并对结构进行优化和改进。

② 流量控制阀工作原理。流量控制阀采用液压控制，通过液压管线调节进油和出油从而使流量控制阀实现不同开度[47]。如图 2-104 所示，图中编号 1 为第一级液缸开启端；2 为第一级液缸关闭端；3 是第二级液缸关闭端；4 是第二级液缸开启端；5 为节流孔；6 代表密封装置；7 代表上阀体挡板；8 表示第二级液缸关闭端预留通道；9 代表第二级液缸开启端预留通道；10 表示第二级液缸开启端进液孔。

图 2-104 表示的是流量控制阀的全关闭状态，流量控制器从全关到第一个开度工作原理图如图 2-105 所示，图中箭头向上表示液压油进入液压缸，箭头向下表示液压油流出。

如图 2-105(a)所示，在第一个开度开启前，液压油从右侧箭头进入第二级液缸开启端预留通道，此时第二级液压缸活塞受到液压油向左的推力，推动第二级液压缸活塞向左运动，使流量控制器节流孔第一个开度打开，左侧液压缸液压油从第二级液缸关闭端流道流出。

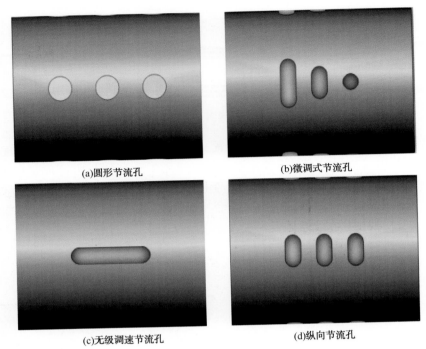

(a)圆形节流孔　　　　　　　　　(b)微调式节流孔

(c)无级调速节流孔　　　　　　　(d)纵向节流孔

图 2-103　节流孔四种结构简图

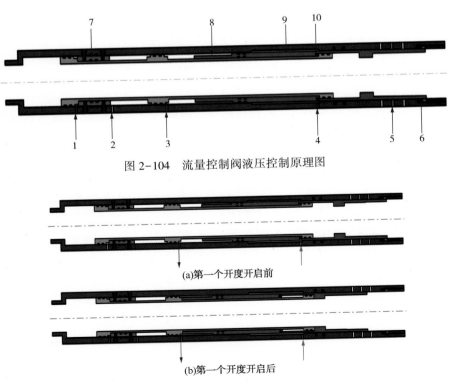

图 2-104　流量控制阀液压控制原理图

(a)第一个开度开启前

(b)第一个开度开启后

图 2-105　第一个开度开启原理图

第一个开度到第二个开度开启工作原理如图 2-106 所示，液压油从第一级液缸开启端进入液缸内，推动第一级液压缸向左运动，当第一级液压缸运动到与第二级液压缸接触的位置时，带动第二级液压缸继续向左运动，此时节流孔第二个开度打开，液压油从第一级液缸关闭端回流进入油箱。

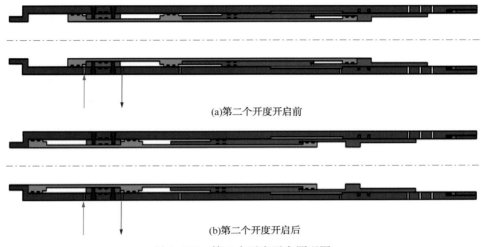

(a)第二个开度开启前

(b)第二个开度开启后

图 2-106　第二个开度开启原理图

第二个开度到第三个开度开启工作原理如图 2-107 所示，液压油由第二级液缸开启端进入液压缸，此时由于第一级液压缸进出口管线处于关闭状态，因此第一级液缸保持静止，第二级液缸由于受到向左的推力，会向左运动，同时第二级液压缸关闭段管线打开，液压油回流进入油箱，流量控制器节流孔从第二个开度打开至第三个开度。

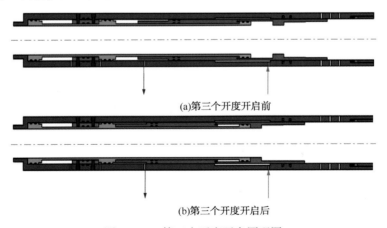

(a)第三个开度开启前

(b)第三个开度开启后

图 2-107　第三个开度开启原理图

综上所述，流量控制器节流孔开度的调节由一个双联液缸控制，其中第二级液缸位于第一级液缸的活塞杆上，第一级液缸的运动将会带动第二级液缸运动，且第二级液缸又能够单独运动，从而能够实现流量控制阀三个开度的开启和关闭控制。单独打开第二级液缸会使流量控制器打开至第一个开度，单独打开第一级液缸则会将流量控制阀打开至第二个开度，若同时打开第一级液缸和第二级液缸，流量控制器则会打开至最大开度。同理，若将打开操作时的液压油流动方向反向，即可实现流量控制器从第三个开度到关闭的状态[48]。

（4）井下流量控制阀流程数值模拟[49]

① 井下流量控制阀物理模型的建立[50]。智能井系统在井下通常使用多层合采开采方法，因此流量控制阀在井下第一产层（最底层）和其他产层的工况稍有不同，第一产层中流量控制阀只有径向的节流孔有原油流入，流量控制阀下端为封堵状态，而在其他产层中除了径向的节流孔有原油流入外，下端还有上一产层的原油从油管进入。因此流量控制阀的流动模型可以分为第一层流动模型和第二层流动模型，其他产层与第二层流动相似。

流量控制阀在井下第一层的流动模型如图 2-108 所示，图中红色箭头代表井下原油的流动方向，原油流体从射孔井眼进入套管，再从套管通过流量控制阀节流孔进入油管内部。图 2-109 为第二层流量控制阀井下流动模型，此时除了从环空中进入的流体以外，还有通过上一级流量控制阀进入的流体从油管进入，流动过程比第一层更加复杂。由于第二级流量控制阀受第一级流量控制阀及自身节流孔开度及井下压差的影响，流动过程存在层间的相互干扰，需要考虑不同层间状态的流动干扰，其模型建立较为复杂。因此我们选择的流场模拟主要求解流量控制阀第一层的流动。

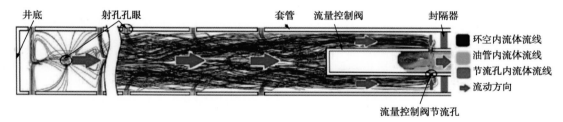

图 2-108　第一层流量控制阀流动模型

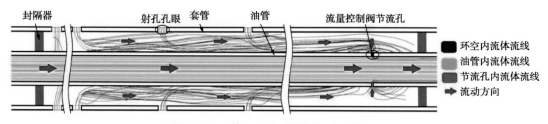

图 2-109　第二层流量控制阀流动模型

根据井下第一层流量控制阀的流体流动模型，借助 Solidworks 三维建模方法，选用的流体区域是指流量控制阀内部流体流过的所有区域，其建立的三维模型如图 2-110 所示。

根据图 2-110 建立的物理模型，利用 Ansys DM 提取出内流道，建立其流体域模型，流体域模型的中性面切面图如图 2-111 所示。

将流体域模型导入到 Ansys ICEM 中进行网格划分，ICEM 作为一款功能强大的网格划分软件，可以为主流的 CFD 流体仿真软件（如 Fluent、CFX、STAR-CD、STAR-CCM+等）提供高质量的网格，是目前功能最为强大的网格划分处理工具之一[17]。其划分网格流程如图 2-112 所示。

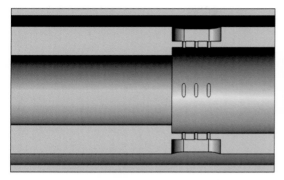

图 2-110　流量控制阀节流孔段三维模型

图 2-111　流体域模型

Ansys ICEM 可以通过生成 Block(块)来逼近几何模型，在块上生成质量更高的网格，Ansys ICEM 生成块的方式主要有两种：自顶向下以及自下而上。块建立好后再通过关联的方式将建立好的块与流体模型关联起来，再以块网格为基础，为流体划分流体网格[56]。最后，为流体网格划分边界层。Ansys ICEM 能够生成结构化网格、非结构化网格以及混合网格，其中结构化网格精度最高，适用于结构规则的物理模型；非结构化网格精度虽然没有结构化网格精度高，但网格适用于各种不规则及复杂模型，并且在精度合理的情况下同样满足计算要求；混合网格则是同时采用结构化网格和非结构化网格，将物理模型分别划分网格再进行装配，适应性较好但网格划分时间成本高。网格模型及网格质量如图 2-113 所示。

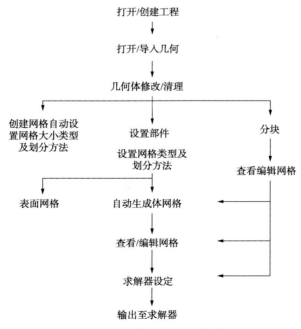

图 2-112　Ansys ICEM 网格划分流程

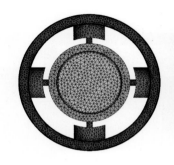

(a)网格模型

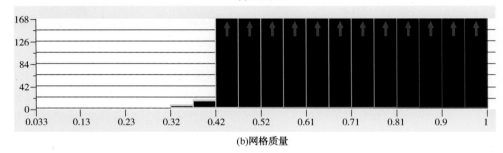

(b)网格质量

图 2-113　网格模型及网格质量

图 2-114　纵向节流孔示意图

② 纵向节流孔尺寸影响分析[51]。纵向节流孔示意图如图 2-114 所示，其中节流孔宽度根据已有结果已知为 5mm，为了求得满足条件的节流孔纵向长度尺寸，利用 CFX 流场分析软件为工具，建立流量控制器纵向节流孔模型，在 0.5MPa 压差下，分别计算节流孔长度 7~14mm 范围内出口平均流量，根据求解的流量结果即可得到满足条件的纵向节流孔长度尺寸。

对计算求解的结果进行分析，不同尺寸节流孔计算结果如图 2-115 所示。

根据以上结果可知，随着纵向节流孔纵向尺寸长度的增大，其最大流速逐渐减小，且出口平均流量和出口流速均逐渐增大，在 CFD-Post 中提取出其出口平均流量数据，结果如表 2-18 所示。

表 2-18　不同尺寸纵向节流孔求解结果

| 长度/mm | 7 | 8 | 9 | 10 | 11 | 12 | 13 | 14 |
|---|---|---|---|---|---|---|---|---|
| 出口流量/(m³/d) | 2897.76 | 2991.43 | 3061.06 | 3189.18 | 3315.88 | 3480.40 | 3704.23 | 4139.26 |
| 最大流速/(m/s) | 31.98 | 31.89 | 31.76 | 31.68 | 31.67 | 31.65 | 31.44 | 31.11 |
| 出口流速/(m/s) | 1.849 | 1.931 | 1.953 | 2.035 | 2.116 | 2.221 | 2.363 | 2.641 |

为了得到节流孔纵向尺寸长度与节流孔出口平均流量的变化关系，将纵向节流孔出口

平均流量数据与长度尺寸关系绘图如图 2-116 所示。

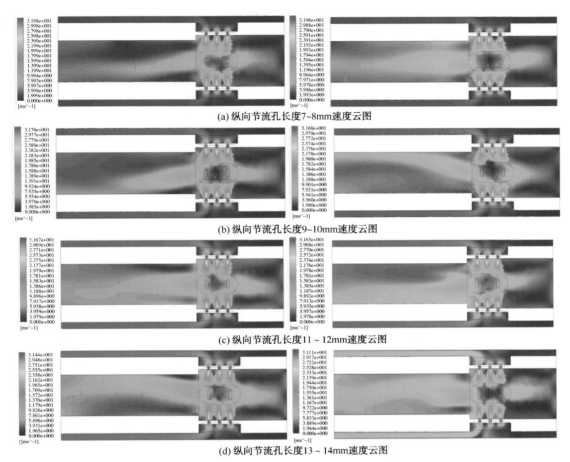

(a) 纵向节流孔长度7~8mm速度云图

(b) 纵向节流孔长度9~10mm速度云图

(c) 纵向节流孔长度11~12mm速度云图

(d) 纵向节流孔长度13~14mm速度云图

图 2-115　不同尺寸节流孔速度云图

由图 2-116 可以看出，随着节流孔长度尺寸的增大，出口平均流量也逐渐增大，且其斜率越来越大，即在尺寸长度为 7~14mm 范围内出口流量变化率也随尺寸长度的增大而增大。当纵向节流孔长度为 9mm 时（节流面积为 775.5mm$^2$），最大流速达到 31.76m/s，出口平均流量达到 3061.06m$^3$/d，能够满足在最大压差不超过 0.5MPa 下达到日产量 3000m$^3$ 的生产要求，因此纵向节流孔尺寸参数选择宽度为 5mm，长度为 9mm。

③ 流量与压差关系及综合流量系数数

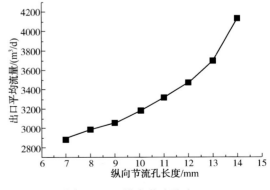

图 2-116　纵向节流孔出口
平均流量与尺寸关系

值模拟[52]。纵向节流孔尺寸参数求解确定后，接下来分别对其在开度一、开度二、开度三及 0.1MPa、0.2MPa、0.3MPa、0.4MPa、0.5MPa 共 15 种情况进行流场数值模拟。

　　a. 开度一条件下不同进出口压差的计算结果，如图 2-117 所示。

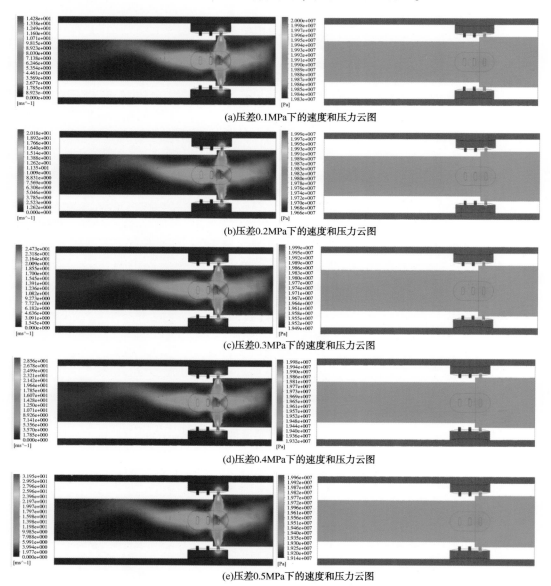

(a)压差0.1MPa下的速度和压力云图

(b)压差0.2MPa下的速度和压力云图

(c)压差0.3MPa下的速度和压力云图

(d)压差0.4MPa下的速度和压力云图

(e)压差0.5MPa下的速度和压力云图

图 2-117　节流开度一的速度及压力云图

　　由上述结果分析可以看出，在开度一的情况下，当压差为 0.5MPa 时，流场最大流速为 31.95m/s，最大流速出现在流量控制器节流孔内部的流场区域，流量控制器出口平均流速为 0.539m/s，提取流量控制器出口平均流量、最大流速及出口流速数据，得到纵向节流孔流量与压差计算结果如表 2-19 所示。

表 2-19　不同压力条件下开度一的求解结果

| 压　　差 | 0.1MPa | 0.2MPa | 0.3MPa | 0.4MPa | 0.5MPa |
|---|---|---|---|---|---|
| 出口平均流量/(m³/d) | 379.227 | 536.115 | 656.210 | 756.832 | 845.524 |
| 最大流速/(m/s) | 14.28 | 20.18 | 24.73 | 28.56 | 31.95 |
| 出口流速/(m/s) | 0.242 | 0.341 | 0.418 | 0.482 | 0.539 |

根据 Ansys CFX 求得的流量与压差，可以得到：

$$C_V = q_a \sqrt{\frac{\rho}{\Delta P_{ICV}}} \tag{2-63}$$

将仿真结果代入公式(2-63)计算出数值模拟的综合流量系数结果如表 2-20 所示。

表 2-20　纵向节流孔开度一的综合流量系数求解

| 压差/MPa | 0.1 | 0.2 | 0.3 | 0.4 | 0.5 |
|---|---|---|---|---|---|
| 流量/(m³/d) | 379.227 | 536.115 | 656.210 | 756.832 | 845.524 |
| 流量/(m³/s) | 0.00438 | 0.00620 | 0.00759 | 0.00875 | 0.00978 |
| 系数/(m³/s·MPa^0.5) | 0.01249 | 0.01249 | 0.01248 | 0.01247 | 0.01246 |

b. 开度二时在各压差下的计算结果，如图 2-118 所示。

由上述结果云图可以得到，在开度二的情况下，当压差为 0.5MPa 时，流场最大流速为 31.93m/s，最大流速出现在流量控制器节流孔内部的流场区域，流量控制器出口平均流速为 1.087m/s，提取流量控制器出口平均流量、最大流速及出口流速数据，得到纵向节流孔在第二个开度下的流量与压差计算结果如表 2-21 所示。

表 2-21　不同压力条件下开度二的求解结果

| 压差/MPa | 0.1 | 0.2 | 0.3 | 0.4 | 0.5 |
|---|---|---|---|---|---|
| 出口平均流量/(m³/d) | 765.875 | 1080.517 | 1319.092 | 1522.992 | 1703.490 |
| 最大流速/(m/s) | 14.37 | 20.26 | 24.74 | 28.55 | 31.93 |
| 出口流速/(m/s) | 0.488 | 0.689 | 0.841 | 0.971 | 1.087 |

根据公式(2-63)，将结果代入得到纵向节流孔在开度二下的综合流量系数如表 2-22 所示。

表 2-22　纵向节流孔在开度二的综合流量系数求解

| 压差/MPa | 0.1 | 0.2 | 0.3 | 0.4 | 0.5 |
|---|---|---|---|---|---|
| 流量/(m³/d) | 765.875 | 1080.517 | 1319.092 | 1522.992 | 1703.490 |
| 流量/(m³/s) | 0.00886 | 0.012506 | 0.015267 | 0.017627 | 0.019716 |
| 系数/(m³/s·MPa^0.5) | 0.02524 | 0.025183 | 0.025102 | 0.025099 | 0.025110 |

c. 开度三时在各压差下的计算结果，如图 2-119 所示。

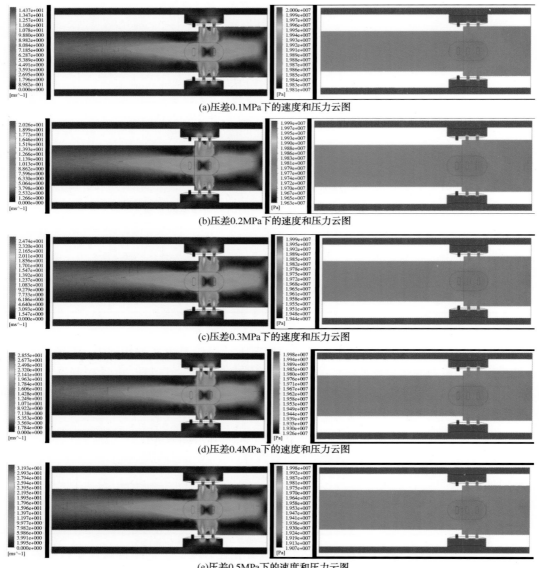

(a)压差0.1MPa下的速度和压力云图

(b)压差0.2MPa下的速度和压力云图

(c)压差0.3MPa下的速度和压力云图

(d)压差0.4MPa下的速度和压力云图

(e)压差0.5MPa下的速度和压力云图

图2-118 节流开度二的速度及压力云图

由上述结果云图可以得到,在开度三的情况下,当压差为0.5MPa时,流场最大流速为31.11m/s,最大流速出现在流量控制器节流孔内部的流场区域,流量控制器出口平均流速为1.953m/s,提取流量控制器出口平均流量数据、最大流速及出口流速数据,得到纵向节流孔在开度三的流量与压差计算结果如表2-23所示。

表2-23 不同压力条件下开度三的求解结果

| 压差/MPa | 0.1 | 0.2 | 0.3 | 0.4 | 0.5 |
|---|---|---|---|---|---|
| 出口平均流量/(m³/d) | 1366.891 | 1932.574 | 2371.568 | 2740.264 | 3061.060 |

续表

| 压差/MPa | 0.1 | 0.2 | 0.3 | 0.4 | 0.5 |
|---|---|---|---|---|---|
| 最大流速/(m/s) | 15.60 | 20.60 | 25.21 | 29.21 | 31.11 |
| 出口流速/(m/s) | 0.872 | 1.233 | 1.513 | 1.748 | 1.953 |

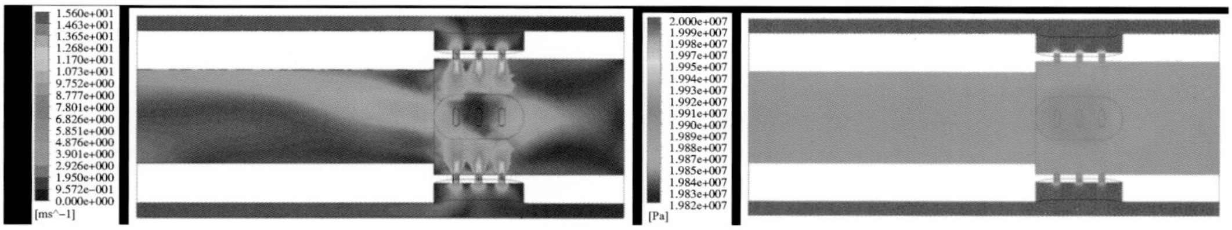

(a)压差0.1MPa下的速度和压力云图

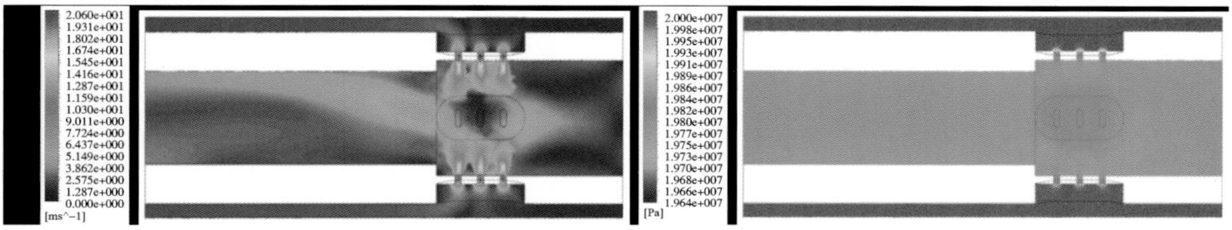

(b)压差0.2MPa下的速度和压力云图

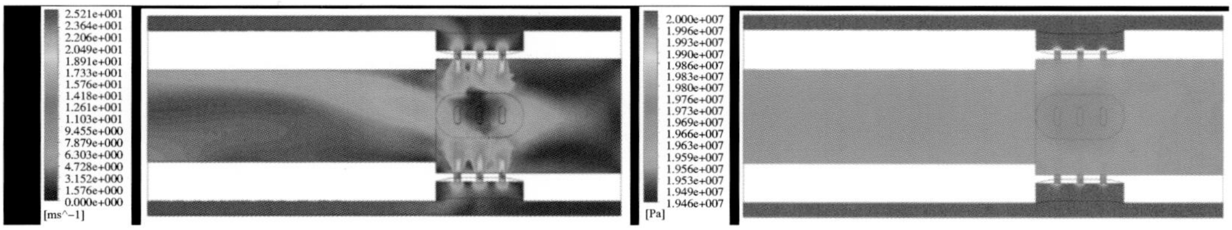

(c)压差0.3MPa下的速度和压力云图

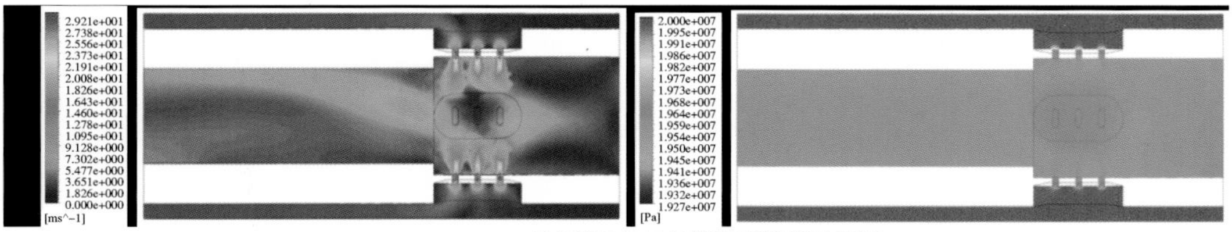

(d)压差0.4MPa下的速度和压力云图

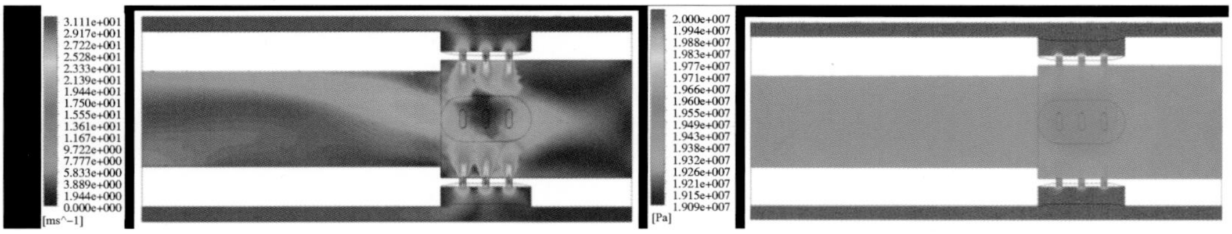

(e)压差0.5MPa下的速度和压力云图

图2-119 节流开度三的速度及压力云图

根据公式(2-63),将结果代入得到纵向节流孔在开度三下的综合流量系数如表2-24所示。

表 2-24　纵向节流孔开度三的综合流量系数求解

| 压差/MPa | 0.1 | 0.2 | 0.3 | 0.4 | 0.5 |
|---|---|---|---|---|---|
| 流量/(m³/d) | 1366.891 | 1932.574 | 2371.568 | 2740.264 | 3061.060 |
| 流量/(m³/s) | 0.015820 | 0.022368 | 0.027449 | 0.031716 | 0.035429 |
| 系数/(m³/s·MPa⁰·⁵) | 0.045053 | 0.045042 | 0.045131 | 0.045161 | 0.045121 |

将开度一、开度二及开度三求解出的出口平均流量结果统计如表 2-25 所示。

表 2-25　纵向节流孔流量出口平均流量计算结果　　　　　　　m³/d

| 压差 | 开度一 | 开度二 | 开度三 |
|---|---|---|---|
| 0.1MPa | 379.227 | 765.875 | 1366.891 |
| 0.2MPa | 536.115 | 1080.517 | 1932.574 |
| 0.3MPa | 656.210 | 1319.092 | 2371.568 |
| 0.4MPa | 756.832 | 1522.992 | 2740.264 |
| 0.5MPa | 845.524 | 1703.490 | 3061.060 |

将流量与压差数据绘图如图 2-120 所示。由图中流量与压差关系曲线可以看出，随着压差的增大，流量控制器流量逐渐增大，开度越小是增长率越小，开度越大时增长率越大。

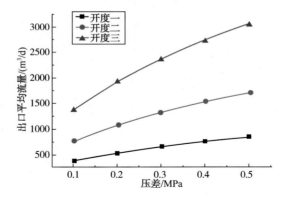

图 2-120　纵向节流孔流量与压差关系曲线

将开度一、开度二及开度三计算出数值模拟的综合流量系数结果统计如表 2-26 所示。

表 2-26　综合流量系数　　　　　　　m³/s·MPa⁰·⁵

| 压差 | 开度一 | 开度二 | 开度三 |
|---|---|---|---|
| 0.1MPa | 0.012499 | 0.025244 | 0.045054 |
| 0.2MPa | 0.012495 | 0.025183 | 0.045042 |
| 0.3MPa | 0.012488 | 0.025102 | 0.045131 |
| 0.4MPa | 0.012473 | 0.025099 | 0.045161 |
| 0.5MPa | 0.012463 | 0.025110 | 0.045121 |
| 平均值 | 0.012484 | 0.025148 | 0.045102 |

根据各开度下计算的流量控制器综合流量系数的平均值，得到流量控制器综合流量系数与节流开度的变化关系曲线如图 2-121 所示。

由图 2-121 可知，随着开度的增加，综合流量系数也逐渐增大，且综合流量系数与节流开度的大小几乎呈线性关系。

（5）数字解码器设计

数字液力控制系统的关键部件在于井下解码器，井下解码器设计旨在利用有限的液压管线实现尽可能多的目的层位置的选择。数字液力解码控制系统使用液压编

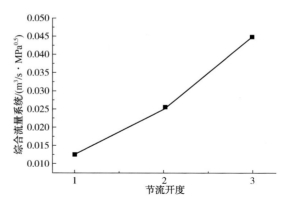

图 2-121　流量控制器综合流量系数结果

码的方法输送压力和控制流量器的指令，经液压解码装置解码后与之相对应的井下流量控制器执行指令。

西南石油大学设计的一套液压控制系统采用了全液压控制[53]，最多可以控制 6 个地层，只采用了 3 条控制管线，每个地层的液压解码器通过不同的接线顺序与三条液压控制管线相连，利用三条液压管线对某一地层进行控制时，两条管线为控制管线，一条为液压回油管线，通过特定的液压施加顺序作为不同地层的解码器开启信号，当需要对某一地层进行控制时，只需要按照特定的液压施加顺序施加压力信号。以两条控制管线的不同压力值信号作为流量控制阀的节流状态控制信号，以此两种信号同时作用，实现对不同地层不同节流状态的控制，表 2-27 为不同地层液压解码信号控制方式[54,55]。

表 2-27　不同地层液压解码信号

| 层　　位 | 1 号管线 | 2 号管线 | 3 号管线 |
| --- | --- | --- | --- |
| 1 | 1st | 2nd | 自由端口 |
| 2 | 1st | 自由端口 | 2nd |
| 3 | 2nd | 1st | 自由端口 |
| 4 | 自由端口 | 1st | 2nd |
| 5 | 2nd | 自由端口 | 1st |
| 6 | 自由端口 | 2nd | 1st |

来自地面控制设备的 3 条液压控制管线，当需要对某一地层的流量控制阀进行控制时，就需要使用特定的液压解码规则来控制，利用某两条控制管线的压力施加顺序来实现对特定层段的选择，以表 2-27 中所列举的液压解码规则为例，当需要对第一层液压控制阀进行控制时，需要首先为 1 号控制管线施加压力，然后对 2 号控制管线施加压力，此时 3 号控制管线不施加压力，变为自由出口端；以此类推，最多可以对 6 个地层的液压控制器进行控制，解码器层位解码原理图如图 2-122 所示[56~58]。

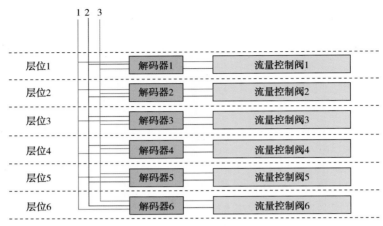

图 2-122　解码器层位解码原理图

（6）液压解码器原理

西南石油大学设计的液压解码器采用 2 条控制管线的压力施加顺序来实现控制层位的选择[45,46]，在经过第一道层位解码装置后，两条液压控制管线进入压力解码装置，然后，再通过两条液压控制管线的压力值来控制液压控制器的节流状态，两条液压控制管线通过分别控制一个双联液压缸的其中一段，可以实现单层最多四个节流状态的控制。单层液压解码装置原理图如图 2-123 所示。

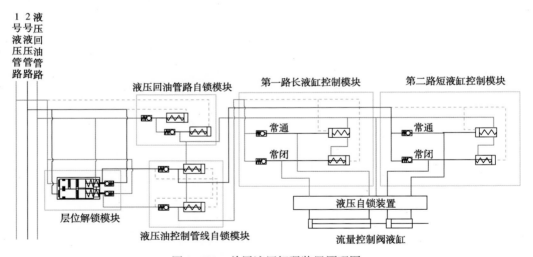

图 2-123　单层液压解码装置原理图

对 1 号液压控制线和 2 号液压控制线施加压力，第 3 条液压管线连接油箱，为自由出口端，两条液压控制管线的压力首先到达液压回油管路自锁模块，打开了两个自锁模块，其次压力到达了层位解锁模块，并开启控制装置，然后液压油经过层位解锁模块进入到液压油控制管线自锁模块，两条控制管线互相解锁，然后两条液压控制管线分别进入到两个液压缸控制模块，在液压缸控制模块中对两条液压控制管线的压力值信号分别进行解码，然后经过液压自锁模块之后分别控制双联液压缸中的长液压缸和短液压缸，再由双联液压缸来控制流量控制阀的开度。

层位解码控制器主要是对两条液压管线的压力施加顺序进行解码，对于单一地层的液压解码装置来说，必须按照层位解码器中的第一个液缸先得压力，第二个液缸后得压力的顺序才能够对层位解锁模块进行解锁动作，控制管线中的液压才能继续向前运动，层位解锁模块的开启压力设置为2MPa，也就是压力首先要达到2MPa才能够开启整套液压解锁装置，这是为了防止液压控制管线中的压力波动而产生误操作[53]。

两个液缸控制模块中的结构基本相同，主要包括四个各自独立的液缸组成，其中后两个液缸与前端的单向阀组成常开液缸模块，当压力进入液缸控制模块时，压力会直接由常开液缸模块流到流量控制阀的控制液缸中，但是常开控制模块连接的是流量控制阀的关闭端，因此，压力进入的时候，流量控制阀并不会开启。常开模块的关闭压设置为3MPa，当控制管线中的压力大于3MPa的时候，常开液缸关闭，整个液压解锁模块的压力封闭。

液缸控制模块的前两个液缸与其前端的单向阀组成常闭液缸控制模块，其开启压力设置为4MPa，当压力大于4MPa的时候，常闭液缸控制模块会打开，液压油会流经此模块流到节流阀的双联液缸中，再由双联液缸来控制流量控制阀的开度，如图2-124所示[54]。

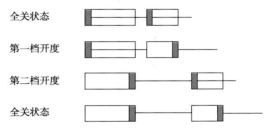

全关状态

第一档开度

第二档开度

全关状态

图2-124 四个开度下的双联液缸状态

液压解锁装置中的双联液缸是安装在流量控制阀中的，双联液缸中短液缸的行程设计为75mm，长液缸的行程设计为105mm，根据长液缸控制模块和短液缸控制模块的各自的开启以及关闭可以实现流量控制阀四个开度的控制，分别是：

a. 1号液压管线和2号液压管线的压力均小于3MPa，两条液压管线的液压同时流经两个液压控制模块的常开液缸控制模块流到双联液缸两个液缸的关闭端，双联液缸的总位移为0mm，流量控制阀关闭，此为流量控制阀全闭状态；

b. 2号液压管线压力大于4MPa，1号液压管线压力小于3MPa，短液缸的常开控制模块关闭，常闭控制模块打开，1号控制线的液压依旧流入到长行程液缸的关闭端，但2号控制线的液压会流经短液缸控制模块的常闭模块流到短行程液缸的开启端，长行程液缸仍然处于关闭状态，短行程液缸开启，双联液缸的总位移为75mm，此为流量控制阀第一个开度；

c. 1号液压管线压力大于4MPa，2号液压管线压力小于3MPa，长液缸的常开控制模块关闭，常闭控制模块打开，短液缸常闭模块再次关闭，常开模块再次打开，1号控制线的液压流到长液缸开启端，2号控制线液压流到短液缸关闭端，双联液缸的短液缸关闭，长液缸打开，双联液缸的总位移为105mm，此为流量控制阀第二个开度；

d. 1号液压管线压力大于4MPa，2号液压管线压力大于4MPa，短液缸控制模块和长液缸控制模块的常开控制模块关闭，常闭控制模块打开，双联液缸的两个液缸同时开启，此为流量控制阀全开状态。

将整个液压解码系统整合为一个液压解码装置，并分别针对每个模块的运动进行详细说明。

① 层位解锁模块。层位解锁模块结构图如图2-125所示，模块由两个微型液缸组成，液缸的左侧分别连接两条液压控制管线，当对两条液压控制管线施加压力时，液压会推动两个液缸向右运动，而液缸向右运动会推动单向阀中的小球，从而打开单向阀，使得液压控制管线中的压力可以通过液缸右侧的单向阀继续向下一个模块流动，液缸中原有的液压油会经过回油管线排出，在层位解锁模块的两个液缸中，第一个液缸有两道锁槽，而第二个液缸中只有一道锁槽，在第二道锁槽中装有一个小球，当两个液缸活塞均在左置位的时候，两个液缸活塞都可以向右运动，但当对某一条液压管线施加压力后，与这条液压管线相连的液缸活塞会向右运动，在运动过程中，球会被压迫进入另一个液缸的锁槽中，从而锁住另一个液缸活塞。当对控制管线1先施加压力时，与控制线1相连的第一个活塞会向右运动，从而锁住第二个活塞，但当第一个活塞移动至第二个锁槽时，活塞一到达移动极限，小球进入了活塞1的第二道锁槽，若此时对控制线2施加压力，与控制线2相连的活塞2仍然可以向右运动，并最终打开所有两个单向阀。但如果压力施加顺序是控制线2先施加压力，控制线1后施加压力，活塞2向右移动，活塞2只有一道锁槽，所以这便永久锁住了活塞1。通过这套装置，可以对不同的压力施加顺序信号进行解码，最终只分流出对于本地层来说的1号控制线先得压，2号控制线再得压的压力信号[59]。

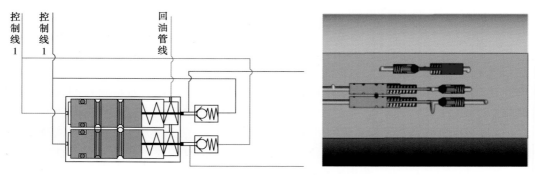

图2-125　层位解锁模块结构图

图2-126表示出了层位解锁模块的两种工作状态，当对于本层液压解码装置来说是控制线1先加压，控制线2后加压，则最终两个液压活塞均会向右移动打开右侧各自的单向阀，使得解锁另一条控制线，两路液压管线中的液压由均会向下继续运动。当加压顺序是控制线2先加压，控制线1后加压，则只有第二个活塞会向右移动，并锁住第一个活塞，而且由于两个活塞是分别用来解锁另一条液压控制线的，因此，两条控制线中的液压均无法通过层位解锁模块[60]。

② 液压回油管路自锁模块。液压回油管路自锁模块同样也是由两个液缸以及与其相连的两个单向阀成[61]。如图2-127所示，两条控制管线各自与一个液缸相连，并且两个液缸以串联的形式连接，当对某一条控制管线施加压力后，压力会将与其相连的液缸活塞推向左边，顶开左侧单向阀，从而连通该路的液压回油管路，由于两个液缸所控制的回油管路是串联连接的，因此，必须两条控制管线都有压力，才可以使液压回油管路连通[62]。

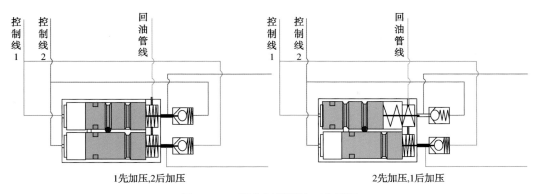

1先加压,2后加压  2先加压,1后加压

图 2-126　层位解锁模块工作原理

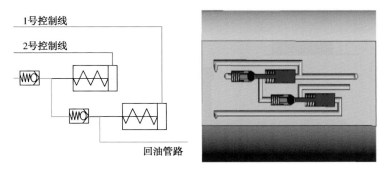

图 2-127　液压回油管路自锁模块结构图

③ 液压管路互自锁模块。如图 2-128 所示控制管线互自锁模块也是由两个液缸以及与其相连的单向阀组成，两条控制管线各自与一个液缸相连，但是，两个液缸是控制另一条控制管线的，如果对控制线 1 施加压力，控制线 1 推动与控制线 1 相连的液缸活塞向左移动顶开单向阀，从而连通 2 号控制管线的液压通道，同理，对控制线 2 施加压力就可以连通 1 号控制管线的液压通道，只有两条控制管线中都有压力时，才会将两条控制管线的液压通道都连通，使得控制管线中的液压油可以继续向下流动，完成剩余的动作[63]。

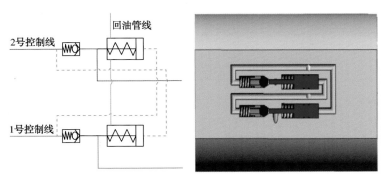

图 2-128　控制管线互自锁模块结构图

④ 压力值信号解码模块。压力值信号解码模块由两组液压解码模块组成，分别对液压控制线 1 和液压控制线 2 的压力值信号进行解码，然后分别控制双联液缸中的长行程液缸和短行程液缸，如图 2-129 为长行程液缸控制模块的原理图及结构图，以液压控制线 1 的压力值解码装置为例，来说明压力值解码模块的工作原理，压力值信号解码模块原理图如图 2-130 所示[64]。

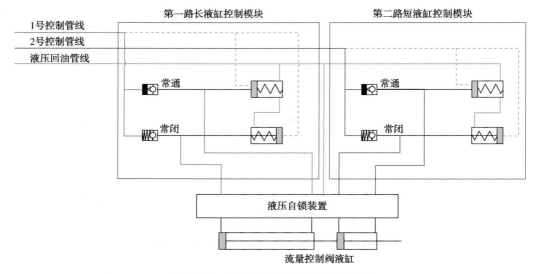

图 2-129 压力值信号解码模块原理图

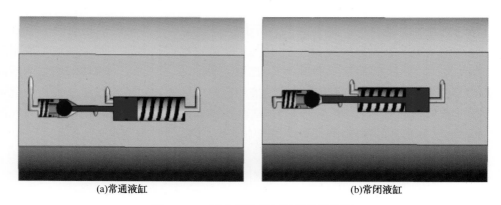

图 2-130 压力值信号解码模块结构图

压力值解码模块主要由四个液缸以及与其相连的单向阀组成，这四个液缸中，控制液缸 1 和控制液缸 2 是常闭液缸，如图 2-84 所示，设定常闭液缸的开启压力为 4MPa，常开液缸的关闭压力为 3MPa。当对液压控制线施加压力时，由于层位解锁模块的开启压力时 2MPa，因此在初期，1 号控制线的液压压力为 2MPa，此时，液压油直接流过常开液缸的单向阀，但是由于常开液缸模块的液压出口是连接在长行程液缸的关闭端，因此，长行程液缸并不会运动，依旧处于关闭状态，此时，整个液压系统的压力值维持稳定[65]。

　　调节地面控制系统的溢流装置，使得1号控制线的液压系统压力值提高到3MPa，此时，与1号液压控制线相连的常开液缸控制线压力上升到3MPa，达到了常开液缸的关闭压力，常开液缸关闭，与其相连的单向阀也随之关闭，常开液缸中原先储存的液压油由回油管路被排出，1号液压控制线与长行程控制液缸的连接被断开，但是此时长行程液缸依旧不会发生位移。

　　继续调节地面控制系统的溢流装置，使得1号控制线的液压系统压力值提高到4MPa，此时，与1号液压控制线相连的常开液缸控制线与常闭液缸控制线的压力值也均达到了4MPa，常开液缸继续关闭，而常闭液缸却开始打开，常闭液缸中的活塞向左移动，直到顶开与之相连的单向阀中的小球，常闭液缸控制的液压控制管线被连通，1号控制管线中的液压油流经常闭单向阀开始流向长行程控制液缸的开启端，长行程液缸被开启，而与之相连的流量控制阀也会开启。

　　调节地面控制系统的溢流装置，将控制线1的压力降回至3MPa，常闭控制液缸关闭，但是长开液缸也处于关闭状态，控制线1与长行程液缸的连接被完全切断，但是长行程液缸依旧处于开启状态。当继续降低控制线1的压力降至3MPa以下时，常开液缸再次打开，并且将与常开液缸活塞相连的单向阀顶开，液压油再次经过常开液缸的单向阀流至长行程控制液缸的关闭端，长行程控制液缸被关闭，此时就完成了上联液缸中某一个液缸的由开启-关闭的工作行程，另一组短行程液缸控制模块的工作原理与之完全一致，由此两个液缸共同作用，完成对流量控制阀四个不同开度的控制。

## 参　考　文　献

［1］贾礼霆，何东升，卢玲玲，等．流量控制阀在智能完井中的应用分析［J］．机械研究与应用，2015，28（01）：18-21.

［2］张亮，李瑞丰，刘景超，等．智能完井技术地面控制系统研究［J］．中国造船，2019，60（S1）：426-428.

［3］彭世金，黄志强，朱荣改，等．智能完井技术测试与控制系统设计［J］．测控技术，2015，34（10）：134-137.

［4］车争安，修海媚，谭才渊，等．Smart Well智能完井技术在蓬莱油田的首次应用［J］．重庆科技学院学报，2017，19（2）：47-50.

［5］张凤辉，薛德栋，徐兴安，等．智能完井井下液压控制系统关键技术研究［J］．石油矿场机械，2014，43（11）：7-10.

［6］盛磊祥，许亮斌，蒋世全，周建良，何东升．智能完井井下流量阀液压控制系统设计［J］．石油矿场机械，2012，41（04）：34-38.

［7］佘舟．智能井完井管柱优化设计［D］．西安：西安石油大学，2017.

［8］TAM-INTERNATIONAL. Swellable-Packers［EB/OL］. http：//www. tamintl. com/products/swellable-packers/freecap. html，2020.

［9］HALLIBURTON. Zonal-lsolationDevices［EB/OL］. https：//www. halliburton. com/en-US/ps/well-dynamics/well-completions/intelligent-completions/zonal-isolation-devices. html？ nav = en-US_completions_public&node-id=hfqel9vu，2020.

［10］Schlumberger. XMP－ProductionPacker［EB/OL］. https：//www. slb. com/completions/well－completions/packers/xmp-production-packer，2020.

［11］Schlumberger. MRP－MPPacker［EB/OL］. https：//www. slb. com/completions/well－completions/packers/mrp-mp-packer，2020.

［12］Schlumberger. QUANTUM－MultiPortPacker［EB/OL］. https：//www. slb. com/completions/well－completions/packers/quantum-multiport-packer，2020.

［13］Weatherford . Production－Packers［EB/OL］. https：//www. weatherford. com/en/products－and－services/completions/production-packers/，2020.

［14］BakerHughes. Premier-retrievable-feedthroughpacker. ［EB/OL］. https：//www. bakerhughes. com/completions/intelligent-completions/feedthrough-packers/premier-retrievable-feedthrough-packer，2020.

［15］BakerHughes. Octopus－retrievable－ESPpacker. ［EB/OL］. https：//www. bakerhughes. com/completions/intelligent-completions/feedthrough-packers/octopus-retrievable-esp-packer，2020.

［16］贺前龙. 智能井液压控制管线流动特性分析［D］. 成都：西南石油大学，2020.

［17］曹慧哲，贺志宏，何钟怡. 有压管道水击波动过程及优化控制的解析研究［J］. 工程力学，2008，25（6）：22-26.

［18］陈惠卿. 工程机械用液压油的选择［J］. 液压气动与密封，2012(12)：51-56.

［19］黎文清，李世安. 油气田开发地质基础［M］. 北京：石油工业出版社，1993.

［20］南海高温高压气井外部温度场建立与井底压力计算［J］. 中国海上油气，2019，31(4)：125-134.

［21］时培成，王幼民，王立涛. 液压油液数字建模与仿真［J］. 农业机械报，2007，38(12)：148-152.

［22］Wylie E B，Streeter V L. Fluid Transients［M］. New York：McGraw-Hill，1978.

［23］Xu，Chao，Chen，Tehuan，Loxton，Ryan，et al. Water Hammer Mitigation via PDE－constrained Optimization［J］. Control Engineering Practice，2015，45：54-63.

［24］Rolf J. Lorentzen，Ali Shafieirad，et al. Closed Loop Reservoir Management Using the Ensemble Kalman Filter and Sequential Quadratic Programming［J］. Society of Petroleum Engineers，2008：1-12.

［25］杨沛然. 流体润滑数值分析［M］. 北京：国防工业出版社，1998.

［26］B. Bode. Verfahren zur Extrapolation wichtiger Stoffeigenschaften von Flüssigkeiten unter hohem Druck. Tribologie und Schmierungstechnik，1990，37(4)：197-202.

［27］Mobil. MRDC/LD Joint Research Project CR-33(Industrial Hydraulic Oils). Physical Propertiesof Hydraulic Oils. September，1971.

［28］张雪颖，索丽生，胡爱宇，陈美亚. 压力钢管荷载中静水压力与水击压力的相关性研究［J］. 水电站设计，2003(03)：18-19+44.

［29］安德森. 计算流体力学入门［M］. 北京：清华大学出版社，2010.

［30］黎文清，李世安. 油气田开发地质基础［M］. 北京：石油工业出版社，1993.

［31］时培成，王幼民，王立涛. 液压油液数字建模与仿真［J］. 农业机械学报，2007，38(12)：148-152.

［32］冯斌. 液压油有效体积弹性模量及测量装置的研究［D］. 杭州：浙江大学，2011.

［33］薛晓虎，杜金凤. 柱塞泵效率特性的分析和研究［J］. 液压与气动，2003，(12)：43-46.

［34］姚军，刘均荣，张凯. 国外智能井技术［M］. 北京：石油工业出版社，2011.

［35］Halliburton. IntervalContro［EB/OL］. http：//www. halliburton. com/ps/default. aspx？navid＝1317&pageid＝2606&prodgrpid＝PRG%3 a%3aK4DI5E8Z，2011.

[36] Ricardo Tirado. Hydraulic Intelligent well Systems in Subsea Application：Options for Dealing with Contr ol Line Penetrations[R]. SPE 124705, 2009. 10：2-4.

[37] V Touurillon, E R Randall, B Kennedy. An Integrated Electric Flaw-Control System Installed in the F-22 Wytch Farm Well[R]. PE 90566, 2004, 10：1-4.

[38] 罗美娥. 智能完井技术简介[J]. 国外油田工程，2004，20(2)：65.

[39] 钱杰，沈泽俊，张卫平，郝忠献. 中国智能完井技术发展的机遇与挑战[J]. 石油地质与工程，2009，3，23(2)：76-77.

[40] Jack Ange1. Intelligent well systems-where we are been and where we are going[J]. World Oil, 2003, 224 (3)：23-26.

[41] Marwan Zarea, Saudi Aramco, Ding Zhu. An Integrated Performance Model for Multilateral Wells Equipped with Inflow Control Valves[R]. SPE142373, 2011, 4：1-4.

[42] 姚军，刘军荣，张凯，国外智能井技术[M]. 北京：石油工业出版社. 2011.

[43] 阮臣良，朱和明，冯丽莹. 国外智能完井技术介绍[J]. 石油机械，2011，39(3)：82-84.

[44] 张亮，刘景超，李瑞丰，等. 智能完井系统关键技术研究[J]. 中国造船，2017，58(S1)：572-578.

[45] 朱欢. 智能井流量控制阀流场数值模拟与冲蚀研究[D]. 成都：西南石油大学，2019.

[46] 贾礼霆，何东升，卢玲玲，等. 流量控制阀在智能完井中的应用分析[J]. 机械研究与应用，2015，28(01)：18-21.

[47] 周建. 水平井井下液流控制阀设计[D]. 成都：西南石油大学，2012.

[48] 杨继峰. 智能井用精细可调流量控制阀研究[D]. 东营：中国石油大学，2013.

[49] 王金龙. 多层合采智能井流入动态及控制装置研究[D]. 北京：中国石油大学，2016.

[50] 周建. 水平井井下液流控制阀设计[D]. 成都：西南石油大学，2012.

[51] 梁志斌. 智能井井下流量控制阀设计与分析[D]. 成都：西南石油大学，2013.

[52] 盛磊祥，许亮斌，蒋世全，等. 智能完井井下流量阀液压控制系统设计[J]. 石油矿场机械，2016，41(4)：34-38.

[53] 郭栋. 智能井井下流量控制器参数化设计及分析[D]. 成都：西南石油大学，2018.

[54] 赵康. 智能井井下流量控制器集成化设计及分析[D]. 成都：西南石油大学，2017.

[55] V M Birchenko, M R Konopczynski, D R Davies. A Comprehensive Approach to the Selection Between Passive and Active Inflow Control Completion[C]. IPTC 2008：International Petroleum Technology Conference, 2008.

[56] KaiSun, CraigCoull, Jesse Constantine, Kenneth. Albrecht, Ricardo Tirado. Modeling the Downhole Choking's Impacts on Well Flow Performance and Production Fluid Allocations of a Multiple Zone Intelligent Well System[C]. SPE 113416, 2008.

[57] Williamson. Infinitely variable control valve apparatus and method[C]. SPE：US6715558B2, 2004.

[58] Rolf J. Lorentzen, Ali Shafieirad, et al. Closed Loop Reservoir Management Using the Ensemble Kalman Filter and Sequential Quadratic Programming[J]. Society of Petroleum Engineers, 2008：1-12.

[59] Yan Chen, Dean S Oliver, et al. EffcientEnsemble-Based Closed-Loop Production Optimization[J]. Society of Petroleurm Engineers, 2008：1-19.

[60] Patrick Meum. Optimization of Smart Well Production through Nonlinear Model Predictive Control[J]. Society of Petroleum Engineers, 2008：1-11.

［61］Ahmed H. Alhuthali，Akhil Datta-Gupta，et al. Field Applications of Waterflood Optimization via Optimal Rate Control with Smart Wells［J］. Society of Petroleum Engineers，2009：1-21.

［62］Jameel U. Rahman，Cifford Allen，Gireesh Bhat. Second-Generation Interval Control Valve（ICV）Improves Operational Efficiency and Inflow Performance in Intelligent Completions［J］. North Africa Technical Conference and Exhibition Cairo，Egypt，2012

［63］王金龙，张宁生，汪跃龙，等. 智能井系统设计研究［J］. 西安石油大学学报（自然科学版），2015，30（1）：83-88.

［64］王兆会，曲从锋，袁进平. 智能完井系统的关键技术分析［J］，石油钻井工艺，2009，31（5）.

［65］翟光明，王世洪. 中国油气资源可持续发展的潜力与挑战［J］. 中国工程科学，2010，12（1）：4-10.

# 03 第三章
## 井下信息传感与
## 信息传输技术

智能完井系统需要同时完成井下数据监测和远程控制井下开采两大功能。根据智能完井各单元在整个系统中所起到的作用，主要有以下模块和控制单元：用来收集井下储层温度、压力和流量等参数的井下传感器；封隔临近的储层，避免高压油、气窜层的穿线式封隔单元；控制井下 1 个或多个储层的开启、关闭和节流的层段控制阀单元；传输井下数据信号，传达地面控制指令的数据传输和控制系统；地面中央控制系统。

井底传感器及测量技术、信息传输技术、井底机电控制技术是电控智能完井技术的三大技术难点。这些技术需要克服恶劣的井下工作环境，包括高温、高压、强腐蚀、电磁干扰等。

① 高温井下数据采集的主要问题是电子元件的耐高温能力，现有的高温高压传感器、信号传输系统在高温、高压、腐蚀性井下环境中的长期稳定性和工作寿命难以达到永久井下监测的要求。

② 井下控制电路板、执行机构和测量传感器的封装。井下电子测控系统应封装良好，防止油和杂物进入导致功能失效，对封装与密封提出了很高的要求，对可动执行机构还要求具有抗磨蚀能力。

③ 微机电系统的研究。由于井下空间的限制，在小空间内安置传感器和执行机构，并且安装固定电缆、封装接口，对于传动系统结构设计、传感器和电机选型、供电方式有诸多的限制。

伴随着智能完井在油田中的广泛应用，作为智能完井最重要的组成部分之一的井下信息传感系统也越来越受到人们的广泛关注。井下信息传感系统由井下信息采集系统、井下信息传输系统、井下信息处理系统组成[1]，它可以通过各类传感器对井下进行实时采集、传输和分析，并处理井下所需要的检测的信息，如生产状态、油藏状态和全井生产链数据资料，并根据井下生产情况对油层进行遥控配产和尽量提高油井产量，明显减少修井作业，从而提高整个油田在生产年限内的投资回收率。

井下数据采集系统主要采集的参数种类有井下温度、压力和流量以及设备的运行情况等，所采集的产层数据可以作为井下作业措施和安全防护措施以及科学管理的参考依据[2]。井下信息传输系统井下数据传输系统是连接井下工具与地面计算机的纽带，这种传输系统能将井下的数据和控制信号，通过永久安装的井下电缆中专用的双绞线，在井下与地面间进行数据传输。其作为井下仪器与地面系统之间的媒体，能分时传送多种数据，要求能进行数据的高速传输，并能很好地与井下仪器组合[3]。井下数据处理系统通过传输系统采集到的井下的压力、流量等数据是进行生产优化、科学决策的重要依据。但由于井下生产环境复杂、油水井工作制度改变、井下设备异常等因素的影响，采集到的原始数据中未免会包含有大量噪声、异常信息，在石油工程师对这些生产数据进行分析并形成决策之前，非常有必要对原始数据进行处理和加工，以提供有效、可用的数据信息[4]。

## 3.1 智能井测控研究应用现状

智能完井技术允许作业者收集、传输和分析井下数据；远程控制选定的储层；在不干预的情况下，最大限度地提高储层的短期和长期效率。以下对近年来各大油服公司在智能完井测控研究先进技术进行介绍。

### 3.1.1  Halliburton，EcoStar™井下安全阀

EcoStar™TRSVs 是世界上第一款全电动油管可回收安全阀，它省去了液压液，实现了全电动完井系统，最大限度地降低了电子器件暴露在生产的井筒流体中的风险，同时保持了与目前传统安全阀相同的安全机制[5]。EcoStar e-TRSV 提供完全开启和完全关闭的直接位置反馈，包括与地面之间的传感器通信，使其具备了当今其他任何安全阀无法实现的分析和诊断功能。该技术于 2017 年 5 月获得 OTC 大奖，随后继续获得《世界石油》最佳 HSE 和可持续发展(海上)提名奖。Total 于 2016 年在一套全电控系统中已经安装了 EcoStare-TRSV。除了其安全优势，通过使用 EcoStare-TRSV，将水下项目的安全阀从液压控制改变为全电控，可以节省高达 40%的成本[6]。

该电控启动方面取得的突破，得益于在启动器和安全阀之间的一个独特的耦合机构。该阀设计和加工了一个位于井筒之外，可以容纳井下电子元件和电控启动器的腔，将其完全与井内压力和井内流体的不利影响隔离。这使得电子元件在整个油气井生命周期都具备足够的可靠性，而这一点是使用安全阀的强制性要求。此外，EcoStare-TRSV 提供完全开启和完全关闭的直接位置反馈，包括与地面之间的传感器通信。该数据可用于分析和诊断，而当今其他任何安全阀都不具备此功能。EcoStare-DHSV 无须液压控制管缆，从而可以降低复杂油田开发项目中的资本支出和运营成本。就油田开发长远来看，EcoStare-TRSV 还有助于消除液压流体泄漏或溢出造成的潜在环境影响。

### 3.1.2  Weatherford 的 OmniWell 系统

OmniWell 中含有一系列监测压力、温度、流量、声波和地震活动的工具。这些工具能够进行数据采集、信息管理以及井型分析工作。该方案采用单根电缆测量井下数据，集成多个测量源，可实时监测井下数据，能够提供信息帮助加快生产，降低作业风险，将油藏采收率最大化。OmniWell 中含有电子硅绝缘片(SOI)计量表、光学传感器及石英压力计等，可监测压力、热量、流量和地震活动。该系统可以配置不同的功能以满足不同的生产环境需要，确保所有的井都可以找到合适的方案。

OmniWell 系统在井下安装耐用的组件，在地面配备可靠的仪器，可用于对精度和分辨率要求极高的环境中。光纤传感器可以监测井内的温度和压力，最高温度达 572℉ (300℃)，最高压力达 30000psi(268MPa)，石英压力计的额定最高温度达 392℉(200℃)，最高压力达 25000psi(172MPa。)在深水复杂环境中，实时测量多产层井和分支井等井的流量对优化生产十分关键。这些数据可以减少或避免地面试井及其相关的作业、安全和环境风险。OmniWell 系统配备有光学流量计，可测量单相和多相流流量。该光学流量计具有双向、可扩展的测量功能，满足任何管道尺寸，且不限制流道。光学流量计配合 Red Eye 可追踪整个油井生产周期内的产水量。通过测量某一产层一定时间段内(例如每米间隔)的温度变化，分布式温度传感系统(DTS)可以绘制整口井的温度剖面。这些数据可以用来监测水、蒸汽和注入气体的特性，优化气举作业，以及鉴别油管或套管泄漏、流动受阻或漏失层等情况下的流量异常现象[7]。

### 3.1.3　Schlumberger WellWatcher Flux 系统

WellWatcher Flux 是 Schlumberger 完井技术之一，包括测量仪、DTS 系统、智能接箍等。WellWatcher Flux 多层性油藏监测系统可获得沿感兴趣区域的高分辨率分布温度测量以及离散的压力和温度测量。该系统通过使用现场验证过的感应耦合技术，将监控范围扩展到较低的完井作业。该系统特别适用于海下井和多级完井，所获得的数据可用于描述油藏特征，优化产量和油藏枯竭。

WellWatcher Flux 系统站点配备了 WellWatcher extend 高分辨率双传感器 PT 测量仪，它可以提供封隔器上下井的压力和温度读数。微型化、密封数字温度传感器阵列提供的温度测量阵列的分辨率比光纤高 100 倍。该传感器基于铂电阻式温度检测技术，在 1min 的采样率下分辨率为 0.0054℉[0.003℃]，精度为 0.18℉[0.1℃]。单根永久性双绞线电缆和感应耦合提供了双向高速率功率和遥测，简化了安装，只需一次井口穿越。集成在油管或套管中的感应耦合器实现了完井的无线通信和电力传输。联轴器不会受到岩屑的影响，并且不需要井下湿接头。

WellWatcher 流量系统采用了最先进、最成熟的测量技术，长期可靠性源于多种特性。耐高温多芯片模块电子和石英传感器，专有的双向遥测技术，用于监测和诊断的系统，Intellitite 井下双密封干接头，固件下载功能。地面采集系统使用行业标准协议将数据传输到世界各地的运营商，实时分析和热建模可以在不影响生产的情况下监测、表征和管理流动剖面。表 3-1 为该系统的温度传感器特性，表 3-2 为该系统的压力和温度传感器规格，传感器均能在 150℃以下、137.9MPa 以下的高温高压环境下稳定工作 10 年[8]。

**表 3-1　温度传感器特性**

| 工作温度等级/℉[℃] | 32~302[0~150] | 设计寿命 | 10 年，在 302℉[150℃] |
|---|---|---|---|
| 工作压力等级/psi[MPa] | 20000[137.9] | 最大每个阵列传感器数 | 60 |
| 测试压力额定值/psi[MPa] | 22000[151.7] | 采样率/s | 60 |
| 传感器直径/in[mm] | 0.6575[16.7] | 阵列功率/W | 3（60 个传感器） |
| 传感器长度/in[mm] | 15.6[397] | 多点串行通信 | RS-485@2400baud |

**表 3-2　压力和温度石英传感器规格**

| 工作温度/℉[℃] | -13~302[-25~150] | 设计寿命 | 10 年，在 302℉[150℃] |
|---|---|---|---|
| 工作压力/psi[MPa] | 20000[137.9] | 典型耗电量/W | 3 在 302℉[150℃] |
| 测试压力额定值/psi[MPa] | 22000[151.7] | 传感器压力端口读取选项 | 管状，环形，控制管线 |
| 传感器直径/in[mm] | 1.25[3,175]（径向连接除外） | 压力漂移/（psi/年） | 3.5 在 302℉[150℃] |
| 长度/in[mm] | 110（含电缆头、y 轴） | | |

### 3.1.4　Schlumberger IntelliZone 系统

IntelliZone CoMPact II 模块化多产层管理系统能够最大程度地控制油井产量，降低完井成本，简化作业计划。该系统包含设计和生产建模引擎、集成的完井模块以及功能强大、用户界面友好的远程监控系统。IntelliZone 系统在多产层的井中可提供每层的压力和温度等参数，并可以对不同产层进行无缝层位封隔和控制。无论是通过本地 SCADA 还是通过远程连接，该系统的通信能力都可以满足优化储层开采、方便试井、实时监测井底条件变化的需求。

系统完井系统设计软件集成并简化了系统部署和操作。它利用油井和油藏的数据来优化完井设计，模拟单个分层生产，验证设备的操作方案，并确定响应时间。它还生成设备操作清单，可直接上传到 Schlumberger 制造中心，以最大限度地减少潜在的人为错误。

IntelliZone 系统集成了一个四位置流量控制阀、一个阀门位置传感器、一个电子式抗噪声压力温度仪表、一个封隔器和一个可选的多站通信模块。根据功能需要，该紧密型单元的长度从 17ft 到 32ft 不等。模块化组件经过设计、预组装和预测试，集成为一个单元，为快速、可靠的部署做好准备。TRFC-IZ 节流器位置通过流量控制阀内嵌的绝对位置传感器在地面实时监测，确定地识别节流器位置。内置的夹持装置确保了在操作过程中阀门的位置不会发生意外变化，而特殊的保护套管防止节流密封暴露在侵蚀性井筒流体中。IntelliZone 系统管理 $n$ 层产层需要 $n+1$ 液压控制线。另外，可选的多站通信模块只需一根电缆，就可以获取多达八个层的压力、温度数据和流量控制阀节流器位置，永久性井下仪表可以提供环空和油管测量。Intellitite 井下双密封干式连接器确保了监测系统的可靠性，采用多通道封隔器，液压坐封封隔器有两种回收方式：剪切解封和直拉解封。这些封隔器可以隔离不同的产层，允许穿过控制线。

地面控制系统由液压动力单元(HPU)和逻辑程序控制和操作系统 WellWatcher 指令多井采集单元组成，该系统可以自动将液压顺序指示到适当的控制管线，从而实现多流量控制阀的可靠远程操作。另外，井眼监视指导单元获取和存储井下测量数据、节流数据以及地面 HPU 数据；它还可以检测警报。操作人员可以轻松地与地面系统交互，实时查看区域数据、快速控制井下阀门、微调井产量、存储历史数据以及管理授权。通过本地 SCADA 系统或远程连接，该地面系统的远程通信能力便于油井测试、诊断和生产优化[9]。

如图 3-1 所示为一部署 IntelliZone CoMPact

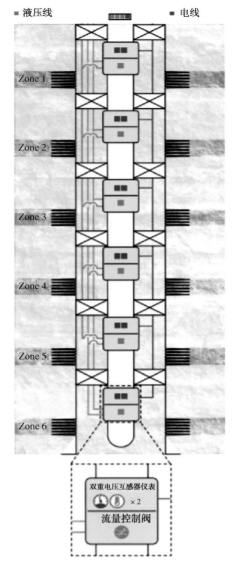

图 3-1 六产层 IntelliZone 系统结构图

II 系统的六产层完井系统，仅用三条液压管路就可以控制六个区域，一根电缆获取井下传感器信息。通过 WellBuilder 完井系统设计软件配置井下工具和控制线的数量，并可使用井下数据模拟生产情况、比较完井设计、优选最佳完井方案。操作软件 IntelliZone 的可视化控制软件可使操作者通过简单的双击命令对井下阀门进行感应控制，可更加轻松地管理油井的生产过程。

### 3.1.5 PulseEight 系统

PulseEight 动态井下油藏管理系统是世界上第一个可重新部署的无线完井装置，具有完善的控制、电源、监控和通信功能。与固定的智能完井技术相比，操作员可以在任何深度的任何一口电缆上部署 PulseEight，对其进行编程以动态管理无限可变的排水情况，然后在其他地方进行拉拔、重新编程和部署。将 PulseEight 用作智能资产代表了一种更灵活的完井方法，可提供响应生产过程中储层动态变化的系统。

为了使这种方法成为可能，Tendeka 率先开发了"流体谐波遥测技术"，该系统采用独特的压力脉冲遥测技术，适用于多相流体环境，能够实现井眼的监控系统与井口之间的无线通信传输。另外在微处理器驱动下，PulseEight 全电子系统能够经过编程对地上的无线指令进行响应，或对油气井环境变化作出反应（例如关井），或对压力或流量变化作出反应。其先进的软件远程管理程序，为优化生产提供数据管理与评估服务，实现真正的数字油田智能完井，表 3-3 所示为 PulseEight 系统技术规格[10]。

**表 3-3　PulseEight 系统技术规格**

| 外径范围 | 2.25~5.50in | 静密封等级 | 1500psi |
| --- | --- | --- | --- |
| 最大流量 | 30000bbl/d | 最大设计温度 | 150℃/302℉ |
| 最大长度 | 30.30ft | 最大操作温度 | 110℃/230℉ |
| 压力等级 | 10000psi | | |

如图 3-2 所示为一安装 PulseEight 设备的工作原理图，可利用现有井下的电池供电和传感器读取信号，通过 PulseEight 间隔控制阀（ICV）实现双向通信，该设备将压力/温度数据发送至地面，然后在多相流体环境中，压力脉冲向井下传送与 ICV 实现通信。储层流体经过该工具上的开口向地面流动。通过短暂的节流，创造一个可在地面监测到的井下压力响应。地上记录仪识别出六个压力脉冲。脉冲之间的时间间隔经分析转换为一个独特的二进制代码，解码后可显示压力和温度读数以及工具状态信息。井口布置了多个脉冲，用于地面与井下的 PulseEight 设备之间的通信。每个设备只响应唯一一个脉冲序列，进行开、关、节流或者调整变量的动作。

PulseEight 系统通过取消传统液压或电气控制线路简化了操作。由于不再需要井下连接，显著降低了系统成本，改善职业健康、安全与环境。此外该系统每个设备具有无级可调节流与密封，功能独立，具有模块化的灵活性，可以满足从低成本单区域监测到多区域多分支全覆盖的测量和控制等不同的需求，再加上精确的压力和温度测量，从而实现最佳控制。PulseEight 系统具有以下功能特点：采用独特的压力脉冲遥测技术，不再需要井下电缆；没有深度限制因此无须信号增强器；与现有地面设施连接，无须额外配置地面装备；无级调节节流优化生产。PulseEight 智能完井技术安装便捷，经济高效，具有广泛的应用。适用于未开发区域、再开发区域、延伸井和多分支井的水及油气控制。可在完井阶段进行安装，或改装后用于现有的生产井，简化完井操作，减少钻机时间，最大限度地提高产量。

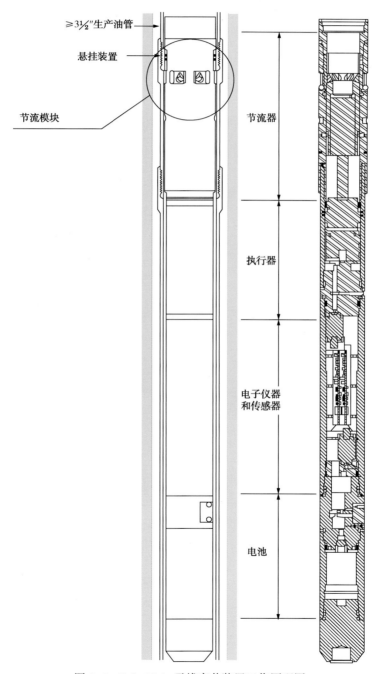

≥3½″生产油管

悬挂装置

节流模块

节流器

执行器

电子仪器
和传感器

电池

图 3-2　PulseEight 无线完井装置工作原理图

## 3.2 压力温度传感器

智能完井技术通过把各种传感器长期放置在井下，可以对井下的各特征参数进行实时动态监测。传感器类型分为压力、温度、流量、黏度、流体识别、流体速度测量等，常用的是压力、温度和流量传感器。如图 3-3 所示为 Halliburton 的智能完井井下监测系统示意图[11]，其中 ROC Gauge 可以监测温度和压力，绿色管线为光纤用于传输检测信号。因此传感器可以在套管外壁上使用压力、电阻率、声波等永久性传感器来估算渗透率、孔隙度、饱和度，并监测近井筒水/洪水前缘的侵蚀情况[12]。

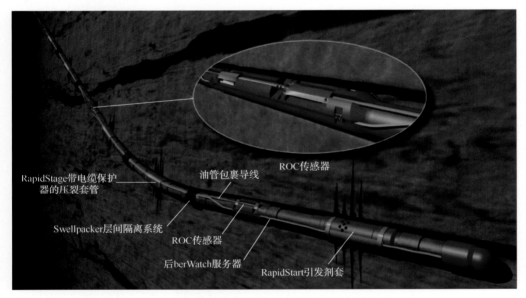

图 3-3　智能完井井下监测系统示意图

### 3.2.1 电子式传感器

电子式压力传感器在井下压力监测中仍应用较为广泛，大多数电子式压力传感器都以石英或硅蓝宝石晶体为核心部件。这是因为晶体结构和特性的稳定性较好，相比于其他应变材料，用石英或硅蓝宝石晶体制作的压力传感器精度可以达到 0.1 级甚至更高，温度漂移量和年漂移量累计小于 5%，

泛美能源公司开发的高温井下传感器视图如图 3-4 所示。

莱顿集团开发的高温高压传感器 HP/HT DP-P 如图 3-5 所示。

### 3.2.2 井下光纤传感器

（1）井下光纤温度传感器

由于油井井下的条件较为复杂，常规的传感器的测量过程受到了很多的限制。在这样的实际情况下，光纤传感器作为一种新型的传感器就体现出了其本身具有的很大的优越性，

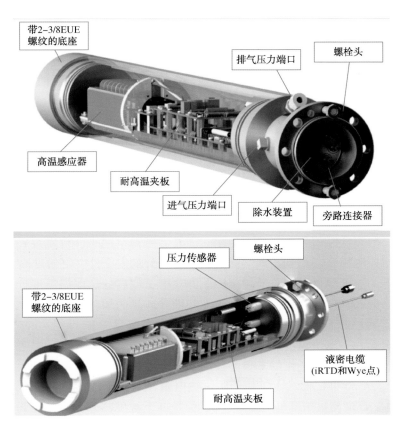

图 3-4　高温井下传感器传感器详细视图

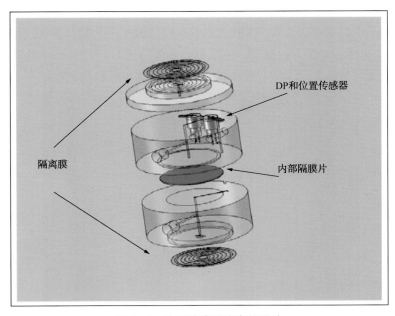

图 3-5　差压传感器胶囊的设计

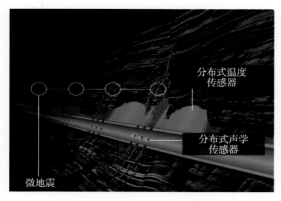

分布式温度传感器

分布式声学传感器

微地震

图 3-6  井下 DTS、DAS

光纤传感器的基本原理就是通过分析反射光波中的波幅、相位、波长等信息获取到油井内部的压力、温度等信息。光纤传感器中的每根光纤都可以变成用于温度 DTS（Distributed Temperature Sensor）、声学 DAS（Distributed Acoustics Sensor）和应变 DSS（Distributed Strain Sensor）测量的全分布式传感器，也可以用于井下电力传输或数据遥测，如图 3-6 所示。光纤传感器和以电为基础的传统传感器相比，具有以下优点：抗电磁干扰、尺寸小、重量轻、强度高、耐高温、耐腐蚀、信号损耗低、使用时间长、所需空间小，可实现长距离传播；可实现分布式分布检测模式，得到不同层面的信息；良好的安全性、灵敏度高[13]。

　　油气井井下的温度测量早期是通过生产测井仪器上安装的热电偶温度计进行的。温度数据一般用于生产井和注入井产液剖面和水泥环固井质量的辅助定性分析，不足以单独作为定量解释的依据。为了实现对井下温度长时间的实时监测，20 世纪 60 年代起，即在井下尝试安装永久式井下电子温度计，它能帮助提高生产力，提供可靠、实时、永久监控的井下条件。由于传感器长期工作的失败率较高，测量准确性受井况影响较大，其进一步应用受到阻碍[14]。从 20 世纪七八十年代开始用热电阻作为温度的传感元件，使得精确性和稳定性得以提高，温度测量精度可达到 0.3℃，但是井下温度传感器大多是为了寒冷地区冻土层的生产井测试而开发的，因此温度测量范围较小，一般不超过 140℃，且只能测量井筒内单点温度，对于深井和热采井均不适用。分布式光纤温度传感器于 1993 年首次在壳牌（挪威）石油公司的 Brunei 油田海上生产平台进行安装应用[15]。近 20 年来，井下传感器功能进一步提升，在海上生产井和陆上高产井获得广泛应用，图 3-7 为光纤分布式传感器井下监测位置[16]，并逐步实现了对压力、温度、流量和多相流监测，同时与多种类型的井下流动控制装备组成智能完井系统，试图实现对油气井生产的远程监测和自动控制[17]。

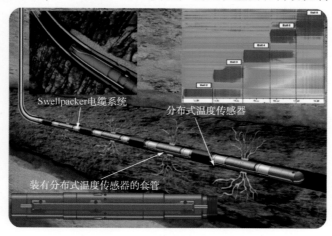

Swellpacker电缆系统

分布式温度传感器

装有分布式温度传感器的套管

图 3-7  光纤分布式传感器井下监测位置

传感器的基本工作原理是将被测的对象的某种变化转化为相同种类的或者其他种类的信号的变化。光纤传感技术就是在此基础上，伴随着光纤通信技术的蓬勃发展而逐渐发展形成的一种以光作为载体、以光纤作为传播媒介、可以通过这种方式传输被测信号的新型传感技术。光纤传感器自光纤传感技术诞生之日起就在不断地发展进步，时至今日已经在很多领域中取得突破，发展出多种类型、多种用途的光纤传感器。

在井下应用中，光纤温度传感器比传统的量规具有几个明显的优势，包括不需要井下电子设备，抗电磁干扰参考和辐射，单点和分布式传感能力。光纤温度传感器可测量许多井下参数，可以降低生产成本，提高操作和环境安全，最显著地提高产量。

光纤感知系统通过其分布式感知能力、多通络和高温运行能力使其在监测更大规模油气层流体运动方面占据优势。光纤分布式温度传感器 DTS（Distributed Temperature Sensor）是井下应用最为流行的光纤传感器。图3-8为光纤 DTS 的工作原理[18]。光纤束兼具传感元件和数据传输媒介的功能。光纤 DTS 系统借助一激光器发送光脉冲通过一导向光耦合器并下行至光纤。来自每个脉冲的光被多个机械装置分散开，包括 Raman 散射。Stokes Raman 波段与反 Stokes Raman 波段的比率与光纤长度上产生的温度成正比。通过时间取样和采用恒定的光速，光纤沿线的距离能够被估算出来。光纤 DTS 能够提供沿光纤全长温度持续变化的情况。

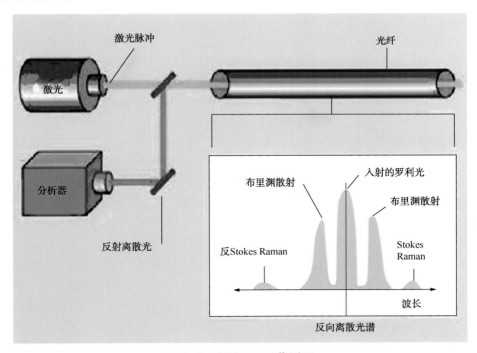

图3-8　光纤 DTS 工作原理

光纤 DTS 的应用是监测注水蒸气重油开采系统。蒸汽被注入重油层用以降低油的黏度，使稠油能够开采出来。井下蒸汽温度可高达250℃以上。

图3-9是一个蒸汽驱观察井内光纤温度监测的一个应用。蒸汽被注入三层砂岩，但在

监测的开始阶段蒸汽就已经到达位于观测孔位置较浅的二层砂岩。光纤 DTS 探测到 15 个月后蒸汽已突破顶层砂岩。

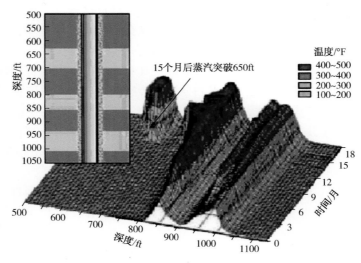

图 3-9　井内蒸汽流的光纤温度监测

（2）井下光纤压力传感器

压力传感器是工业生产当中最为常见的传感器之一，为了满足压力测量的实际情况，压力的测量对于提高石油的采收率来说至关重要。无论是在钻井的设计过程之中还是在投入生产之后，可以说在油井井下作业的各个阶段都必须准确地测量出地层压力，从而帮助降低生产风险，提高采收比率。具有可同时准确测量压力、温度、应变等多个参量的特点。

压力传感器有很多不同的种类，比较常见的传统的压力传感器有波登管式压力传感器、应变片式压力传感器和压阻式压力传感器等。光纤传感器由于其优于传统传感器的种种优点已经在逐渐取代这些传感器，常见的比较典型的光纤压力传感器有光纤微弯压力传感器、光纤应变式压力传感器和光纤光栅压力传感器等。通常情况下，光纤压力传感器可以根据其本身对于光信号进行调制的方式的不同而分为相位调制型光纤压力传感器、长调制型光纤压力传感器和偏振调制型光纤压力传感器等。

在众多的光纤压力传感器中，可用于油井井下测量的光纤传感器主要有非本征法布里珀罗光纤传感器、布拉格光栅光纤传感器等。

① 非本征法布里珀罗光纤传感器：波长编码型传感器，具有可同时准确测量压力、温度、应变等多个参量的特点。

非本征法布里珀罗光纤压力传感器最早应用于战斗机的机身压力测量，具有制作相对简单、灵敏度较高和反应快的优点，自问世以来受到了众多研究机构的高度重视，如今已经取得了极为迅速的发展。最早的非本征法布里珀罗光纤压力传感器是把入射光纤和反射光纤都放置于和外部光纤尺寸匹配的毛细管中，使用环氧性树脂胶粘贴固定外部光纤和毛细管。不过，这种设计存在着不少的弊端，环氧性树脂胶的热膨胀系数比较大，不能在高温的情况下使用，在长期连续的测试中，也会出现失效的问题。因此，使用环氧性树脂胶制作的光纤传感器的敏感度过高、稳定性不足，一度限制了其在工业领域的应用与发展。

② 布拉格光栅光纤传感器：波长编码型传感器，具有可同时准确测量压力、温度、应变等多个参量的特点。Schlumberger 对使用的单模侧孔光纤采用布拉格光栅压力传感器通过低温敏感效应对高压作出回应进行论证。借助压力作用，在光纤覆层气孔内引入双折射，造成双峰值光谱输出。由于双峰间距对压力敏感，但对温度却不太敏感，所以布拉格光栅压力传感器能在非常高的温度下运行[18]。

这里介绍一种基于光纤非本征型 Fabry-Perot(F-P) 腔的波长解调型光纤压力传感器系统[19]。该系统采用激光熔接制作的光纤 F-P 传感头，具有测量动态范围大、温度敏感性小、耐高温和长期工作稳定等优点，在压强 0~30MPa 范围内，系统压力测量分辨率达到 0.003MPa，温度敏感性小于 0.002MPa/℃。非本征型光纤 F-P 压力测量系统如图 3-10 所示。主要由光纤 F-P 传感头、扫描激光解调仪(Micron Optics Inc.，Si720)和工业控制计算机组成。

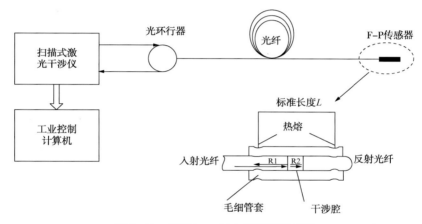

图 3-10　光纤 F-P 压力传感测量系统

光纤 FP 传感器由根端面平行的光纤和与光纤外径匹配的毛细管构成，毛细管内 2 个平行的光纤端面和其间的空气隙形成 F-P 腔，当外界压力发生变化时，引起 F-P 腔长的改变，从而引起反射光谱的改变，通过检测反射干涉光谱的移动实现压力信号解调。

## 3.3　多相流量计

在工业生产过程中比较常见的是气液、气固、液固、液液两相流，气液固三相流和油气水三相流等，在石油工业中，还有油气水沙同时流动的四相流。多相流的待测参数多且流动过程十分复杂，难以用数学公式完全描述，给测量带来困难[20]。以三相流为例，若想获得各分相流量，需要检测出三相流量总流量，以及各分相含率，至少四个待确定参数，完井工程对于多相流的需求也是不同的，待测参数会更多。

### 3.3.1　多相流计量技术

多相流计量技术是指油井产出的油气水混合物在进入计量装置前不进行分离就计量的技

术。伴随着石油工业高含水期开采阶段的需求，需要能保证流量测量精度高且范围宽、可连续测量、抗干扰能力强、体积小、实时反映油井生产动态流量的测量流量计。随着沙漠、海洋、极地恶劣环境条件下的油气田开发，投资规模成倍增加，同时计算机及计量技术的发展，刺激了对这项新技术的开发与研究。传统的油水两相流计量系统体积庞大，无法应用于石油生产在线测量，而且使用人工操作计量系统，时间短，实时性差，很难实现连续计量，人为因素造成的误差难以消除，所提供的信息可信程度较低。在线测量技术是将一种多相流流量计直接安装在油水流体流动管线上，采用先进的测量技术，对油、水两相在不分离情况下进行连续、在线和自动计量的计量方法。近年来美、英、挪威和俄罗斯等国的一些大石油公司相继投资研制开发了多种类型的多相流量计，且有些已获商业性应用。

目前，国外公司在多相流测量技术方面已经演化出多种产品，具代表性的有 Weatherford 公司的光学多相流量计，Schlumberger 公司的 Phase Watcher VX 多相流量计等。Weatherford 公司的光学多相流量计，由于是完全非介入式的 100% 的光学元件，没有传感器暴露在井液中，无运动部件，不会出现漂移且具有极好的长期稳定性，无流压损失，最大测量距离能达到 50km 等优点，所以该类型的流量计在复杂的井下环境中具更大的优势[31]。

多相流在线测量技术旨在实现实时线上的油、气和水多相流参数测控，其最终输出结果包括：油、气、水三相的瞬时流量和累计流量；含水率、含气率、气油比、流速和流体的温度、压力等过程参数的瞬时值和累计平均值。对于海洋油气开采，尤其是深水，随着输油管线距离的增长，石油开采者希望获得对水下每一口油井产量的实时监控，从而基于测量参数，对油井生产做出合理的调整与控制。线上实时的多相流测量技术是为满足现代海洋油气开采中油井生产管理需求而研究开发的一种量身定做的技术更新，其应用范围贯穿整个油井测试、储量管理、生产分配过程。与传统海上平台测试井分离计量技术相比，它的优势包括以下 4 项[21]。

① 替代了整条测试井管线，安装在水下管线汇集处，省去体积庞大测试分离器，实现对不同油井的分量计量，这是传统分离器计量所不能实现的。这对于高成本的深海长输管线油气开采极为有价值，不仅意味着给出实时准确的多相流数据，而且无须额外铺设一条水下管线通到海上测试井平台，节省了成本。

② 无须占地面积，节省了海上平台的空间。

③ 无须流体分离对油、气和水三相实时测量，让油田生产获得更加准确连续的油井产出物的瞬时参数，更准确地评估油气井生产状况，做出油藏优化安全管理的决策。

④ 缩短工程建设周期，减少操作人员，大幅降低一次性投资费用和维护费用。此外，多相流量计所测量的数据可作为石油勘探生产公司的长期数据来源与参考。

以下给出了安装在一体式多相流量计量系统上的传感器组件的功能原理。

（1）电容、电导成像

通常浸在气液混合物中的电极可视为一个电容器。电容值的大小与混合物的介电常数有关，而介电常数是气相、液相介电常数和气相分率的函数，因此测量电极间电容值的变化，可以得到混合物的气相分率。在液相中介电常数是含油率和含水率的函数，通过对电极的优化设计，则可以实现对含水率的测量[22,23]。2012 年，英国曼彻斯特大学联合 Schlumberger 剑桥研究中心和英国国家工程实验室实验论证了一种基于环状流整流器处理后的测试方法，可以实现当含水率低于40%的时候，电容技术对液相中油水比例（water-to-liquid ratio，WLR）的测量达到5%的精度，并能同时准确给出多相流气液比例（gas volume fraction，GVF）的参比[24]。电导法实现对水连续相的含水率测量。通过测量流过探头两极间的油、水混合流体的平均电导率来测量含水率，电导率是气相、液相和含水分率的函数，含水率越高，电导越强。电容、电导测量的优势是廉价高速、无辐射。

（2）伽马射线

伽马射线由随时间衰减的化学核子源产生，伽马射线能量衰减法是一种常用的测量方法。伽马射线能量在两个能量级放射，当射线通过油、水、气混合物时，三相不等同地削弱伽马射线的能量。高能量级对气/液比更敏感，而低能量级对液相中的水/油比较敏感。可以用这两个能量衰减量来确定三相混合液的相分率[22,23]。这种方法具有非侵入式、无干扰的特点，而且可以用于相分率的全范围（WLR = 0 ~ 100%）测量，测量精度高、稳定性好。但伽马射线辐射对人体环境有一定影响；设备造价高，使用维修困难；射线受含盐率的影响较大。因此，在测量时应同步有独立的含盐率测量探头做数据矫正。

伽马射线扫描的速度没有电容、电导成像系统快，对于高速流体，不能做到准确地瞬时捕捉。美国Schlumberger公司是业界多相流量计开发的领军企业，其Vx多相流量计系统设计基于双能伽马射线衰变来实现相含量的测量，辅以文丘里实现流速与流量计量。设备必须垂直安装于管线上。

（3）微波

微波衰减法主要用于测量含水率，因为某一固定频率的微波经过不同含水体积分数的液相，可以产生不同的衰减，衰减幅度与含水体积分数有关。微波测量准确性不受流速度、黏度、温度、密度的影响，但测量受水的矿化度影响[22,23]。微波衰减法能够适应很宽的含水率测量范围，在低含水率（WLR < 25%），测量精度更高。对于高含水率（WLR > 60%）的情况，微波传感器的设计一般基于多变率原理，因为高频电磁波在高导电的水相中衰变非常快，所以利用变频信号产生的衰变相位差测量含水率会更为有效。微波的多普勒效应可以用来实现对气泡流速的测量。当入射波撞击到了液相中的气泡表面，微波被反射回来，并存在着反射波频率位移，这种频率位移与气泡的流动速度成比例。

（4）超声

超声流量计可分为液体流量计和气体流量计。与被测介质的黏度、温度、压力和导电率等因素无关，适于测量纯净液体。声波在油、气、水多相流中有很强的衰变，利用这种吸收衰变，可以实现对多相流密度的测量。超声脉冲（ultrasonic pulse-and-return）被用来实现对多相流流速的测量。一对收发器被安装在管道的上、下游两侧，互相发出超声脉冲信号，并回收信号[22,23]。因为流速影响着声波回路时间，通过评估信号回收的时间差，可以计算出液体的流速。然而，当液体存在较多气泡时，气泡会阻碍声脉冲正常的传播回路，导致不能正常测量时间差。因此，在流量计上游安装气体分离器或整流器，均匀混合气液两相，以减少气泡对脉冲信号的影响是一种必要手段。高频的超声信号在导电液相中的衰变是非常快的，这也会影响脉冲测量的稳定性。

（5）电磁

根据法拉第电磁感应定律，导电流体流过传感器工作磁场时，在电极上将会产生与流速成正比的电动势。通过测量导电流体介质在磁场中垂直并切割磁力线方向流动时产生的感应电动势，计算得到流速[25]。电磁传感器原理如图 3-11 所示。电磁流量测量的优势在于测量结果与流速分布、流体压力、温度、黏度、密度以及一定范围内导电率等物理参数的变化无关。传感器感应电压信号只与平均流速呈线性关系，因此电磁流量计对导电液相流速的测量非常准确。然而，这要求被测液体必须是导电的，且电导率不能低于阈值。电导率低于阈值，流体电阻率过高，使得导电流体出现集肤效应，增大信号的内阻、降低测量信号形成误差。当液体混入微小气泡，测得的是含气泡体积的混合计量。当混入气体过大，分布不均匀，可能改变流体流型，此时电极有可能被气泡覆盖，从而使测量电路回路断开，出现输出晃动甚至不能正常工作。解决的办法是在流量计上游加装气液混合器，实现气液均匀混合，离散相的气体变成小气泡状态均匀分布在液相，满足电磁流量计测量的条件。

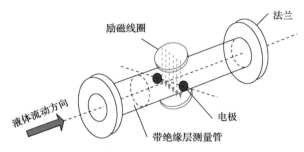

图 3-11　电磁流量计传感器原理图

（6）核磁共振。

一些原子核（如氢、氯、磷等）具有磁矩，能产生核磁共振。实质就是流体中原子核对射频能量的吸收。核磁共振法不接触测量流体，能够测量平均流速、瞬时流速、流速分布等[25]。它与被测流体的导电率、温度、黏度、密度和透明度等物性参数变化无关。在气液两相流测量中，由于核磁共振信号强度与空隙率呈线性关系，故在各种流型下均能精确测量空隙率，即平均气体含量。然而，工业级用的核磁共振设备往往尺寸非常大、维护费用昂贵，因而很难实际应用。此外，磁场的辐射会导致金属电子设备的失灵。英国剑桥大学核磁研究中心在利用核磁技术实现气液、气固多相流测量方面做了大量的研究与探索。表明对于油气藏岩石多孔结构的分析，核磁技术有着巨大优势和商业前景。

实现对多相流的准确测控，任何一种单一的传感技术都是有限的，这就必须要求多种传感技术的组合使用。因而对于测量数据的后期融合处理、算法实现、物理建模、误差修正都提出较高的要求和周期更长的实验探索；前期的传感器设计，如优化结构；避免静电场与磁场耦合干扰；辐射保护；小信号测量电路设计等问题也是多相流测控研究过程中的挑战命题。对于水下多相流测量系统的开发，更是不可避免地需要考虑在低温、高压环境下的使用可靠性和稳定性。

### 3.3.2　国外先进多相流量计简介

艾默生自动化解决方案推出新型 Roxar MPFM 2600 M 多相流量计，如图 3-12 所示。

这款流量计基于经过实践验证的技术平台，可以为客户提供灵活、易于管理的井口测量解决方案。该流量计可以满足多种挑战性应用需求，并且可以为预算紧张的客户提供一种成本经济的解决方案。这款流量计是客户进行直接、连续井口多相流量监控需求的理想之选。MPFM 2600M 可以识别和测量各种流场条件下的非对称流，并提供改良的测量不确定度和更好的可靠性。和第三代 MPFM 2600 多相流量计一样具有先进的信号处理技术，以及创新型现场电子部件和电极形状。

Roxar 将 MPFM 2600 设计成一个模块化的、低成本的仪表，可以为多种应用提供解决方案。这些应用包括：油井和湿气井，直接井口监测，多井测试、分配和经济性计量，以及页岩井反流监测。Roxar MPFM 2600 模块化流量计帮助运营商管理成本，提高效率，同时提高产量，使边际油田更具可行性。MPFM 2600 基于模块的仪表版本是市场上最紧凑和最轻的解决方案之一，安装容易，成本更低廉。

图 3-12　Roxar MPFM
2600 MVG 多相流量计

Roxar MPFM 2600 平台采用电阻抗测量和单一高能伽马相结合的方法来确定相分量，结合文丘里和互相关的方法来测量速度。完整版本使用了所有这些传感器和测量技术，在其他版本中省略了一个或多个传感器。所有版本，包括基础版本，都包括先进的信号处理，现场电子和电极几何利用八个电极在两个不同的平面。该流量计能够准确地表征流量，为从井口测量到复杂的试井等一系列应用提供了一种经济有效且灵活的解决方案[26]。

Schlumberger 公司推出的 Vx Spectra 流量计基于成熟的 Vx 多相试井技术，无须分离即可确定流量。该流量计可以在文丘里管喉部的单点高频测量流量和相分量。这种方法确保了在任何多相流状态和从稠油到湿气的生产流体中进行可重复的流量测量。目前多数核系统依靠经验相关性来分配光子到适当的能级，而 Vx 光谱流量计中的新核采集系统采用全伽马能谱。全光谱分析精确测量所有能级的光子计数，提供迄今为止最精确的石油、天然气和水馏分测量。

如图 3-13 所示，Vx 光谱流量计包括三个部分：用于测量总流量的文丘里管和多变量变送器，获取石油、天然气和水源的核源和探测器，和一个紧凑的流动计算机，执行所有的计算和转换流量测量从线路到标准条件。不同模块可以进行多种配置，并且提供软件模块用于各种复杂的应用，包括回流测量、油井测试以及分配计量。这些定制的配置包括一个可以将其气体孔隙率（GVF）的工作范围扩展至 100% 的文丘里管，一个可以改善精度的紧凑型伽马系统，一个地层水盐度测量系统以及一个适用于湿气油井的特殊操作模型。

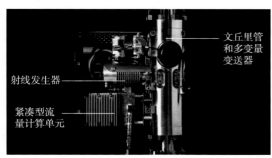

文丘里管和多变量变送器

射线发生器

紧凑型流量计算单元

图 3-13　Schlumberger Vx Spectra 多相流量计

Vx 光谱流量计在德国莱茵国家工程实验室、新加坡国立大学等机构进行了广泛的流动循环测试，采集了超过 800 个包含不同压力、流动状态和流体的流量回路点，测试验证了 Vx 光谱流量计具有卓越的计量准确性和重复性。

Baker Hughes 公司开发出一种多相流量计，它结合了井下传感器技术与神经网络算法，可实时估计潜水泵系统从井底抽取的流量，若校准和维护适当，与实际流量值相比，Neuraflow™ 多相流量计所提供的流量估计的精度将达到 90% 以上。

该流量计与井筒中的电潜水泵系统相结合使用，包括传感器来确定和发送井筒压力测量值，井筒压力测量值包括管道和井下压力测量值。多相流量计还包括至少一个用于输出井筒的流量特性的人工神经网络装置，该装置被训练为响应于多相流压力梯度计算以及泵和储层模型，结合标准井下压力、管道表面压力读数和施加于电潜水泵电动机的频率来输出管道和井下流量特性[30]。

## 3.4 井下黏度传感器

流体的黏度对流体的设计和运行是至关重要的生产设施、钻井作业和油藏工程计算。对流体的直接测量黏度是首选的测定方法，但对油藏流体的黏度在井下仍然存在设计工具的困难，且能够在严酷环境下准确测量流变信息仍然还是处于非常复杂的操作环境中。井下原位黏度传感器可用于两个主要用途：首先，通过电缆地层测试器来估算渗透率，包括流动性和渗透率相应的流体黏度是已知的；第二，允许对钻井泥浆滤液污染水平进行定性监测和测量[29]。

图 3-14　InSitu 黏度传感器

Halliburton 的 InSitu 流体黏度传感器[32]，如图 3-14 在储层条件下精确的实时测量储层条件下的烃类黏度，主要运用于瞬态试验的渗透率计算、流体成分分级评定、位移效率和迁移率的测定、储层模拟的输入、评价强化采油应用。InSitu 黏度传感器是小型化的，目的是以适应 InSitu 流体分析仪系统的传感器槽，以提供黏度测量覆盖井下环境中轻到重油的范围：从 0.2~300cP，精度±10%。

井下某黏度传感器，如图 3-15，该传感器在这个主题上采用了一个锥形内件和一个外件的变化，其内表面的设计使环形面积在整个活动长度中是恒定的装置。它提供了一个恒定的平均流速通过传感器，减少动量相关的影响，并简化了分析[31]。

该传感器用于现场测量井下条件下流动流体的黏度，它能够收集压差、流量和温度，并用于测定黏度在 1~30cP 和温度在 100~160℉之间的两种原油的黏度。确定储集流体黏度的方法包括在实际流动条件下将传感器连接到流体的流上，并测量入口和出口两者之间的压差。另外，可以施加压差，并观察流量。

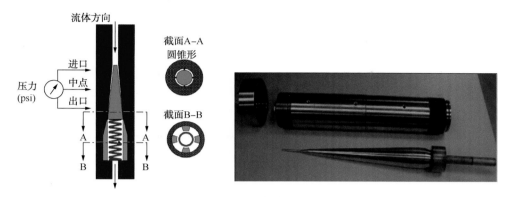

图 3-15　原型层流黏度传感器示意图及实物图

## 3.5　砂蚀传感器

由于开采利润有限，作业者们不得不采取低成本、高效益与灵活的创新办法，确保油井产能最大化，达到生产目标，并实现原油从油藏到炼油厂的经济、无缝输送。但是，原油流动能力受多种因素影响，这包括了油藏流体特征、水合物、结垢与稠油。其中最主要的一个因素是地层砂，地层砂对于油气正常流动仍然是一个主要危害。地层出砂造成的腐蚀会给生产带来严重影响，包括损坏生产井、输油管道与出油管线；腐蚀完井管柱；堵塞井眼油流通道。此外，地层砂还会影响油水分离。如果油水携带地层砂，当分离出的水回注油藏时，会对生产设备造成进一步腐蚀。据估计，超过一半的井在整个生命周期内需要采取防砂措施。老化的开采设备，具有更高流速的深水开采井愈发复杂，都会加剧地层出砂。以前为了避免地层出砂，通常会限制产量，但是随着产水量增加，对产量需求的增加，出砂反而成为了常态。以前，产量、含水率、压降与温度分布常用作分析地层出砂的指标。随着电阻与声学方面的技术创新，使作业者能够更加直观细致地分析地层出砂情况。侵入式腐蚀传感器可以测出由地层砂引起的金属实际损失量。通过电阻率原理测量金属损失量，当电阻率增加时，说明金属元件有一定损失。根据损失量、地层砂平均粒径以及流体流动数据，可以量化出砂量。例如，Emerson 的在线砂蚀探测器测量了北海油气平台意外出砂时的金属损失。地层突然出砂是一件复杂且不可预测的地层事故，它会给流体流动与正常生产带来严重的影响。在该实例中，当探测器发现 50nm 的金属损失后，立即探测到地层出砂问题，随后发出警报并将产量调整到合适的水平，出砂得到控制。在 4h 内，出砂问题逐渐缓解，出砂井得到了及时补救，维持井正常生产，期间金属总损失为 5μm。基于声波的非侵入式传感器可监测沙粒撞击管壁时产生的噪音。该传感器利用砂粒产生的声波能量计算多相管流中砂的产量，并以 g/s 计量。但是，当上述探测技术结合使用时，才能更加有效地确定地层是否出砂以及严重程度，让作业者确定需要采取正确的生产措施来防砂。这些技术还有其他一些应用，如声波探测技术可用于产量优化设计，在地层出砂前预测其最大产油量。砂蚀探测器还能准确判断管线内遍布的地层砂带来的短期与长期危害。在已知流速的前提下，两种系统都能够得出具体的出砂量。

除了北海以外，Emerson 的声波传感器与砂蚀探测器正在墨西哥湾的 Petrobras 公司的 Cascade 与 Chinook 油田等深水油田中使用。在这些情况下，出砂传感器与多相流量计以及压力和温度传感器系统配合使用，降低了腐蚀危害，优化产量，并保障地层流体的正常流动。出砂探测器与其他仪器的配合使用，保证了正常的井下流动状态。同时结合可扩展分布式软件，如 Emerson 的 Roxar Fieldwatch，将水下仪器探测数据进行处理，高效完成在线分析，监测腐蚀状况，保证流动状态。Roxar Fieldwatch 曾应用于 Statoil 公司的 Heidrun 油田。该油田需要加强油田的出砂监测能力，以实现最大产砂量的条件下不影响正常采油。同时通过软件分析，可使挪威国家石油公司能够应对含水量与产气量增加带来的挑战（更多出砂量和更高流速）。为此，Statoil 公司与 Emerson 公司共同开发了一个新的防砂模块。利用该软件，Statoil 公司能够更及时应对出砂情况的变化，从而可以安全控制井的出砂量，并为优化生产与保证流速计算出可接受的最大出砂率。

无线技术大大降低了设备安装成本，并能在之前无法进入的区域实施动态监测。在此背景下，基于安装在管道或容器中的侵入式传感器，Emerson 公司开发了顶层腐蚀与砂蚀无线传感器。这些传感器可以直接集成到无线传感器网络技术 WirelessHART 网络中，为作业者提供一套完整的资产管理与井底流动控制系统。此外，一种无线超声波探测设备，可以通过检测超声波穿过金属所需时间来测量壁厚，也能与其他出砂监测设备配合使用。在一套完备的流体流动控制方案中，超声波设备是非常有效的顶层完整性检测工具。北海作业平台近期由完整性管理专家 Stork，结合出砂腐蚀无线监测系统，来检测腐蚀情况。在无线设备的辅助下，延长了平台设备寿命，增加了产量，并保证了流体的正常流动。保证流体正常流动的策略就是要消除所有危害生产的潜在因素，为生产提供指导，并将产量最大化，这也正是出砂监控技术所要达到的目标[32]。

## 3.6 智能井井下数据采集系统

### 3.6.1 井下数据采集简介

智能井井下数据采集系统由温度、压力、流量等传感器、测量装置以及数据传输接口所组成，实现对井下各层段压力、温度、流量等参数的测量，为后续的生产数据分析、生产决策制定等提供数据来源。井下数据采集系统分为上下两部分，下部主要负责数据采集传输工作，上部模块主要负责数据接收、分析工作。两个模块分别由无数小模块组成，在下部模块中，根据其功能特点，可以分析得知，该模块中含有多种电路，如数据采集电路和电源管理电路以及无线通信电路，这三种电路可以使井下参数得到快速采集、传递[39]。数据采集系统工作流程是井下数据采集系统中的下部模块主要为采集板，该采集装置主要安装在井下特定位置处，方便对各种参数进行采集。

为了节省电能，采集板一般只在数据采集阶段处于唤醒状态，其余时间只是处于关闭状态，但采集板中的 RC 振荡器可以保持清醒状态。采集板唤醒有周期限制，所以其在唤醒状态时，会对井下采集范围内的输入信号进行监测，在信号检测分析中筛选出有效信号进行传输。如果监测信号无效，该装置会立即恢复到空闲模式。在监听模式下，采集板只对信号进行监测，所以消耗的电能有限。下部模块处于空闲模式时并不能传递信号给上部模块，上部模块如果要获得采集信息，还需要接收板

唤醒采集板，在无线通信技术支持下，两者之间建立信号交互联系。采集板恢复到唤醒状态时，要在接收板处于井下时，对数据进行采集，然后将数据直接传递给接收板，接收板要对采集板不断发出指令和应答，从而使采集板保持数据采集和传递状态，一直到接收板中断应答。这意味着数据采集结束。

### 3.6.2　数字信号采集处理

井下传感器一般都需要同复杂的地面信号接收和分析系统相连，由于井下传感器的多路信号通过一条传输媒介传到地面，地面系统需要将这些信号分离并单独处理，用到的主要技术有光电转换、滤波、拟合、估计、解码、校正、存储、多传感器数据融合技术等。传统的信号处理方法包括数字滤波、相关性分析、经典谱估计等，主要算法有傅里叶变换、HILBERT 空间正交分解、线性卷积、相关函数、小波分析等。有效的数据处理可以提高数据分辨率，增大传感器系统适用性，可以对原始数据进行纠偏和校正，因此数据处理在测量系统中的作用越来越重要。Promore 公司将一种称为 ESIA 的传感器隔离算法应用于共振膜井下压力传感器的信号分析，它可以把信号与噪声分开，使得最终的地面信号中没有噪声，然后再应用谱估算来确定频率。实验表明，即使噪声与信号的强度比达 100000 以上，仍然可以清楚地将信号提取出来。即使当井下接头中有水存在或者线路和电路完全断开时仍然可以读出温度/压力信号，这种结果带来的好处是大大减少了接头故障和电缆故障造成的问题，从而增加了系统的可靠性。该监测系统已经用了多年，并已在加拿大、美国、委内瑞拉、也门、印度尼西亚和哈萨克斯坦安装了几百套。该系统的成功应用在于共振膜压力传感器的信号有着极强的本征特征，它是一种规律性极强的平稳信号，因此在传感器的设计中，提高传感器信号本征特征可以提高数据处理的精度和可靠性。

多传感器数据融合技术是最近发展起来的一门新兴的前沿数据处理技术。这一技术已广泛应用于 C3I( command, control, communication and intelligence) 系统、复杂工业过程控制、机器人、自动目标识别、交通管制、惯性导航、海洋监测和管理、农业、遥感、医疗诊断、图像处理、模式识别等领域，但在油气开采领域特别是油藏监测中的应用非常少。

与单传感器系统相比，运用多传感器数据融合技术在解决探测、跟踪和目标识别等问题方面，能够增强系统生存能力，提高整个系统的可靠性和鲁棒性，增强数据的可信度，并提高精度，扩展整个系统的时间、空间覆盖率，增加系统的实时性和信息利用率等。多传感器数据融合技术充分利用不同时间和空间上的多传感器数据资源，通过对多传感器及其观测信息的合理支配和使用，把多传感器在空间或时间上的冗余或互补信息依据某种准则来进行组合，从而获得对被测对象的一致性解释与描述，进而实现相应的决策和估计，使系统获得比它的各组成部分更充分的信息。

利用多个传感器所获取的关于对象和环境全面、完整的信息，主要体现在融合算法上。因此，多传感器系统的核心问题是选择合适的融合算法。对于多传感器系统来说，信息有多样性和复杂性，因此，对信息融合方法的基本要求是具有鲁棒性和并行处理能力。

此外，还有方法的运算速度和精度；与前续预处理系统和后续信息识别系统的接口性能；与不同技术和方法的协调能力；对信息样本的要求等。一般情况下，基于非线性的数学方法，如果它具有容错性、自适应性、联想记忆和并行处理能力，则都可以用来作为融合方法。多传感器数据融合虽然未形成完整的理论体系和有效的融合算法，但在不少应用领域根据各自的具体应用背景，已经提出了许多成熟并且有效的融合方法。多传感器数据融合的常用方法基本上可概括为随机和人工智能两大类，随机类方法有加权平均法、卡尔曼滤波法、多贝叶斯估计法等；而人工智能类则有模糊逻辑理论、神经网络、粗集理论、专家系统等。可以预见，神经网络和人工智能等技术在多传感器数据融合中将起到越来越重要的作用。

通过永久性井下传感器可以获得大量的连续的温度、压力、流量、物性等参数以及它们的分布，而这些参数之间有着很强的相关性（如压力与流量之间、流量与温度之间等），因此，通过多传感器数据融合技术，可以对数据进行多方位分析、校正、判断传感器工作状态，从而大大提高数据质量、系统精度和可靠性。

各个公司都开发出了一些与井下监测系统相配套的数据采集与管理系统。这些系统都能支持远程访问、提供数据下载与数据操作功能以及报警功能等。Quant X 公司的 In Former SW-2 系统是一种地面读数系统，能按照用户指定的采样速度采集井下数据，最多能读四组仪器的输入信号。采集的数据既可存储在本地，也可以通过 RS-232/RS-485 串行 IO 端口传递到外部处理设备以与 Quant X 或第三方开发的软件进行对接。利用标准的 MODBUS 协议，这些端口还可根据客户具体要求进行重新配置。In Former SW-2 系统的主要特征是操作该系统所需的动力非常低[1]。

NOVA 公司的 CRMS PLUS 系统采用模块化的结构，通过 MODBUS RTU 从井下工具上采集原始数据，并计算出对应各个井下工具的工程数值。数据可存在本机上，也可存储在客户共享的网络上或者通过共享网络访问这些数据，用户能够对数据进行封装存储和实时存储、监测数据变化、分析数据趋势、过滤数据、合并数据以及用数据绘图。CRMS PLUS 系统产生的是 ASCII 文件，适合利用任何一种电子表格来读取。系统具有事件记录和触发功能，当事件发生时，CRMS PULS 捕集事件数据并记录在事件记录文件中，同时在客户的 SCADA 系统中触发一个报警信息，并且/或者向指定人员发送电子邮件进行提示[1]。

Schlumberger 公司 InterACT 实时监测和数据传递系统使操作人员在任何地方都能控制油田生产。身处各地的专家通过 Web 浏览器连接进行协同工作，及时地制定和执行相应的生产管理决策。InterACT 能满足油田长期生产的需要。全球性的、实时的双向通信提高了制定生产决策的能力，降低了相关费用。根据不同级别的授权，操作人员能够监测和显示不同的生产数据。能连续监测、按需查询和远程控制关键井场参数，这些参数包括流量、压力和温度当出现问题时，通过电话、呼叫器、电子邮件或传真等方式实现及时报警提醒，同时也可从系统发出相应的响应（包括监控命令）。

FieldWatch 是 Roar 公司的实时生产数据处理软件。FieldWatch 系统包括一组集成模块，提供自动数据采集、数据记录、监测、复制、数据分析、报告生成和报警提示等功能。通过网络客户端可直接获取诸如井下温度、压力和流量之类的实时数据。生产数据引擎利用行业标准协议收集、存储、分析和分发实时的和历史的油藏数据。数据记录器从真实的现场压力计或仪表、第三方产品或与油藏和生产作业有关的数据库中以秒为基础读取数据。以用户指定的时间间隔为基础，自动数据记录可能包括每小时、每天、每周记录一次。生产数据浏览器利用基于时间的图形，用户能查看实时数据、分析历史数据。此外，用户还可进行快速计算，查看假数据点，确定报警事件。FieldWatch 系统提供综合的公式库以进行数据分析和处理，利用向导自动进行常规计算，用户能研究诸如节流动态（通过节流器的压降）、出砂与压降、评估油藏压力等之类的问题。报警信息通过电子邮件或 SMS（移动式文本信息）传输到预先指定的接收者手中。FieldWatch 系统还直接与 Microsoft Excel 软件相连接，能够自动生成报告、容易输入/输出数据和进行进一步分析。此外，FieldWatch 系统还通过 OPC、ODBC 协议可与第三方数据实现共享[1]。

Halliburton 公司的 iAcquireTM 系统能对 DTS 和井下 P/T 数据进行基本的处理、显示和存储。可在本地或远程浏览数据，从而快速地获取井筒和油藏地层变化并做出解释。PrDTS 是 DTS 和井下 PT 数据采集软件模块。该模块用于规划作业活动、采集压力数据、对 EZ-GaugeTM 进行井下压力计算、采集 DTS 数据等。RPM INSITETM 是 DTS 和井下 P/T 数据管理软件。该软件可存储和显示井场数据。以 LAS、ASCII 和 Excel 文件格式输出 OptoLogTMDTS 和 P/T 数据，实时绘制数据之间的关系曲线；提供多井管理方案，具有连续、实时记录压力数据的能力；INSITE 数据交换技术通过现有计算机网络将最新的 DTS 和P/T 数据传输到客户办公室[1]。

Promore 工程公司的 PROVsionDSP 系统是新一代的油田用井下数据地面采集系统，与几乎所有的传感器都兼容，包括 Promore 本身没有电子部件的传感器，其采样率由于采用了数字信号处理器，可以达到每秒多次。系统通过 ECS（加密通信系统）或移动电话、卫星、无线电调制解调器及 SCADA 实现数据远程通信，也利用 Promore 公司的 DATAWeb 来获取数据[1]。

井场数据采集系统进行收集和分析安全、高效钻井所必需的数据。传感器、处理器/读出和接口包括能够测量速率、压力、流量、转速、旋转扭矩、钩载荷、块位置和泥浆体积。该接口是通过硬接线来创建的，多导体电缆由电源、接地、信号组成，传感器和处理器之间的信号接地和屏蔽/读出。低功耗射频接口将消除硬连线固有的许多问题[1]。

一个低功率射频遥测系统，传感器与处理器/读出之间的接口将消除这些问题，取代目前使用的电缆、电线和管道系统。射频链路由一个传感器组成，该传感器包含一个能够发送数据的低功率发射机，以及在读出接收来自每个传感器的传输的中央接收器。选择北极 PVT 和流量传感器作为测试系统，因为它具有电子性质，并且有合理数量的类似类型传感器用于测量钻井液坑体积[1]。

射频数据遥测链路的设计是为了消除传感器和处理器/读出之间的所有电线。传感器的发射机和电源的大小适合现有的 PVT 传感器系统，并能承受机械和环境的破坏。一个电池包的运行寿命超过三个月，给单位一个独立的电源[1]。

### 3.6.3　井下数据采集应用

本节通过 Halliburton 所采用的 DataSphere® ERD™ Reader 数据采集系统来说明，当前的地表和井底数据有助于做出有关油藏管理的明智决策，Halliburton 设计和制造定制的硬

图 3-16　DataSphere® ERD™ Reader

件和软件，以最大限度地访问和灵活性地获取、存储、控制和分配井底数据。

DataSphere® ERD™ Reader 数据采集系统提供了最新一代表面电子学，专门用于读取 ERD 压力和温度传感器，自 1994 年首次发布以来，它涵盖了超过 25 年的研究，开发和持续改进计划，拥有数百万小时的现场油藏经验[42]。图 3-16 为 DataSphere® ERD™ Reader。

① 该系统的特征：a. 集成式井口安装设计通过了 Class 1 Div1（区域 1）；b. 具有限制噪声功能的优化信号质量；c. 最多可扩展 16 个 ERD 传感器（16 个压力和 16 个温度）；d. 大多数 SCADA 系统兼容的接口有可选择的灵活性；e. 支持四个通信接口（Wi-Fi/Ethernet/RS485/4-20mA）；f. 可以读取一个电缆上的多个 ERD 传感器。

② 该系统的优点：a. ERD 仪表板可以从世界各地随时访问最新数据；b. 远程访问功能允许虚拟技术人员进行调试和修补所需要的系统；c. 紧凑的低噪声板架构可减小尺寸并提高性能；d. 增强的信号处理能力可在不可避免的干扰情况下提供帮助；e. 强大的数据存储功能最高可支持 32GB；f. 低功耗适用于太阳能发电。

③ ERD 读写器软件：ERD Reader 拥有自己的配置软件，使用标准的 Web 浏览器，配置页允许用户添加或删除传感器，检查系统状态，更改采样率，查看图形或从板载内存中下载数据。可以使用手机或笔记本电脑通过直接连接到 ERD Reader Wi-Fi 或使用以太网直接连接到 ERD Reader 来完成此操作。不需要特殊的软件或驱动程序。

④ 实时数据：传感器所采集的数据对任务至关重要，因此在需要的时候提供这些数据是关键。ERD 读取器可通过以下三种选项实时访问 ERD 井下压力和温度数据：在井场直接连接、无线连接至 90m 外的支持 Wi-Fi 的设备、通过 ERD 仪表板访问世界的另一端。ERD Reader 可随时随地提供井下数据。

⑤ 校准数据：Halliburton 在室内设计、制造和校准所有 ERD 传感器。每个 ERD 传感器序列号都会生成唯一的校准文件。这些校准文件可通过 ERD Reader 软件直接读取，这有助于消除配置过程中的人为错误。

⑥ 性能：ERD 传感器是无电子设备，要实现 ERD 传感器的最高性能，就需要其表面设备实现最高性能。ERD Reader 的先进信号调理和处理功能可提供领先的准确性、分辨率和测量稳定性。

⑦ 安全：网络安全是技术领域普遍的问题。ERD Reader 的设计具有高级密码保护的用户访问权限，并具有使用 2048 位 RSA 加密密钥的访问控制。通过安全的蜂窝网络和用于 ERD 仪表板的加密数据传输以及常规的安全补丁，ERD Reader 将不会成为其网络中的漏洞。

井下作业系统数据采集建设方面存在的弊端：①缺少统一的数据库系统，对各专业的数据进行统一标准采集、统一存储、统一应用，真正实现数据的共享与重复利用；②存在专业多、数据格式不一致、采集工作量大的问题，以目前基本上靠手工录入的数据采集方式，很难保证数据的及时性、准确性及完整性；③各种智能化仪器仪表产生的完整生产过程数据没有采集进入统一的数据库系统存储，缺少各种智能仪器、仪表数据的自动化采集方式；④大部分生产过程数据，只是根据相关方的要求，采集一些点上的数据，失去了数据的完整性，对于生产过程不能够实现全面分析；⑤生产的各种图、总结数据，未实现统一的工具管理，给共享和复用带来了许多不便；⑥缺少对生产过程数据的多维、全面分析和挖掘，没有真正发挥生产过程数据对于生产组织、协调的指导作用。

## 3.7 智能井井下数据传输系统

### 3.7.1 井下数据传输简介

井下数据传输及连通系统主要由电源线、仪表电缆、液压控制线、光纤电缆等传输管线及管线保护装置、井口贯入技术和井下电缆断开装置技术等组成[4]。数据传输系统是连接井下工具和地面解调显示系统的枢纽，它可以将井下传感器采集到的数据成功传送到地面控制设备上。这种传输系统利用永久安装的井下电缆中专用的双绞线，在井下和地面间建立数据双向传输，即使在有井下电潜泵的情况下，也不会对所传输的数据信号产生影响[42]。数据传输系统示意如图 3-17 所示。

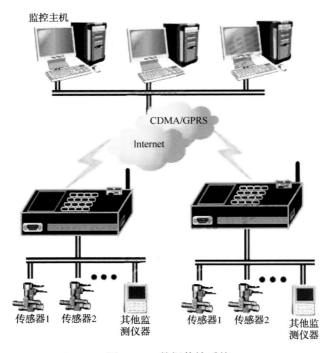

图 3-17　数据传输系统

在油气开采过程中，由于井下地质条件的复杂性，油气开采作业异常困难。为了提高油气采收率，油气田开采作业朝着分层分段的精细化方向发展，精细化的石油开采作业对油藏动态变化监测及实时控制要求越来越高，数据传输是实现井下状态监测及实时控制的基础，有利于辅助井上操作人员更好地分析地层结构，及时调整井下作业，提高作业效率。数据传输技术在石油钻采作业中意义重大。国外在数据传输方面进展较快的是国际三大测井公司 Baker Atlas、Halliburton 和 Schlumberger 的电缆传输通信系统，表 3-4 为三大测井公司电缆传输通信系统的对比。

表 3-4    Baker Atlas，Halliburton 和 Schlumberger 的电缆传输通信系统对比

| 公　司 | 产　品 | 性　能 |
|---|---|---|
| Baker Atlas | AMIPCM | 3502 数据传输速度 4kb/s，1010 数据道 |
| | | 3503 数据传输总和达到 8kb/s |
| | | 350617 个数据道，有很好的井眼温度补偿功能 |
| | ManchesterPCM | 数据传输总和达到 20kb/s |
| Schlumberger | WTS | 数据传输总和达到 230kb/s |
| | CTS | 数据传输总和达到 100kb/s |
| | MAXIS500 | 数据传输总和达到 500kb/s |
| Halliburton | EXCELL-2000 | 通过 7 芯电缆实现最小的交叉干扰 |
| | 1Q 快速油井平台 | 使用了 ADSL 通信方式，通过网络进行传输，大大提高了性能 |

目前在石油井下钻采过程中的数据传输方法主要包括钻井过程的数据传输方法和完井过程中的数据传输方法。钻井过程主要通过钻井液、地层或钻杆等介质进行数据传输，但易受到环境因素干扰，信号不稳定，衰减大，可靠性差，仅适用于钻井阶段。而完井过程中数据主要通过液压、光纤或电缆进行传输。

### 3.7.2　井下数据传输条件

目前，井下数据的通信方式主要有电缆和光纤两种方式，传输及连通系统常用的有专用双绞线、电缆、液压控制管线、光纤、电缆、管线保护装置等。为实现多分支井间的信号传输，井口贯入技术和井下电缆断开装置，是连接井下工具与地面计算机的纽带。这种传输系统能将井下数据和控制信号，通过永久安装的井下电缆中专用的双绞线，在井下与地面间建立数据双向传输。

井下传感器的数据需要通过数据传输系统传送到地面控制设备，但井下有高温高压、地磁地电的干扰，生产条件十分恶劣，尤其是稠油生产井，由于采用注入井下高温蒸汽降低稠油黏度的开采方法，使井下温度可能达到 300℃，同时压力达到 50MPa 以上，再加上井筒空间狭小，油气水层多等原因，使传统的井下测试与传输仪器已经不能满足实际需要，因此数据传输系统的设计主要满足：①在井下高温高压高腐蚀环境下可以工作多年的传感器（一般要求为工作温度 120℃，工作压力 50MPa，寿命 5~10 年）；②安全、稳定、可靠、高速传输的井下数据传输技术；③数据传输的可靠性，如抗干扰能力、信号衰减；④数据传输的实时性，传输带宽、波特率等参数；⑤通信距离满足要求，井下传感器的数据传到地面一般需要 3~10km 的传输距离，在这个距离内数据必须得到有效传输；⑥可实

施性，亦即低成本和安装维护方便；⑦对传输管线的材质的高寿命。

井下数据传输系统关系到整个智能井系统的可靠性和稳定性，为了使系统中的液压管线、光缆、电缆等在下入和使用过程中不被损坏，提高系统的安全性和可靠性，将这些线缆封装在一起是现今智能井系统采用的方法。例如，将电力线和数据传输线与电泵电缆结合在一起或者将光纤电缆通过液压控制线送到井下，甚至将电缆搭接在生产管柱外面。

### 3.7.3 光纤通信技术

光纤通信是利用光导纤维传输光信号，以实现信息传递的一种通信方式，属于有线通信的一种，如图 3-18 所示，光经过调变后便能携带信息，利用光波作载体，以光纤作为传输媒介，将信息从一处传至另一处，是光信息科学与技术的研究与应用领域。

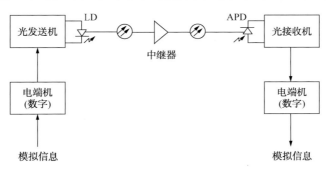

图 3-18　光纤通信结构图

光纤传感技术在完井中应用日益广泛，光纤传感先进技术可以提供完整、实时的井底情况且不干扰油井作业[8]。光纤安装到井中，作业者不再检测传统的生产测井、示踪剂测井或 VSP（Vetical Seismic Profile）测井的地震检波器等。现在一根光纤获得的多重诊断结果可以帮助降低作业风险减少作业费用。

目前有代表性的有 Halliburton 公司 FiberWatch[SM] Service 系统和 Schlumberger 的连续油管现场实时监测系统（CoilScanRT）、井下流体流量实时监测工具——ACTive Q。

（1）FiberWatch[SM] Service 系统

FiberWatch[SM] Service 系统是 PINNACLE 光纤技术、软件、诊断系统与服务等综合业务的总称。它包含了作业者所需要的全部信息，带给作业者对井底及储层新的认识，系统结构如图3-19 所示。

FlowWatch[®] 监测与诊断服务利用分布式光纤监测生产期间的全井动态信息，帮助作业者识别各层产量、监测人工举升、发现油管内结垢或沉积等问题来了解井的生产情况。能够准确地将井底的温度及示波变化与每一层液体和气体的产出相关联，为作业者对井的产量、完

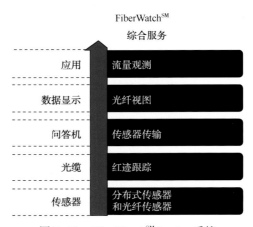

图 3-19　FiberWatch[SM] Service 系统

井效果、油藏丰度等做出关键决定时提供坚实的基础数据[9]，监测界面如图3-20所示。

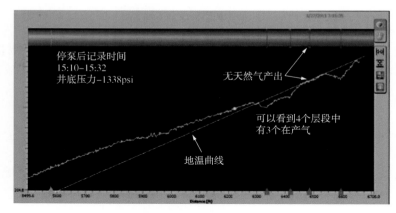

图 3-20　实时监测界面

其主要功能有：

确定各层产量：了解各层段的产量贡献，如各层油气日产量，确定见水位置及产水量等，使作业者能够将其与施工设计、地质与储藏属性等关联起来。

提高经济性：光纤能够嵌入到油管中以获取生产剖面信息，可回收式光纤服务不需要修井钻台即可操作，大幅地降低了获得生产测井数据所需的综合费用。

监测井的动态：随着储层衰竭，或者当井部署人工升举系统时，产量如何变化呢？利用DTS，就可以确定这口井生产周期内的流体力学、各层产昼贡献、流体相位改变等信息。

提高蒸汽利用效率：实时监测SAGD及CSS井蒸汽驱动情况及盖层完整性等，优化采收率、提高蒸汽利用效率。

其他功能：确定层间窜流、预警定位窜水位置、实时监测固井质量、确定封隔器效果、识别井下工具工作情况。

如图3-21所示，气井实时DTS监测可以帮助作业者识别出产量最大的层段以帮助确定后继开发水平井的部署位置。

分布式温度监测技术(DTS)利用问答机向光纤内发送激光脉冲，光的一部分因光纤非绝对纯净而被反射回来，其中的反向散射光的反斯托克斯波光强对温度敏感而斯托克斯波光强基本不受温度影响，通过分析反向散射光的特点便可以得出整个光纤长度上的温度剖面。

图3-22所示为分布式声波监测(DAS)技术的工作原理，利用问答机向光纤内发送两簇激光脉冲，光的一部分因光纤非绝对纯净而被反射回来，反向散射光的瑞利波受声波影响会产生相位变化，即两个瑞利波峰间距会受声波的影响产生相应的变化，通过分析与计算可以确定每米光纤上的归波幅度。

（2）Schlumberger连续油管现场实时监测系统(CoilScanRT)

Schlumberger公司研制的连续油管现场实时监测系统(CoilScanRT)，可安装在连续油管滚筒附近，包含数个传感器，允许作业人员在油管下入或起出井底过程中监测连续油管的使用情况。该系统还可以监测油管内外壁异常情况的位置及范围，能使作业人员及时识别缺陷及裂缝，并对油管工作寿命的发展情况进行跟踪[10]。

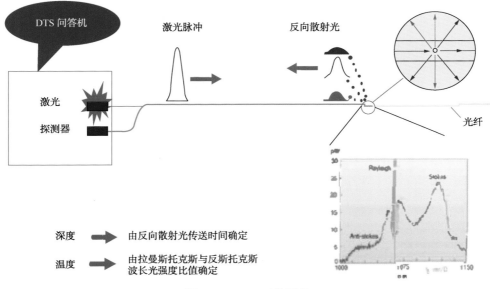

图 3-21　DTS 工作原理

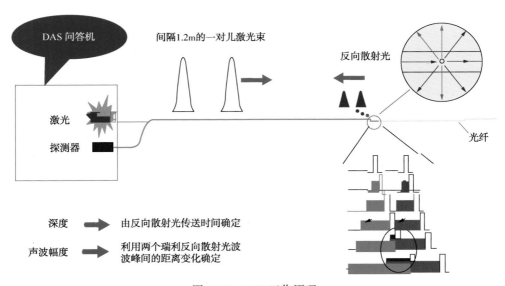

图 3-22　DAS 工作原理

CoilScan 检测仪重量仅 43kg，安装在连续油管卷筒上，具有质量小、便于携带的优点。它采用磁漏、涡流原理对连续油管进行无损检测，可以测量直径 31.75～73.00mm（1.250～2.875in）的连续油管，测量精度达 0.01in，允许的最大下放速度为 150ft/min。使用时无须与油管接触，可以实时检测连续油管的直径、壁厚、长度、变形量等关键参数，并能够检测到油管上的针孔、对焊焊缝变化、表面腐蚀等。检测结果能够实时传输到软件系统，并用三维模型 360° 全方位显示，可以使客户对连续油管的性能状态有最直观的了解，从而分析连续油管的失效可能性，避免发生井下断裂等复杂事故。

CoilScanRT 系统包括一个检查探头、一套数据获取系统和一个监测软件。该系统使用 2 种成熟的无损检测技术探测油管中的裂缝：漏磁检测（MFL）技术和涡流检测技术。

Schlumberger 公司推出的 CoilScan 实时连续管检测系统利用漏磁检测技术和涡流检测技术，可以在生产工厂或者油田现场对连续管进行无损检测和评价，可以检测金属腐蚀、壁厚、椭圆度、下井深度和速度，检测数据可用 3D 软件解释说明。

CoilScan 系统可以检测直径为 $31.75 \sim 73.00$ mm（$1.250 \sim 2.875$ in）的连续管。截至目前，CoilScan 系统已经在海洋和陆地油田进行过测试，包括美国、沙特阿拉伯、马来西亚和德国等，在不同的环境和应用条件下已经成功监测 $45 \times 10^4$ m 的连续油管。在北美连续油管通常能够入井使用 $25 \sim 30$ 趟，总作业进尺约 $50 \times 10^4$ ft。通过 CoilScan 检测仪的实时监测，表明该型连续油管还能完成约 6000m 的作业量，从而客观上延长了连续油管的使用寿命，同时避免了井下事故的发生。

（3）井下流体流量实时监测工具—ACTive Q CT

Schlumberger 公司于 2016 年推出了新的井下流体流量实时监测工具——ACTive Q CT，该工具一次下钻即可实现对井下流体注入进行实时监测和评估[11]。

对于现场作业人员而言，流体的注入情况非常重要，要获得这些数据通常需要经过反复的实验，花费大量的时间来进行测量。在进行修井作业期间，ACTive Q CT 具备测试注入流体实时压力、温度和流速的能力，能够让作业人员对修井时的井底情况及油层动态了解得更透彻，这有助于作业者及时进行决策制定，提高作业效率。通过使用 ACTive Q CT 服务，作业人员就能够判断流速对每个井段的影响，监测实时数据并根据分流和后续增产需求来调整流体泵送安排，该技术在中东、北非和美国中部都已经得到了成功的应用。

ACTive Q CT 服务同时配备有实时光纤遥测及热传递流量测量，能够在现场进行实时监测，并且只需一趟钻就可完成测量。通过分析实时数据，作业人员判断流速对每个井段的影响，继而决定是否要进一步调整增注措施来降低作业成本。ACTive Q CT 服务通过 ACTive DFLO CT 获得高质量的流量数据，ACTive DFLO CT 包含两个能够监测流速的传感器组，这一技术在修井作业期间取得了成功应用。

多功能的 ACTive Q CT 服务能够提供高质量的井下流量监测数据，并通过耐用的 ACTive DFLO CT 实时流量测量工具对其进行完善补充。通过提供高度准确的信息来提高作业效率，帮助作业者进行实时决策。作为 ACTive Q CT 流体实时监测服务的组成部分，ACTive DFLO CT 实时流量监测工具能够测量井下流体流速及方向，测量的数据通过连续油管光纤遥测输送到地面。

ACTive DFLO CT 工具在不同的井下环境中都能有效使用，该工具在修井作业中能够提供更多信息反馈，尤其是能够记录流体的流动方向。修井参数，如泵送率、注入深度和流体体积可以放心地调整，因为它们是通过 ACTive DFLO CT 工具提供的井底实时信息来调整的，无须担心数据之后造成的不利影响。

ACTive DFLO CT 工具与 ACTive 系列其他工具测量的数据结合使用能够提高 CT 服务的实时传输效率，如压力、温度、γ 射线、套管接箍定位、拉压或 DTS。结合这些关键的井下分布参数实时数据，作业人员对井下状况会获得更加生动的认识，随之而来的自然是自身作业效率的提升。现在，在一些复杂的修井作业中，作业人员有了更多的选择，可以选择 ACTive Q CT 替代相应的服务，包括作业完成后对井内信息进行评估的生产测井工具，ACTive DFLO CT 工具也能够对注水层或生产层的流体进行分析，以便更好地对井底情况做出评估。

现在，在一些复杂的修井作业中，作业人员有了更多的选择，可以选择 ACTive Q CT 替代相应的服务，包括作业完成后对井内信息进行评估的生产测井工具，ACTive DFLO CT 工具也能够对注水层或生产层的流体进行分析，以便更好地对井底情况做出评估。

## 3.7.4　无线传输技术

无线传输技术近年来在石油行业试井、完井监测、随钻测井方面应用较多。国际上知名公司如 Halliburton、Schlumberger、Expro 等公司都有此项技术的广泛应用。主要有两种类型无线传输方式：以 Halliburton 为代表的声波无线遥测系统 ATS 和以 Schlumberger 为代表的电磁波无线遥测系统 ENACT。

（1）Halliburton ATS 声波遥测系统

Halliburton ATS 声波遥测系统主要用于和 5in 外径的 DST 工具连接，该系统最大作业深度 12000ft（3650m）。系统参数见表 3-5。

表 3-5　ATS 声波遥测系统参数表

| 传输方式 | 外径 | 内径 | 工作压力 | 工作温度 | 采样间隔 | 电池寿命 |
|---|---|---|---|---|---|---|
| 声波 | 5.25in | 2.25in | 15000psi | 165℃ | 10s 实时<br>1s 存储 | 20 天 |

系统使用了模块的概念，中继器是系统的核心，负责工具之间的系统通信，增加系统间的通信距离。中继器一般相隔 1500ft，也根据井况而变化。系统最多可安装 6 个中继器。

多用途压力计可以测量不同深度处的温度和压力，实时传输到了地面，该系统装有双蓝宝石/单/双石英压力计，存储能力达 1MM 数据组。

无线实时声波遥测系统的优点：

安全：不需要电缆，明显地减少了人员面临井口高压和潜在的 $H_2S$ 和有害流体带来的健康安全伤害。

作业：通过使用声波遥测系统，代替环空压力触发井下工具，减少了套管压力的限制，也避免了高压井的压井泥浆对环空压力控制工具的影响。

质量：在 DST 测试期间，基于油藏响应，根据井下数据，可以及时地改变测试程序，增加了 DST 测试期间数据获取的质量，确保达到测试目标。

2009 年，Halliburton 进行了非常规测试技术试验，作业的目标就是研究取代常规 DST 测试技术的可行性，该井用注入测试，适应作业安全和环境限制的情况。测试管柱包括井下压力计和声波中继器。在测试期间，来自井下压力计的数据用声波实时传送，可以恒定控制注入参数，维持在破裂压力以下。进行实时数据传送，在测试期间可以调节原程序，不需要起出工具，等待数据解释。在作业中使用无线系统起到了重要作用。因为在测试期

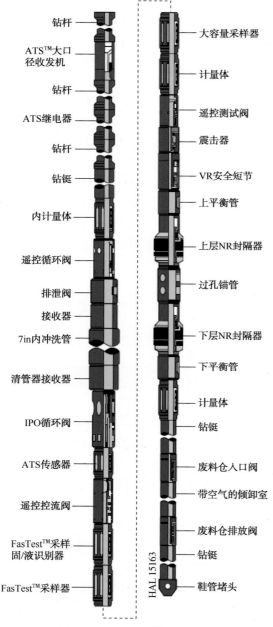

图 3-23　SmarTest™系统管柱图

（左侧管柱标注，从上到下）

钻杆
ATS™大口径收发机
钻杆
ATS继电器
钻杆
钻铤
内计量体
遥控循环阀
排泄阀
接收器
7in内冲洗管
清管器接收器
IPO循环阀
ATS传感器
遥控控流阀
FasTest™采样固/液识别器
FasTest™采样器

HAL 15163

（右侧管柱标注，从上到下）

大容量采样器
计量体
遥控测试阀
震击器
VR安全短节
上平衡管
上层NR封隔器
过孔锚管
下层NR封隔器
下平衡管
计量体
钻铤
废料仓入口阀
带空气的倾卸室
废料仓排放阀
钻铤
鞋管堵头

间没有预料到产砂，妨碍了使用电缆系统下到目标深度回收数据。

SmarTest™系统是最先进的遥测作业的测试装置，它综合了现有的 DST 技术和当前的 DST 工具和采样工具的发展，应用于裸眼井测试，但修改后也能应用于套管井测试。该系统比常规裸眼测试能够低风险地采集油藏数据和流体样品。其中 NR 封隔器是非旋转的膨胀式封隔器，管柱下压坐封，上提解封。

该系统能够计算渗透率、表皮、产能指数、油藏压力；记录实时的压力和温度、测量流体流量；一次下入，测试多层。

与以往管柱相比，该管柱中多个工具采用了遥测技术，如从上到下依次为：遥测循环阀、遥测测试阀、遥测 FasTest 取样筒。实现了无线传输温度压力等数据，同时实现了无线遥测开关井、循环阀、PVT 取样，发展成为一种无线遥测综合技术 SmarTest™，是最先进的遥测测试装置。

（2）Schlumberger ENCAT 无线井下油藏测试系统

Schlumberger 开发的 EnACT 无线遥测传输系统基于低频的电磁信号，系统总的设计如图 3-23 所示。在系统中，将无线传输和原有的 IRDV 技术相结合，形成一个综合技术。系统的通信是双向的，地面-井底和井底-地面。遥测性能取决于地层电阻率、完井结构和井筒流体。现场测试从 HUB 到地面传输范围达到 1828.8～3200m。安装中继器能够扩展深度范围。对于典型的油藏测试环境，只需要一个中继器，对于深井可能需要更多的中继器。

在地面，系统有连接到井口的电缆，离井口大约 300ft，连接着地面传送和接收盒，地面这两点能够传送和接收信号。系统参数见表 3-6。

该无线系统可以和无线激发点火头一起使用，可用于多层选择射孔。

EnACT 系统由地面采集和传输单元、井下单元组成。井下单元包含 HUB、智能遥测双阀（IRDV）、中继器等。与前述的 Halliburton 的 SmarTest™ 系统相同之处是都采用了无线遥测测试阀来开关井。不同之处是前者采用声波遥测，遥测测试阀连接于发送器下部；后者采用电磁波遥测，同时也能用环空压力脉冲或定时器控制测试阀开关；测试阀连接于发送器（HUB）上部；EnACT 可以和无线激发点火头一起使用，用于多层选择射孔。

HUB 是井下无线系统的核心，相当于前面的发送器。它包含了 4 个压力和温度计和必需的无线传输和接收的电路。安装在 HUB 内的每个压力计都有独立的电池和电路，用于处理和记录数据。该设计保证了任何无线遥测系统出现故障时采集数据的安全。

表 3-6　EnACT 主要指标表

| 参数 \ 系统单元 | HUB | 中继器 | 参数 \ 系统单元 | HUB | 中继器 |
|---|---|---|---|---|---|
| 最大外压/MPa | 90 | 103 | 测量压力计/个 | 4 | 1 |
| 工作温度/℃ | 150 | 150 | 单级传输距离/m | 610~3048 | 610~3048 |
| 最大外径/mm | 133 | 42.8 | 最大数目 | 6 | 6 |
| 内径/mm | 57 | — | | | |

智能遥测双阀（IRDV）是快速动作、独立控制、全通径多次循环双阀。靠低密度的环空压力脉冲独立或依次控制测试阀（球阀）和循环阀（滑套型）。在探井和完井中使用了数千次，经历了从轻型的盐水到重型的泥浆系统。IRDV 对其他工具作业的压力波动、通常的作业过程、水力压裂是不敏感的。

将 IRDV 连接于 HUB 上部，可将 IRDV 的开关状态反馈阀到地面，可无线遥测控制阀的开关。同时保留了 IRDV 原有的功能，能够通过常规的压力脉冲控制。

中继器的无线遥测性能同 HUB。然而，仅有一个通向环空的压力测量装置。如果需要测量其他管压，可以下入一个 HUB 作为一个中继器。

Schlumberger 无线遥测系统在沙特阿拉伯应用了 3 口井、6 井次，（见表 3-7）。每次作业数据都在地面成功地接收。显示系统（InterACT）如图 3-24 所示。

图 3-24　井场无线井下-地面数据采集机构

表 3-7　Schlumberger 无线传输系统在沙特阿拉伯测试应用统计表

| 井　名 | 井 A | | 井 B | | 井 C | |
|---|---|---|---|---|---|---|
| 测试编号 | 1 | 2 | 1 | 2 | 1 | 2 |
| 时间/d | 5 | 6 | 4 | 7 | 8 | 7 |
| 深度/m | 3080 | 2426 | 1929 | 1889 | 3200 | 2875 |
| 井底温度/℃ | 86.1 | 68.3 | 90.0 | 92.2 | 92.7 | 87.7 |
| 最大油压/MPa | 75.8 | 68.9 | 58.6 | 65.5 | 82.7 | 47.5 |
| HUB 平均套压/MPa | 31.7 | 26.8 | 22.3 | 21.3 | 35.0 | 35.1 |

在测试中，使用无线系统获得的实时数据显示在图 3-25 中，被存储数据组覆盖。实

时和存储数据都来自装在一个 HUB 中的同一个压力计，证实了实时的数据和存储数据是一致的。无线遥测系统传输的全分辨率数据和压力计的存储数据都是预期的结果。

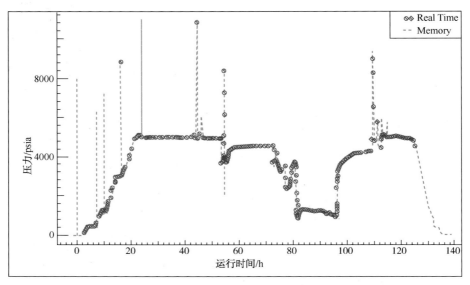

图 3-25　无线传输的井底压力数据和记录的存储数据是一致的

Expro 公司将其电磁遥测系统（CATS）应用于生产完井中，使用完井或油管作为电磁传输路径（如图 3-26）。不需要永久电缆、电缆夹子和电缆穿越井口和封隔器。电磁系统按规定的间隔传输数据，能够有效地管理油藏。代替电缆作永久监测。系统电池供电，传输的数据量主要取决于工具的下入深度，但是完井、地层电阻率和地面设备也都有一定的影响。系统已经从 10000ft 将数据传输到地面，不需要任何中继器。

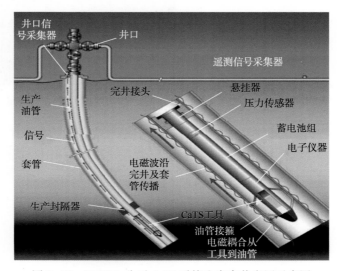

图 3-26　EXPRO 公司 CaTS 系统生产完井应用示意图

### 3.7.5 井下数据传输应用

井下信息收集传感系统主要由永久性安装在井下的、间隔分布于整个井筒中的温度、压力、流量等传感器构成。通过这些传感器可以获得井下油气生产信息，并能够监测各层段流量，调整油水井工作制度，以达到实时监控的目的[1]。本节将以振动波的井下传输特性——大庆油田试验研究为例进行说明井下传输系统的应用。

井下通信是油藏开发和井下远程控制的关键技术，振动波通信方法为井下数据传输提供了一种新途径。使用这种方法，控制命令可以通过振动波通过油管或套管进行调制和传输，为了分析振动波的井下传输特性，在大庆油田进行了现场试验。如图 3-27 所示，程序可以总结为：设置在井口的振动信号发生器(Vibration signal generator)，首先将控制命令加载到经过调制和编码后的振动波中；振动波信号然后通过油管(Tubing)或套管(Casing)沿井眼向下传输；井下工具中的微型振动加速度计通过信号接收器(Signal receiving devices)接收管道或套管传输的振动信号，然后控制系统将该信号解码为相应的控制命令。

图 3-28 是振动波的长距离传输场测试的示意图。测试结果如表 3-8，表明基波频率为 100Hz 的振动波信号可以在井口与其下方 900m 之间传输，对于基波频率为 200Hz 和 300Hz 的振动波信号，由于振动波的井底反射和其他原因，信号传输在 900m 深度处失败。当设备接近井底时，由于井底信号的反射，反射的振动波会干扰正常向下传播的振动波，因此信号突然增大或减小。图 3-29 显示了振动信号的衰减趋势，消除了与井底有关的影响。套管振动波信号的衰减特性可以总结为：对于基频为 100Hz 的信号，为 13.3dB/1000m。基本频率为 200Hz，5.1dB/1000m；基本频率为 300Hz，8.6dB/1000m。利用当前可用的技术，可以在 3000m 深度内成功实现井下通信。

表 3-8  现场试验结果

| 深度/m | 信号强度(基本频率 100Hz)/dB | 信号强度(基本频率 200Hz)/dB | 信号强度(基本频率 300Hz)/dB |
|---|---|---|---|
| 100 | 44 | 44 | 32 |
| 200 | 44 | 45 | 30 |
| 300 | 44 | 44 | 36 |
| 400 | 43 | 41 | 35 |
| 500 | 41 | 41 | 37 |
| 600 | 38 | 43 | 36 |
| 700 | 38 | 42 | 31 |
| 800 | 43 | 34 | 23 |
| 900 | 21 | — | — |

振动波通信为井下数据传输提供了一种新的方法。为了确定振动波的井下传输特性，在大庆油田进行了井下长距离传输场试验，通过对测试数据的分析，得出以下结论：可以在 900m 深度正确接收和解码振动波信号，证明了振动波通信的可行性；在特定深度处发生特定频率的振动波的信号阻塞，这验证了交替的通带和阻带的振动波特征，因此确定了多基频

传输策略的可靠性，了解了长距离传输中振动波衰减的一般规律；按照目前的技术水平，可以在3000m深度内进行井下通信，振动波井下通信技术为井下信号传输提供了一种新颖的技术手段，可广泛用于地层注水、地层生产、水力压裂、地层测试及钻井等领域。

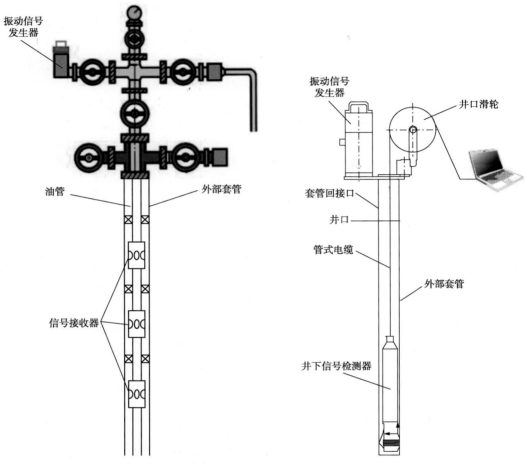

图3-27 井下振动波通信原理示意图          图3-28 测试传输

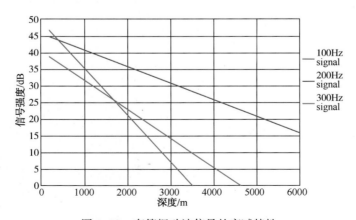

图3-29 套管振动波信号的衰减特性

## 3.8 智能井井下数据处理系统

### 3.8.1 井下数据处理简介

井下数据的有效处理可以提高数据的分辨率，增大传感器系统的适应性，可以纠偏和校正原始数据。因此，数据处理在测量系统中的作用就显得格外重要。数字滤波、相关性分析、经典谱估计都是最传统的数字信号处理方法。数字信号处理所应用的算法主要有傅里叶变换、HILBERT 空间正交分解、线性卷积、相关函数、小波分析等[4]。

最近一种新型的数据处理方法——多传感器数据融合技术已经应用于惯性导航、遥感、医疗诊断、海洋监测和管理等多个方面。运用该技术可以增强数据的可信度及精度，同时也可提高系统的稳定性及可靠性，能在很大程度上增加系统的实时性和并有效提高信息利用率。因为它可以充分利用不同时间和空间域上的多传感器数据资源，并合理地支配和使用观测信息，依据准则组合多传感器在空间域和时间域上的各种冗余和互补信息，所以可以使被测对象的解释和描述结果更一致，以进行相应且及时的估计或决策，使系统获得更为充分的信息。随机和人工智能是多传感器最常用的两类方法。其中随机类方法中最主要的有加权平均法、多贝叶斯估计法、卡尔曼滤波和 Dempster-Shafer（D-S）证据推理等；主要的人工智能方法有模糊逻辑理论、粗集理论、神经网络、专家系统等。就当前该领域的发展状况来看，多传感器数据融合技术将是未来信号处理领域最受欢迎的方法，因为它可以多方位地分析、校正数据，并准确判断传感器的工作状态，以更大程度地提高数据质量、系统精度和可靠性。

### 3.8.2 井下数据处理

智能井传输系统采集到的井下数据包含有大量的油井/油藏信息，是石油工程师进行生产决策的重要依据。但由于井下生产环境复杂、油水井工作制度改变、井下设备异常等因素的影响，采集到的原始数据中未免会包含有大量噪声、异常点，在石油工程师对这些生产数据进行分析并形成决策之前，非常有必要对原始数据进行处理和加工，以提供有效、可用的数据信息。例如从永置式井下监测设备采集到的数据因为受到不同程度的干扰而存在误差，其表现形式主要为噪声和异常点两种[4]。噪声数据是指在一个时间序列中，分散在整体数据变化趋势周围的一些数据点，和真实数据相同的是这些数据也分布于相邻的区域内，它实质上也是是一种真实的测量信号，只是受到了一定的干扰。而有些数据值点远离序列一般水平，这些值常被称为异常值点或离群点，形式上表现为极端大值和极端小值，但该类型的数据点一般会有远离所有数据整体变化趋势的表现形式。所以若要区分噪点和异常点，可通过数据点与整个数据变化趋势的差异值来确定。

各种各样的因素都可能导致噪声或异常点的出现。首先，因为永置式井下传感器的工作环境非常恶劣，油井或油藏中这种高温、高压、强腐蚀的环境是传感器在设计、制造、校正时难以模拟的，所以所设计的传感器在井下监测时其测量结果也会因为受井下环境的干扰而不准确。其次，油藏环境的动态变化也可能使测量结果发生波动，从而导致噪声的出现。而系统因为受到外部干扰而产生的误差称为异常值点。导致异常值的产生的原因很多，第一，采样时存在的误差，如记录的偏误、计算错误等，都有可能产生极端大值或极端小值；第二可能是因为受各种非正常因素的影响而使所研究数据自身存在误差，例如永久井下传感器工作失常形成异常点。

首先要对数据进行数据预处理，它一般是指在进行数据挖掘以前对数据进行的一些处理，包括数据清理、数据集成和数据变换、数据归约。数据清理是对原始数据进行填充空缺值、识别孤立点、平滑数据噪声，纠正不一致性等处理。数据集成是将多个数据源中的数据结合起来存放在一个一致的数据存储(如数据仓库)中。数据变换是将数据转换成适合于数据挖掘的形式。数据归约是利用聚集、维归约、小波变换、主成分分析、数值归约等技术来压缩数据，在减少数据量的同时尽可能保持原数据信息的完整性。

这里的数据预处理过程不同于数据挖掘前进行的数据预处理，它实际是进行 PDG 数据处理之前的一些数据准备工作，主要针对智能井井下数据采集系统的数据记录方式，将采集到的数据文件格式、数据类型等进行必要的转换，以便数据的后续处理、分析和存储。PDG 数据预处理的主要内容包括：①数据导入：由于目前大多数 PDG 数据采集模块的文件保存格式是纯文本格式，所以需要先将文本格式的采样数据文件转换成 Excel 表格形式，或直接导入到数据库中保存；②数据类型转换：将所有数据类型转换成实数格式，包括数据类型为时间型的采样时间数据，便于后续的数据分析计算；③删除错误数据和冗余数据：错误数据主要是指超出各参数正常取值范围的数据，例如为负值的压力或温度数据，冗余数据主要是指采样时间上存在重叠的数据。

其次数据处理要面对的就是异常值点的去除，因为这些数据和总体数据变化趋势是明显偏离的，不具有代表性，所以这些数据的存在可能会对分析结果产生影响；因为噪声的存在降低了数据记录的准确性，所以第二步便是数据降噪，降低数据中的噪声水平，恢复原始数据的变化趋势；由于计算机资源的限制，解释 PDG ( Permanent Downhole Gauge ) 记录的所有数据是不可能的，所以第三步就是数据压缩，其目的是为了在保留具有代表性的、重要的数据点的同时，减少数据总量，有效提高计算机的数据分析速度；完整的数据记录对于后续的分析具有重要意义，如果存在数据不完整的情况，数据补全也是非常重要的一个步骤，这里尤其指流量数据。但是智能井井下传感器所得到的信号是时变的，如果单纯地了解信号在时域或频域的全部特征是远远不够的，因为最希望得到的是信号频谱随时间的变化，因此需要信号的时间和频率的联合函数来表征，这种表征称为信号的时频表示，时频表示分为线性和二次型两种，最具代表性的线性时频表示有：小波变换等，而最具代表性的二次型时频有时频联合分析，又称时频分布。

针对智能井井下压力数据数量庞大、存在异常点和噪声等问题，已有多位学者进行了研究，比较有代表性的是斯坦福大学的 Athichanagorn，他提出的"七步法"流程包括：消除异常点、数据降噪、不稳定状态识别、数据压缩、流量历史重建、状态过滤和移动窗口分析。前面 4 个步骤用于压力数据的处理，后面 3 个步骤用于压力数据的分析。其中，消除异常点是后续步骤的基础，它对于不稳定过程的识别有很大的影响。不稳定过程识别是数据处理的关键步骤，因为准确识别压力数据中不稳定过程的断点(或称起止点)是后续数据分析的关键。数据降噪和压缩是获得干净的压力数据的必备步骤，根据现场采集到的智能井 PDG 压力数据特点。例如压力数据处理流程如图 3-30 所示。

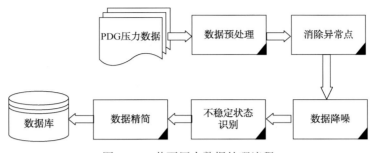

图 3-30  井下压力数据处理流程

### 3.8.3  井下数据处理应用

数据是信息的载体，数据分析和处理的任务是从采集到的信号中提取有用的信息。智能井井下监测装置提供了庞大的数据，可以有效反映油藏的真实情况，但由于各种因素的影响数据中也会存在一些噪音，甚至是异常的数据，若能对智能井井下监测数据做处理而得到较为准确的数据，这对于油藏历史拟合将有极大的帮助，能使之得出更为准确的油藏参数，也将有利于油藏的优化控制，以更好地实现油藏的最优开发。

（1）井下监测数据中奇异值的检测

奇异值，又称异常点或离群点，它最主要的特点是远离整体数据的变化趋势。智能井井下监测数据也会因为各种原因的影响而出现奇异值点。由于井下生产环境复杂，油水井工作制度的改变或者井下设备的异常等都可能会使监测数据中出现奇异值点。

数据的奇异性检测是数据分析处理的基本任务之一。因为奇异值的存在会影响数据分析的结果，从而影响对油藏地质及开发状态的认识，甚至使拟合结果不正确而对油井的生产控制做出不正确的决策，这无论对于单个油井还是整个油藏都是不利的，所以准确检测到奇异值就显得格外重要。

在研究函数奇异性时，Fourier 变换一直以来都是最重要的方法。但是由于 Fourier 变换缺乏空间局部性，通过变换只能确定函数奇异性的整体性质，却很难对信号的局部性质得出准确结论，如奇异点在空间的位置及分布情况都很难确定。而小波变换具有时频局部化的特点，所以，也可以用小波变换来分析信号中奇异点的位置和奇异度的大小。

但利用小波变换检测信号中的突变点时，不论运用小波变换系数的模极大值点还是过零点方法，都应该在多尺度上做判断和综合分析，这样才能准确得出突变点的位置。所以，若分析和判断不够准确，奇异值就很难准确找到，若能找到一种方法能准确找出异常值点，并将其直接删除将会得到更能反映真实情况的数据点。Thompson 的异常值检测算法可准确找到异常值点。下面将以一组数据为例，检测该组数据中的奇异值点。

本节选取某智能井的井下数据验证上述算法，该井为垂直井，目前已知油层厚度为 27m，油井半径为 0.1m，泄油半径为 250m，原油黏度为 5.5MPa·s，地下原油体积系数为 1.12，供给压力为 21.3MPa，油藏饱和压力为 8.6MPa，并且早期流动阶段已结束，压力波已经传播至定压边界。对该智能井 2011 年 9 月 26 日至 11 月 14 日连续 50 天的井下压力、温度数据进行实时监测（数据采集频率为每 4s 采集一次）。现截取 11 月 14 日的前 100 个数据点做奇异值检测处理，表 3-9 为截取的前 100 个数据点的前 10 个数据点。

**表 3-9　井下监测压力、温度部分数据**

| 数据点序 | 日期 | 时间 | 温度/℃ | 压力/MPa |
|---|---|---|---|---|
| 1 | 2011/11/14 | 0：00：03 | 74. 1525507532060 | 13. 7701911820894 |
| 2 | 2011/11/14 | 0：00：08 | 74. 1363096386194 | 13. 8007928287318 |
| 3 | 2011/11/14 | 0：00：12 | 74. 1527715735137 | 13. 7776417050006 |
| 4 | 2011/11/14 | 0：00：17 | 74. 1398188956082 | 13. 7804131363240 |
| 5 | 2011/11/14 | 0：00：21 | 74. 1428284309804 | 13. 7810546386364 |
| 6 | 2011/11/14 | 0：00：26 | 74. 1427839808166 | 13. 7403629723867 |
| 7 | 2011/11/14 | 0：00：30 | 74. 1410433910787 | 13. 8040679918255 |
| 8 | 2011/11/14 | 0：00：35 | 74. 1516754552722 | 13. 7842826775099 |
| 9 | 2011/11/14 | 0：00：39 | 74. 0035698749125 | 13. 7772552610579 |
| 10 | 2011/11/14 | 0：00：44 | 74. 1471022777259 | 13. 7826862048407 |

　　针对上文中所截取的 100 个压力数据点用 Thompson 的异常值检测算法进行奇异值检测处理图中横坐标为数据点序，纵坐标为压力值，红圈圈出的点即为检测出的异常值点。从图 3-31 中可以看出除去被红色圆圈圈出的奇异点之外，其他数据点都在 13.775 左右浮动。所以说使用该方法能准确找出各种井下监测数据中的奇异值点，然后根据程序返回的奇异值位置将其删除，便可消除其对整体数据的影响。

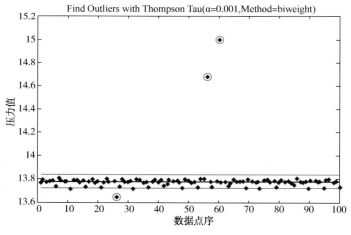

图 3-31　某井压力数据异常值检测结果图

（2）井下监测数据的降噪处理

　　因为永置式井下传感器的工作环境是极其恶劣的油井和油藏，这种高温、高压、腐蚀的环境是设计、制造、校正传感器时无法模拟的，所以传感器在井下监测时其测量结果也会因为受井下环境的干扰而不准确。其次，油藏环境的动态变化也会使测量值出现波动，从而导致噪声的产生。

与真实的数据类似，噪声总是位于相邻的区域内，因为它的本质也是一种真实的测量信号，只是受到了一定的干扰。它虽然不像奇异值那样严重偏离整体数据趋势，但它的存在也会使分析结果不准确，从而影响对油藏认识，对油藏生产的控制和优化造成一定影响。

为了提取数据中最具代表性的数据点，可以对数据进行降噪处理。小波变换是信号降噪处理最常用的方法之一。小波降噪方法主要有三种：基于小波变换模极大值原理、基于小波系数类型和阈值去噪方法。

Donoho 等人针对阈值去噪方法提出软阈值和硬阈值去噪法，具体是指在所有系数中，将绝对值较小的小波系数置为零，并将绝对值较大的小波系数保留或做收缩处理，这分别对应的是硬阈值方法和软阈值方法，从而得到估计的小波系数，最后直接利用估计的小波系数进行信号重构。阈值函数和阈值量化方式的选择直接关系到去除噪声的质量。阈值函数的选取通常有两种方法：一种为硬阈值函数，另一种为软阈值函数采用硬阈值方法，小波系数在阈值点处不连续；而采用软阈值法，小波变换的零和非零系数之间有一个平滑的过渡。例如，硬阈值函数可以定义为：

$$Y=\begin{cases} X & |X| \geq T \\ 0 & |X| < T \end{cases} \tag{3-1}$$

软阈值函数可以定义为：

$$Y=\begin{cases} X-T & X \geq T \\ X+T & X \leq T \\ 0 & -T \leq X \geq T \end{cases} \tag{3-2}$$

其中，$X$ 是信号的小波系数，$T$ 是预先设定的阈值。$T=\sigma \sqrt{21gN}$，$N$ 是信号的采样数目，是噪声的标准偏差。

因此，利用小波分析进行信号降噪主要有以下几个步骤：

① 信号的多分辨率分解。选择一个与信号相匹配的小波，并以此来确定信号的分解层次 $N$，然后对信号作 $N$ 层小波分解。

② 小波分解系数处理。选取合适的方法针对第 1 层到第 $N$ 层中每一层高频系数做处理，以降低噪声信号所占比例。

③ 信号重构。根据小波分解的第 $N$ 层的低频系数和经过量化处理后的第一层到第 $N$ 高频系数，对处理后的信号做小波重建。下来对去除过奇异值点之后的数据做去噪处理，在该节中我们选择上节实验智能井 2011 年 11 月 14 日井下永久检测仪器所检测的前 300 个数据作为实验数据。因为采用软阈值法，小波变换的零和非零系数之间有一个平滑的过渡，所以选择软阈值函数，对数据做降噪处理。其结果如图 3-32 所示，图（a）是含噪数据，图（b）~（e）为不同阈值选择方式和调节方式下对含噪数据做 5 层小波分解后处理并重构所得到的数据图。经过降噪处理后的数据因为噪声的影响减小，数据变化趋势非常明显，整体数据基本稳定在 13.775MPa 左右，这对于之后的数据解释及各种应用都非常有利。

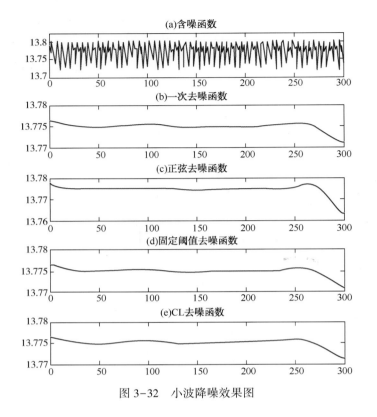

图 3-32　小波降噪效果图

（3）井下监测数据的压缩

数据压缩是一种数据取样方法，旨在不丢失数据中所包含的有用信息的前提下，通过缩减数据总量来达到减少存储空间，提高其传输、存储和处理效率的目的，或按照一定的算法对数据进行重新组织，减少数据的冗余和存储空间的一种技术方法。

数据量大是 PDG 数据的一个显著特点。因为现代传感器记录数据的频率可以高达每秒一次，这意味着：若连续生产一个月后一个 PDG 中将会记录有数以百万计的数据，手动钻研处理这庞大的数据既费时又费力。但是由于计算机资源的限制，解释所有的数据几乎不太可能。所以，将降噪后的数据压缩以达到一个可管理的水平就显得非常必要。

针对一维信号，可以选择小波分析或小波包分析两种不同的手段进行压缩处理，具体步骤如下：①信号的小波（或小波包）分解；②对高频系数进行阈值量化处理，对第 1 到 N 层的高频系数，都可选用不同的阈值对小波系数做量化处理；③对量化后的小波系数进行小波（或小波包）重构。

接下来对数据做压缩处理，在该节中选择上节实验智能井 2011 年 11 月 14 日井下永久监测仪器所监测的前 300 数据作为实验数据，压缩效果如图 3-33 所示，从图中可以看出压缩后的数据折线图在数据量上减少了，减少了之后数据解释的工作量，而且相比于原始数据，还保留了其细节特征，这有利于解释工作快速而准确地进行，也加速了油藏历史拟合速度，以便及时有效做出合理的油藏优化策略。

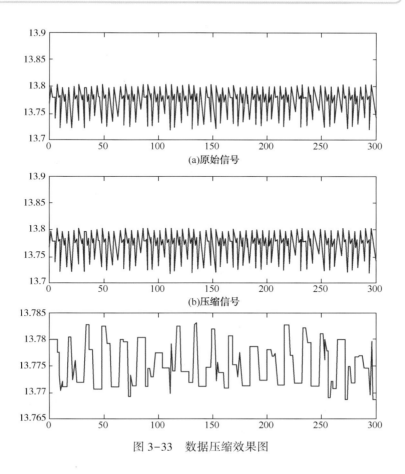

图 3-33  数据压缩效果图

# 参 考 文 献

[1] 姚军，刘均荣，张凯，等.国外智能井技术[M].北京：石油工业出版社，2011.

[2] 白宇.油田井下数据采集系统的相关研究[J].信息系统工程，2018(12)：30.

[3] Miyajan R，Khudiri M，Wuhaimed A，et al. Fusion of Real Time Data Transmission and Visualization to Optimize Exploration Well Testing Operations[C]. Society of Petroleum Engineers，2015.

[4] 张娇.智能井井下监测数据处理方法与应用研究[D].西安：西安石油大学，2017.

[5] Halliburton. Halliburton Completion Tools A solutions overview form the global leader in completions[EB/OL].（2018.2.18）[2020，09，21].https：//www. halliburton. com/content/dam/ps/public/cps/contents/Brochures/web/HCT-Overview-H012779. pdf.

[6] 石油圈.全球首款可回收电控安全阀[EB/OL].（2017，9，26）[2020，9，10].https：//www. sohu. com/a/194599710_232491.

[7] 石油圈.OminiWell 系统：油藏动态纤毫毕现[EB/OL].（2016，8，10）[2020，9，21].http：//www. oilsns. com/article/71394.

[8] Schlumberger. WellWatcher Flux Multizonal reservoir monitoring system[EB/OL].（2016）[2020，09，21].https：//www. slb. com/-/media/files/co/product-sheet/wellwatcher-flux-ps. ashx.

[9] Schlumberger. IntelliZone CoMPact Ⅱ Modular multizonal management system[EB/OL].（2018）[2020，09，

21]. https：//www. slb. com/-/media/files/co/product-sheet/intellizone-coMPact-ii-ps. ashx.

[10] 石油圈. Tendeka 实现真正的数字油田智能完井[EB/OL].（2017, 8, 23）[2020, 9, 21]. https：// m. sohu. com/a/166689457_232491.

[11] Pari, M. N., Kabir, A. H., Motahhari, S. M., & Behrouz, T.（2009）. Smart well-Benefits, Types of Sensors, Challenges, Economic Consideration, and Application in Fractured Reservoir. Paper presented at the SPE Saudi Arabia Section Technical Symposium, Al-Khobar, Saudi Arabia.

[12] Halliburton. ROC Gauge[EB/OL] https：//www. halliburton. com/en-US/search0. html? query = ROC% 20Gauge.

[13] Halliburton. Fiber-Optic Sensing：Turning the Lights on Downhole[EB/OL] https：//www. halliburton. com/en-US/search0. html? query = Fiber-Optic% 20Sensing% 20% 20Turning% 20the% 20Lights% 20on% 20Downhole.

[14] HANSEN H. The evolution of wellbore monitoring and active completion systems[OL] http//www. hansenenergy. biz/activecompletions/the_long_and_wingding_road_towards_the_intelligent_completion/the_early_days. html.

[15] Kragas, T. K., Pruett, E., & Williams, B.（2002, January 1）. Installation of In-Well Fiber-Optic Monitoring Systems. Society of Petroleum Engineers.

[16] Halliburton. Fiber Optics Sensing Tools Move From Aerospace Research To Open New Frontie[EB/OL] https：//www. halliburton. com/en-US/search0. html? query = Fiber% 20Optics% 20Sensing% 20Tools% 20Move% 20From% 20Aerospace% 20Research% 20To% 20Open% 20New% 20Frontie.

[17] Denney, D.（2010 May 1）. Intelligent-Well Completions in Agbami：Value Added and Execution Performance. Society of Petroleum Engineers.

[18] 刘景利, 苏兆斌, 邓瑞. 光纤传感器在油气勘探上的应用[J]. 国外油田工程, 2009, 25(06)：44-4.

[19] 于清旭, 王晓娜, 宋世德, 赵业卫, 崔士斌. 光纤 F-P 腔压力传感器在高温油井下的应用研究[J]. 光电子. 激光, 2007, 18(3)：299-302.

[20] 谭超, 董峰. 多相流过程参数检测技术综述[J]. 自动化学报, 2013, 39(11)：1923-1932.

[21] 李轶. 多相流测量技术在海洋油气开采中的应用与前景[J]. 清华大学学报（自然科学版）, 2014, 54(01)：88-96.

[22] Thorn R, Johansen G A, Hjertaker B T. Three-phase flow measurement in the petroleum industry[J]. Meas Sci Technol, 2013, 24(1)：1-17.

[23] Falcone G, Hewitt G F, Alimonti G. Multiphase Flow Metering[M]. Elsevier, 2010.

[24] Li Y, Yang w Q, Xie C G, et al. Gas/oil/Water Flow Measurement by Electrical Capacitance Tomography [J]. Meas Sci Technol, 2013, 24(7)：1-12.

[25] Wang R, Pavlin T, Rosen M s, et al. Xenon NMR Measurement of Permeability and Tortuosity in Reservoir Rocks[J]. Magnetic Resonance Imaging, 2005, 23：329-331.

[26] Emerson. Roxar MPFM 2600MVG Modular-based Multiphase and Wetgas Flow Meter[EB/OL].（2018, 02）[2020, 09, 21]. https：//www. emerson. com/documents/automation/product-data-sheet-mpfm-2600-mvg-datasheet-roxar-en-us-170812. pdf.

[27] Schlumberger. Vx Spectra Surface Multiphase Flowmeter[EB/OL].（2017）[2020, 09, 21]. https：// www. slb. com/-/media/files/testing-services/product-sheet/vx-spectra-surface-multiphase-flowmeter-ps. ashx.

[28] 贝克休斯公司. 使用人工神经网络的用于电潜水泵的多相流量计：中国, CN101680793A[P]. 2010, 03, 24.

［29］ Maglione R，Robotti G，Romagnoli R. In－situ Rheological Characterization of Drilling Mud［J］. SPE Journal，2000，5(4)：377-386.

［30］ Halliburton. lnSitu Viscosity Reservoir Fluid Viscosity Sensor［EB/OL］. https：//www. halliburton. com/en-US/search0. html？query＝lnSitu%20Viscosity%20Reservoir%20fluid%20viscosity%20sensor.

［31］ Rondon，N. J，Barrufet，M. A.，&Falcone，G. Calibration and Analysis of a Novel Downhole Sensor to Determine Fluid Viscosities［C］. Paper presented at the SPE EUROPEC/EAGE Annual Conference and Exhibition，Barcelona，Spain，2010.

［32］ 石油圈. 提产量又怕出砂？Emerson 新技术可帮你优化产量［EB/OL］. (2018，06，01)［2020，9，21］. http：//www. oilsns. com/article/310739.

# 04

# 第四章
## 完井优化技术

在完井设计和油气优化开采过程中，完井团队需要根据油气藏的特性和井筒流动特性，对各种完井方式进行评价，结合生产技术指标(产能/产量)和经济指标(成本/收益/风险)，选择最优的完井方式。在完井方式设计和优选过程中，包括各种复杂的模拟和计算，因此完井优化技术在完井的设计和施工方面具有重大价值。智能完井系统是一套联系地面与井下的闭环信息采集、双向传输和处理应用系统。首先通过地下传感、传输系统和地面收集系统将油井生产参数实时汇总到大型数据库，通过油藏数值模拟软件快速地将数据库中的生产数据进行模拟、分析、处理，实时获取井下动态，利用最优理论，制定最优的生产方案，通过远程控制系统对生产方案进行实时调控，实现油气资源开发最优化和经济利益最大化。简而言之，就是采集、模拟、决策、控制。其中，采集和控制依靠智能井硬件系统，采集通过井下传感器进行实时采集数据，控制通过智能井下控制阀进行生产实时调控。而模拟和决策依靠完井油藏生产实时优化技术，即利用油藏模拟技术及优化算法制定油田实时开发最优方案，以实现采收率最大化。只有智能完井硬件系统，没有先进的油藏生产优化管理技术进行结合，那么不能实时合理地调整生产，完井设备的价值得不到有效发挥。

## 4.1 完井闭环控制

在智能完井系统中，传统控制策略仍然占据主要地位，这主要是由于目前基于模型的现代控制理论的应用还存在模型所带来的诸多不确定性因素的影响，为油藏生产的精确控制带来了一定的困难。但随着自动历史拟合技术、油藏模型降维技术、油藏模型更新技术、稳健的优化算法以及数据采集技术等的发展，基于模型的油藏控制理论和技术将成为未来研究的重点。目前，一些学者在这方面已经做了一些卓有成效的理论研究工作，并取得了较好的效果[1]。

经典的控制方式可分为开环控制和闭环控制。图4-1是通用经典闭环控制理论在石油开发中应用的控制框图。其基本原理是：在管理决策、经济评价、油气储运等各个部门对产量的约束条件下，将由油藏模型估计获得的目标产量与由智能完井系统获得的实际产量进行比较，根据误差结果，通过闭环控制模型输出控制指令操纵井下控制阀动作，在存在干扰的情况下实时监测系统输出状态，并根据输出和输入偏差对控制进行实时调整，以达到优化输出的目的。

由于计算机技术和数据采集技术的发展，油藏生产控制目前正逐步向"闭环"控制方向发展。闭环控制又可分为以油藏为中心的慢速闭环控制(slowloop)和以油井为中心的快速闭环控制(fastloop)，如图4-2所示。

以油井为中心的快速闭环控制可以通过油井干预、修井或者操纵智能完井设备来实现，其响应能在几分钟内就很快反映出来。而以油藏为中心的慢速闭环控制则需要通过油田开发方案的调整和整个油藏的优化来实现，油藏的响应可能会在数月或几年方能测试到。总的来看，闭环控制在智能完井系统中的优点主要体现在以下几个方面[2]。

① 将智能完井的控制方式由作业者的主观控制转向闭环系统的自动控制。

② 提高工作效率，主要表现在提高资源、设备和工作流的利用效率，将有经验的油藏工程师从琐碎的办公室工作中解脱出来，同时也不需要自动化专家亲临现场进行监测和

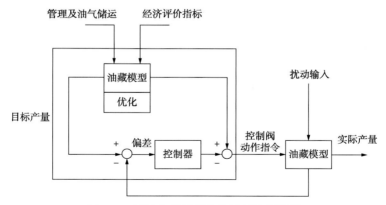

图 4-1 石油生产过程中的闭环控制框图

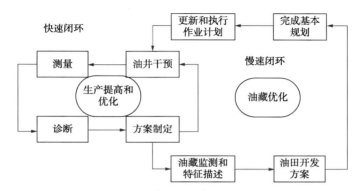

图 4-2 快速闭环与慢速闭环

控制，未来的智能完井闭环控制系统将取代目前的操作管理人员完成日常事务。

③ 优化油井和提高最终采收率，未来将把油井模型算法集成到控制系统中，使作业者集中在整个油田而不是单井的优化上。

④ 高度的安全性和可靠性。通过减少人为失误而提高系统的安全性和可靠性；通过集成通用的系统组件来降低故障率，减少系统冗余，从而使得系统更加经济有效。此外，还可使工作人员在舒适的环境中进行工作，在提高工作效率的同时又减少了操作人员暴露在恶劣环境中受到伤害的风险。

⑤ 节省费用，提高效益。节省费用体现在两个方面，一是直接减少了系统集成费用，二是由于作业方和供货方的技术专家集中在办公室内工作间接地节省了大笔的费用。当前，E&P 行业在协同环境下进行工作已经成为主要的发展趋势，这将极大地缩短决策时间，提高经济和社会效益。

由于闭环控制技术的应用，推动了智能完井实时优化与控制技术的发展。目前所研究的大多数智能完井优化控制方法都是基于模型的控制理论，但这种方法的应用并不是很理想，这主要是由于油藏和生产模型的不确定性因素多、模型复杂，很难实施精确控制。因此，系统辨识和实时模型参数最优估计理论得到应用，通过系统辨识和状态估计，可以实时调整模型参数，达到精确控制的目的。

然而油藏的数值模型一般维数都较高，高维的状态模型要实现在线辨识和参数更新其计算量可想而知，就目前的计算机技术来讲不现实也不可行，因此需要有更好的理论和方法避开高维模型的束缚。一些研究表明，降维的模型也可以达到预期的控制效果，如图4-3所示。高维油藏数值模型经过分析将其不可控的空间维省去，得到较低维数的模型以实现在线辨识和参数更新，最终实现最优控制。目前模型降维方法主要有克雷洛夫子空间投影法、状态空间正交分解法等。Jorn. F. M. vanDorena等介绍了一种利用本征正交分解（POD）方法对仿真模型降维进行在线优化，模型状态从全维模型的4050个降到30~41个，计算速度快了43%，最终得到的最优值达到全维模型优化最优值的97%。

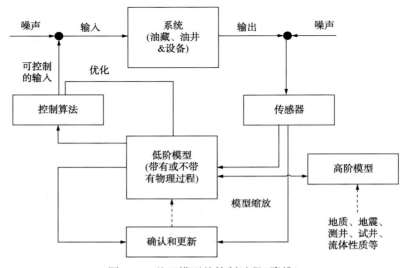

图4-3 基于模型的控制过程（降维）

  上述控制方法是基于已知油藏模型基础之上的，而大多数情况下对所开发的油藏并没有更深入的了解，只能根据经验给出大致的油藏模型。在这种情况下，一般可通过现代控制理论对系统进行辨识和历史拟合，从而实现系统优化控制。集成卡尔曼滤波算法是解决这种问题的一种很好的方法。该方法是一种递推算法，能够较为全面地描述系统状态空间信息，同时这种算法还能有效地利用历史信息、简化计算量、实现在线参数估计，并且在处理油藏不确定性因素（参数）方面具有较强的优势。由于这些优点，集成卡尔曼滤波算法在智能完井优化控制中得到了较为广泛的应用。G. Naevdal等、R. J. Lorentzen等利用集成卡尔曼滤波算法来估算不确定的油藏参数（如渗透率场等）和优化水驱控制。结果表明，其优化效果与事先已知油藏参数情况下的优化效果非常接近。图4-4为J. R. Rommelse等提出的利用集成卡尔曼滤波算法实现在线油藏模型优化与控制的流程图[12]。

  总的看来，未来油藏的管理将向闭环控制与实时优化方向发展。由于油藏系统的复杂性和不确定性，以及监测控制手段不完善，使得最优控制理论的应用受到一定程度的限制，因此研究和筛选一种适合的最优控制理论和控制策略是目前研究的重点之一。虽然基于模型的控制理论研究已经取得了较为丰硕的成果，但油藏模型降维技术的研究仍相对滞后，因此有必要对油藏模型降维技术进行研究以提高控制效率。在处理油藏不确定性方

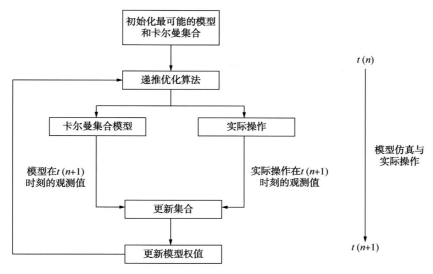

图 4-4　卡尔曼滤波算法实现在线油藏模型优化与控制

面，由于集成卡尔曼滤波算法具有较大优势，因此基于集成卡尔曼滤波算法的在线最优估计理论将会为模型优化和控制的实际应用提供一种新的思路。

目前许多世界知名石油公司都将智能油田的生产管理模式在实际油藏进行初步应用，如图 4-5 所示为油藏闭环管理示意图，油藏闭环管理在 Schlumberger 的 Haradh 智能油田、Petrobras 的 Brownfield 智能油田和 Shell 的 NaKika、Champoin West 智能油田都取得了理想的效果。Shell 公司被认为是世界上智能油田开发投资最大的公司，研究走在前列。智能油田生产管理模式可以使油田开发方案设计及决策时间降低 75%，油田平均采收率提高 8%，成本降低 20%[3]。

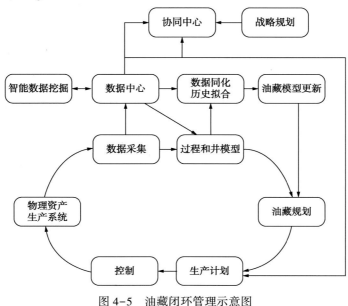

图 4-5　油藏闭环管理示意图

## 4.2　油藏控制与优化开采技术

完井是根据油气层的地质特性和开发开采的技术要求，在井底建立油气层与油气井井筒之间的合理连通渠道或连通方式。智能井投入开发后，其采收率(或净现值)最大化是通过控制阀开度来优化油藏生产动态从而实现开发目标。智能井监测系统得到的数据，经过传输、采集、处理后，结合预测的油藏模型和油井模型，运用优化算法对井下智能调节阀的开度进行优化计算，实现采收率最大化。油藏控制与优化开采技术具有非常重要的研究价值，它作为智能完井系统的核心技术，包括两个环节：油藏生产实习优化技术与油藏历史拟合技术[4]。

### 4.2.1　油藏生产实时优化技术

各大石油公司提出了智能油田、数字油田和 E 油田等概念，其目的就是降低方案设计时间，通过智能调控，在原油增产的同时尽可能减小生产的成本。油藏生产实时优化正是基于这样的理念所提出的，它能实时给出油藏区块的生产方案，调控油水井的生产使得开发处于最佳的状态，节约生产成本，改善开发效果。油藏生产优化是通过调整油藏区块内油水井的产出和注入状态以实现生产效益的最大化，这是一个典型的最优化问题。在优化的进程中，在最初开发时可以为油水井优化制定一组最优的生产方案，但在开发一段时间以后，随着对油藏状况的了解逐步深入，需要对现有的开发方案进行调整。基于该时刻的油水分布重新对开发区块进行优化计算，得到新的最优开发方案。这里的优化计算就是对油藏生产最优控制问题进行求解[5]。

### 4.2.2　油藏历史拟合技术

应用数值模拟方法计算油藏动态时，由于人们对油藏地质情况的认识还存在着一定的局限性。在模拟计算中所使用的油层物性参数，不一定能准确地反映油藏的实际情况。因此，模拟计算结果与实际观测到的油藏动态情况仍然会存在一定的差异，有时甚至相差悬殊。在这个基础上所进行的动态预测，不一定准确甚至会导致错误的结论。为减少这种差异，使动态预测尽可能接近于实际情况，在对油藏进行实际模拟的全过程中广泛使用历史拟合方法。

所谓历史拟合方法就是先用所录取的地层静态参数来计算油藏开发过程中主要动态指标变化的历史，把计算的结果与所观测到的油藏或油井的主要动态指标例如压力、产量、气油比、含水等进行对比，如果发现两者之间有较大差异，而使用的数学模型又正确无误，则说明模拟时所用的静态参数不符合油藏的实际情况。这时，就必须根据地层静态参数与压力、产量、气油比、含水等动态参数的相关关系，来对所使用的油层静态参数做相应的修改，然后用修改后的油层参数再次进行计算并进行对比。如果仍有差异，则再次进行修改。这样进行下去，直到计算结果与实测动态参数相当接近，达到允许的误差范围为止。这时从工程应用的角度来说，可以认为经过若干次修改后的油层参数，与油层实际情况已比较接近，使用这些油层参数来进行油藏开发的动态预测可以达到较高的精度。这种对油藏的动态变化历史进行反复拟合计算的方法就称为历史拟合方法。

由于目前历史拟合还没有一种通用的成熟方法，经常的做法仍是靠人的经验反复修改参数进行试算，因此油藏模拟过程中历史拟合所花的时间常占相当大部分。为了减少历史拟合所花费的机器时间，要很好地掌握油层静态参数的变化和动态参数变化的相关关系，应积累一定的经验和处理技巧，以尽量减少反复运算的次数。近年来还提出了各种自动拟合的方法，力求用最优化技术以及人工智能方法来得到最好的参数组合，加快历史拟合的速度并达到更高的精度。但目前这种自动拟合的方法还处在探索和研究阶段，还没有得到广泛的实际应用。

历史拟合包括全油藏的拟合和单井指标的拟合，一般是根据实测的产量数据来拟合以下的主要动态参数：油层平均压力及单井压力、见水时间及含水变化、气油比的变化。为了拟合这些动态参数，要修改的油层物性参数主要包括：渗透率、孔隙度、流体饱和度、油层厚度、黏度、体积系数、油、水、岩石或综合压缩系数、相对渗透率曲线以及单井完井数据如表皮系数、油层污染程度和井筒存储系数等。

由上面可以看出，历史拟合过程所涉及的因素是很多的，特别是多维多相渗流历史的拟合过程，所涉及的相关因素很多，拟合过程相当复杂。因此，为进行一个成功的拟合，必须掌握正确的拟合原则和方法，否则将会花费更多的机器时间，甚至失败。

## 4.3 完井优化软件及其应用

近年来，各大油服公司先进的模拟和优化软件逐步推广应用，取得了良好的经济效益，下面对几种软件进行介绍。

### 4.3.1 Halliburton NETool®软件

Halliburton 旗下从事油田数字化相关业务的产品线——兰德马克（Landmark），该产品线专注于为油气勘探生产提供数字及分析、科技、软件等服务。NETool® 是 Landmark 开发的先进的井筒和完井水力模拟工具，其显著的特点是确定区域最佳单井产量后再确定完井方式。NETool® 是一款多学科信息综合应用的软件，涵盖钻井、完井、生产、油藏等技术领域，该软件将油藏流体的供应能力与不同完井方式的流动特征相结合以快速建立复杂的井筒模型，精准地模拟近井筒和井筒区域内多相流体的流动，填补了传统油藏数值模拟软件和单井井筒模拟软件之间的技术空白，使其成为油藏数值模拟和油管设计软件的桥梁，从而协助完井工程师进行完井方式设计和优选，辅助生产和油藏工程师对单井的生产情况进行实时监测，最大化油气资产价值[6]。NETool®软件功能图如图 4-6 所示。

NETool® 可快速导入主流油藏数值模拟模型或者测井曲线数据，辅助完井工程师更准确地认识油藏中的流体流动，从而制定更为合理的完井设计方案。此外，完井工程师也可将创建的完井设计模型导出至数值模拟模型中，帮助打破负责油井设计的生产工程师和负责油井流入动态计算的油藏工程师之间的技术壁垒，实现各种完井方案整个生产周期内的效果评估，并进行长期的生产预测，为后续制定合理的工作制度奠定良好的基础。

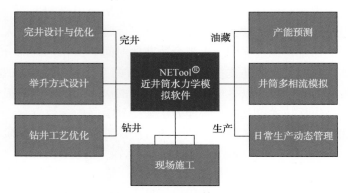

图 4-6　NETool® 软件功能图

传统节点分析软件通常仅考虑 1 种环空，无法准确表征多相流体的流动，而 NETool® 可同时模拟 4 种环空，并自动处理流向问题，考虑了完井部件周围特殊流动关系，从而准确模拟流体从油藏流动至完井管串，再经过油管流动至井口。根据不同的完井设计方案计算相应的生产指标，评估新完井工具、人工举升类型或其他设备对生产的影响，从而帮助用户预测单井产能、井筒内各种风险及不合理参数，进而评估和进一步优化完井设计。

根据统计，更好的完井设计方案可将采收率从 3% 提高到 7%。NETool® 可对目前所有井型及完井方式进行设计和优化，其中井型包括直井、斜井、水平井、多分支井、智能井等，特别是对于多分支井及智能完井的设计处于世界最领先水平，完井方式包括裸眼完井、割缝衬管完井、射孔完井、普通筛管完井、绕丝筛管完井、流量控制设备（ICD/AICD）、流量控制阀（ICV）等。

在完井设计的基础上，NETool® 会模拟计算全井产量（油、气、水、气油比、含水等），以及井筒内各种流动关系、井筒产量及压力剖面数据（油管和环空压力、油管和环空流速、流入环空的流量、流入油管的流量等），方便生产工程师和油藏工程师对井进行实时监测。

NETool® 目前广泛应用于全球油气公司和服务公司，在油气公司的典型应用有：智能完井方式优选与设计；油藏参数的敏感性分析优化完井设计；优选井位和井身结构设计；评估新的完井和钻井技术对生产的影响；分析生产能力不佳的单井；人工举升分析与模拟；与油藏数值模拟软件耦合运算进行长期预测；解决或排除生产故障；单井日常生产动态监测。NETool® 是一款全面、智能、高效的完井设计与生产优化工具，可以帮助用户更加全面的认识油藏至复杂管串再到井口的流动，更加智能的优化完井设计，更加高效地管理单井生产制度。

在中东 Al-Khafji 油田的两个砂岩中，使用固井尾管完井的油井很快就被水冲蚀。为帮助水平井充分发挥其潜力，Al-Khafji 联合作业公司提出了对基于喷嘴的流入控制设备（ICD）完井的改进，以延缓水冲蚀，提高产量。客户使用 NETool™ 软件通过模拟各种 ICD 设计配置中的流体流动来设计完井。复杂的设计考虑了包括 ICD 喷嘴的尺寸、ICD 沿侧向位置、高渗透段的水侵，以及环空流体流动等各种因素。优化后的完井设计使产油量增加了两倍，同时降低了 90% 以上的含水率[7]。

图 4-7 是由于采油层不均匀的耗竭导致的交叉流动和水渗出的情况，ICD 完井设计是一个复杂的过程，需要对裸眼水平段进行修改，以实现从环空到油管的控制。模拟各种设计的性能是优化完井的关键。

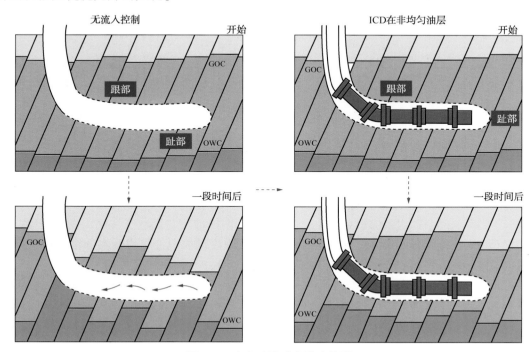

图 4-7　水交叉流动和渗水情况

如图 4-8 所示，为了提高采收率，需要控制 A 油藏的水道和水锥进，以及 B 油藏的底水。A 储层的 ICD 设计用于非均质储层中最小反压的水控制。完成的剖面不是完全水平的，表现出不同的压力和较高的渗透率。使用 NETool 模型对不同场景下的 ICD 设计进行了模拟，包括高渗透区间的高水饱和度。所选的设计隔离了高渗透率区域，并使用了比水平段其他区域更少的 ICD 喷嘴。与非 ICD 井相比，该设计将产油量提高了近三倍，并且几乎完全消除了含水。在 B 油藏中，设计的水平井有一个 270ft（82m）长的页岩段，页岩段必须被隔离在空白管道后，且

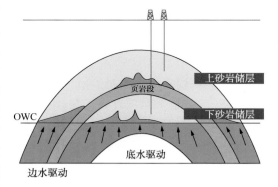

图 4-8　油藏控水示意图

趾部渗透率高。使用 NETool 软件分析沿水平截面的压降变化，以确定 ICD 的最佳组合。模拟还测试了高渗透区间的水突破情况。安装的 ICD 设计改善了内流分布，提高了产油量，同时降低了 90% 以上的含水量。

如表 4-1 所示，与非 ICD 偏移量相比，优化后的 ICD 完井显著提高了性能。

表 4-1　优化性能对比

| | Reservoir A | | Reservoir B | |
| --- | --- | --- | --- | --- |
| 含水率-ICD 井 | 0~15% | 60% | 0~15% | >50% |
| 含水率-非 ICD 井 | 60%~64% | | 35%~80% | |
| 石油产量-ICD 井（B/D） | 2560~2910% | 125% | 2100%~6000% | 170% |
| 石油产量-非 ICD 排水井（B/D） | 900%~1535% | | 1000%~1965% | |

注：与非 ICD 偏移量相比，优化 ICD 完成的能力显著提高了性能。

### 4.3.2　Schlumberger Eclipse 油藏模拟系列软件

Eclipse 系列软件为石油工业提供了一套完整、强大的数值模拟研究工具，涵盖各类油气藏各个开发阶段的研究流程，帮助研究人员快速、精确地预测油气藏生产动态。Eclipse 油气藏模拟器功能强大，运算稳定，高效快速，具备并行计算可扩展性和完善的集成平台。它涵盖了油气藏建模各个领域，包括黑油模型、组分模型、稠油热采及流线模型。与此同时，Eclipse 拥有大量的高级选项——包括局部网格加密、煤层气、气田操作模型、高级井模型、油气藏耦合、地面管网等——能够最大限度地模拟油气田开发的全过程[8]。

（1）Eclipse 油藏模拟系列软件功能介绍

Eclipse 系列软件体系为石油工业提供完整、全面、强大的数值模拟研究工具，涵盖各个类型油气藏的数值模拟，有效解决各领域复杂难题——从构造、地质、流体乃至开发方案，快速、精确、高效地预测储层生产动态。Eclipse 系列软件体系支持全部类型油气藏模型的构建——黑油、组分、热采以及流线模型[9]。

最新版本升级了 ELCIPSE 黑油模拟器、组分模拟器和流线模拟器的部分功能。化学驱提高采收率建模功能得到丰富，在 Eclipse 黑油模拟器中添加了模拟聚合物的选项，在 Eclipse 组分模拟器中添加了新的表面活性剂驱油模型。继续发展对 Petrel 油气藏工程研究平台集成工作流的支持。软件绑定 MEPO 4.2。MEPO 是一款多重实现优化工具箱，MEPO 最常用于辅助历史拟合、不确定性分析、敏感性分析以及油气田开发方案优化设计。油气藏工程师通过 MEPO 可以优化数值模拟工作流，实现工作流程半自动化。

在 Eclipse 黑油模块扩展了聚合物选项，支持聚合物、冻胶高级建模，包括具有温度敏感性的聚合物。该选项升级了聚合物流变剪切效应。Eclipse 组分模拟器添加了表面活性剂模型，该模型实现了表征表面活性剂互溶影响、表面活性剂吸附于岩石及润湿反转效应。该模型可与组分泡沫驱模型共同使用。改进了 Eclipse 煤层气、页岩气选项中的 Palmer-Mansoori 岩石压实模型，提高了对"变形恢复区域"的辨别、表征能力。Eclipse 还扩展了对水力压裂建模技术，允许用户采用定向、滞后岩石压实表格。以上功能适用于传导率乘数因子、双孔 sigma 乘数因子。

升级扩展了 Eclipse 组分模拟器表征平衡偏差模型。气水交替注入滞后效应升级了气水交替注入滞后效应模拟技术，实现了定义两相、三相共存时水相饱和区，传统、气水交替注入滞后饱和度可以并行使用。升级了 Eclipse 黑油模拟器与组分模拟器多段井建技术，实现了多种完井方式如关闭阀门、流量控制装置等，保证井分支的隔离效果。隔离分支井仍旧可以模拟窜流效应。改进了 JALS 算法，热采模拟计算更加稳定。本版本继续发展对

Petrel 油气藏工程研究平台集成工作流的支持。

Eclipse 系列软件套装能够实现各类油气藏的数值模拟。提供多种可选的模拟器，结合丰富的高级功能选项，用户可个性化地制定数值模拟。核心模拟器是全隐式、三相、三维的通用黑油模拟器；组分模拟器可精确描述多组分油气藏流体组分变化过程；热采模拟器模拟辅助重力蒸汽驱、蒸汽吞吐、蒸汽驱等稠油开发过程；FrontSim 流线模拟器提供三维、三相的黑油及组分模型的流线型模拟器。

FrontSim 是基于隐式压力显示饱和度(IMPES)和流线/前缘追踪概念的油藏模拟器，充分利用了流线法的优势，独有的前沿追踪技术降低了数值弥散误差，提高了计算速度。在进行百万节点级甚至更大规模的计算时，比黑油模型要快一个数量级。采用流线模拟器有效改善水驱管理项目，减少建模的不确定性，减少了历史拟合事件，提高了可视化程度。

（2）INTERSECT 油气藏数值模拟器

Eclipse 与 INTERSECT 下一代数值模拟器互为补充。INTERSECT 模拟器专为大型复杂油气藏模型而设计，提供了快速、扩展性良好的储层与井建模技术。与此同时，Eclipse 模拟器系列涵盖了整个标准数值模拟领域，为用户提供了完整、无与伦比的强大功能。MEPO 多重实现优化器采用常规或多重实现许可证，调用 Eclipse 系列模拟器进行运算。针对不确定性分析与优化等工作流，Eclipse 多重实现许可证技术实现了更快捷的模拟。

与目前市场上的数值模拟器不同，INTERSECT 是具有全新功能的下一代油气藏模拟器。针对当今前益复杂的油气田开采，INTERSECT 大大提高了油气藏开发设计与风险管理的效率，提高采收率、减少油气藏控制管理的不确定性因素。Petrel 油气藏工程研究平台为 INTERSECT 提供了强大的可视化前后处理模块。

INTERSECT 很方便实现精细地质描述和井建模，INTERSECT 数值模型只需要最小限度的网格粗化或不需要网格粗化，因而能够详细地描述复杂地质情况和井况，实现油气藏精细表征。断层、裂缝、井附近区域采用非结构化网络进行准确建模。行业领先的多段井表征技术精准描述了流体在水平井段的流动特征、复杂完井。百万级别网格的大型油气藏模拟也得以实现。

INTERSECT 模拟器充分开发多核(多处理器)性能，显著减少了模型计算时间，使您更快做出决策。INTERSESCT 采用更高效的求解方法，运算耗时只是现存模拟器的几分之一。实现快速、弹性的油气藏建模。INTERSECT 模拟器通过全面、灵活的生产控制等油气田高级管理工具帮助用户评价油气田开发策略。用户能够使用复杂的控制措施和逻辑条件实现钻井等资源的最优化配置。各种类型的流体、岩石属性、开发过程等都在一个统一的模型器中运行计算，包括：黑油模型和组分模型、双孔介质模型和单孔介质模型、热采模型等[15]。

Eclipse 软件套装包所有模拟器相互高度兼容，具有相同的数据输入、输出格式，便于协同工作。所有模拟器都充分支持 Petrel 勘探开发软件平台，为用户提供最便捷、全面的油气藏模拟工作流。

（3）Petrel 油气藏工程研究平台

目前石油生产开发相关软件种类繁多，有的软件功能强大，有的软件面向于某一专业方面的应用性能强大，油气藏工程人员常常需要多个软件协同完成工作，但众多软件的协同工作，往往存在数据质量下降甚至数据丢失的风险，降低优化设计的效果。Petrel 油气藏工程研究平台为用户提供了 Eclipse 模拟器工作环境，该平台将静态建模与动态建模过程无缝接合，数据流程透明，图形操作界面简单易用，支持模拟器参数设置，便于用户查看模型图形化结果。Petrel 平台整合了多学科数据流，使各领域专家在这个统一的平台上协同工作，同时也支持广泛的不确定性建模及模型优化功能。推荐功能更为强大的 Petrel 油气藏工程研究平台作为 Eclipse 前后处理程序。

在钻完井优化设计中不同软件之间数据的差异往往也会存在。比如不同软件之间的工区的基准面的差异、单位的差异、投影系统的差异，以及数据的精度等，对油藏模拟和钻完井优化设计的准确性造成影响。Petrel 勘探开发一体化平台则可以有效地解决研究中不同软件之间数据交换中的这类问题，而且丰富的质量控制工具，以及可视化窗口，为科研工作人员提供了更加直观有效的质控工具。Petrel 是集勘探、开发、生产于一体化的多学科工作平台，不同学科的研究人员可以应用 Petrel 专注于不同领域的研究，而且可以直接在同一工区上分别进行地震解释、地质研究、开发建模、数值模拟、生产动态管理、钻完井设计等不同阶段的研究。Petrel 的勘探开发一体化研究平台，为各个学科提供了协同的工作平台，避免了不同学科间、不同软件间、不同工区间数据共享时的数据丢失，而且避免了不同软件工区中数据的多次质控问题。

Petrel 勘探开发一体化平台目前涵盖多种软件的勘探、开发、生产、钻井等 140 余种数据格式，支持的部分数据格式如图 4-9 所示。可以直接对叠前地震数据、叠后地震数据、速度数据、测井曲线、井斜、井上分层、地层构造面、砂体厚度等厚图、散点数据，三维网格模型等数据进行直接加载。如果数据没有确定的加载格式，一般也可以通过通用格式直接加载到软件当中。数据在由数据源加载到 Petrel 工区的过程中，如果数据与工区之间的单位不一致，可以直接在加载时进行单位转换，如果相应的坐标系统和基准面不一致，则可以在加载数据时实现数据坐标系统转换。工区内统一的坐标系统与单位设定，使得从勘探到开发无须再进行数据的单位转换，从而使得勘探到开发到生产结合得更加紧密。

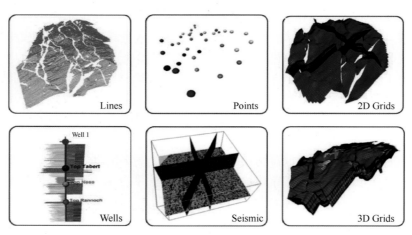

图 4-9　Petrel 支持的部分数据格式

近年随着 Petrel 对地震解释功能的以及地震叠前叠后反演的不断完善，使得 Petrel 在一体化工作流上更加完整。地震解释工作人员可以直接应用 Petrel 完成地震数据的加载、地震数据的显示，合成地震记录标定、地震解释、地震属性计算、速度模型及时深转换等研究工作。而地震解释的成果可以直接应用于构造模型的建立、储量计算与沉积相及属性模型的建立。这就完全避免了勘探解释成果由地震解释平台到油藏平台的转换，从而避免了转换过程中的数据丢失，而且大大节省了项目的时间。

油藏建模人员可以直接应用 Petrel 中的地震解释的时间层位或者深度层位来进行油藏地质建模，可以直接应用速度模型进行时深转换，并可以直接应用地震数据对油藏地质建模的断层模型及地质模型进行质量控制。Petrel 勘探开发一体化平台为勘探人员与开发人员间建立了良好的桥梁。

油藏工程师则可以直接应用 Petrel RE 查看油藏模型，粗化静态油藏模型，直接在 Petrel RE 中调用油藏数值模拟器，直接在 Petrel RE 中查看油藏数值模拟的结果。通过对油藏数值模拟参数的不断优化，从而达到优化开发方案，井产量管理以及井位预测与设计。

图 4-10 展示了 Petrel 从勘探到油藏的精细描述，Petrel 勘探开发一体化平台，真正实现了从勘探地质、地震解释、储量计算、储层建模到油藏数值模拟、生产动态管理、井轨迹设计的一体化的完整工作流。

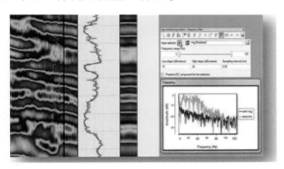

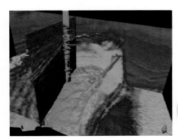
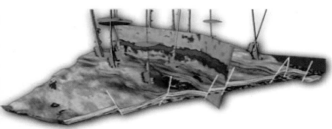

图 4-10　Petrel 从勘探到油藏的精细描述

Petrel 勘探开发一体化平台为地质、地震、油藏、钻井等不同学科的研究人员提供了丰富而又强大的质控工具，如图 4-11 所示，可以分别在油田生产开发的不同阶段对研究过程中的数据进行高精度的控制，真正实现对油田的定量描述。

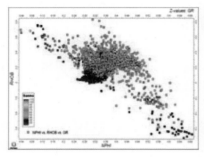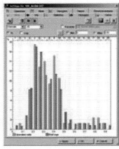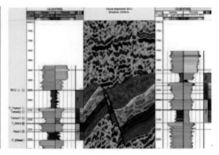

图 4-11　Petrel 中丰富多样的质控工具

　　数据管理器（Data Manager）是 Petrel 中最常见的数据质控工具，通过不同数据的数据管理器，可以分别对井数据、地震数据、井上分层、储层建模参数、数据分析等原始数据进行直观的数据检查，快速定位有问题的数据类型，结合 Petrel 提供的将近 200 余种色标，大部分数据可以直接在相应窗口中进行查看显示，从而对问题数据或者聚焦区域进行详细分析。此外，Inspector 工具可以快速对窗口中的感兴趣区域进行属性及坐标的快速查看，以及实现目标体的色标的调节、快速储量计算等。对于研究过程中的新进数据，则可以通过 Workflow 对数据或者模型进行快速更新，而不需要重新对研究过程进行重做，进一步提升了研究的工作效率。

　　多窗口联动显示是数据质控的另一有效的方法。例如测井曲线在 3D 窗口的显示与连井窗口的显示，可以快速定位曲线的异常值。地震数据 2D 与 3D 窗口的联动，地质模型在 2D、3D、剖面和 Map 窗口的联动对于分析地质甜点区域、钻井轨迹设计起着非常重要的作用。此外，Histogram 窗口、Function 窗口、Stereonet 窗口等对数据的检查分析、质控过滤等也起着非常重要的作用，而且在这些窗口中的过滤，可以直接应用窗口间的联动在 2D 或者 3D 窗口中进行查看。而且许多必要的结果都可以直接在窗口中生成相应的 Report，真正对关键步骤做到数据监控，从而实现对研究成果的可靠控制。

　　Petrel 中强大的三维显示、二维显示为数据的质控和研究成果的查看提供了良好的显示工具，分别可以从不同的视角直观地查看最终的结果，例如针对空间砂体展布、空间井轨迹与甜点组合、聚焦甜点区分布、不同时间段油藏开发注水（气）地质响应情况。灵活的地震与油藏剖面显示，区域勘探成果与精细油藏描述的综合显示，不同学科研究人员在 Petrel 中协同工作研究，真正实现了数字化油田在 Petrel 平台上的勘探开发生产钻井的一体化流程。

　　Petrel 勘探开发一体化平台，将不同学科的研究领域集成于同一操作环境中，避免了数据间的频繁输出输入，而且将多学科的数据集成在同一平台进行数据的质控、检查与运算，并可以对不同学科成果综合显示，对油藏研究成果的良好展示。如图 4-12 所示，为 Petrel 勘探一体化综合显示。随着国内油田逐渐进入开发的中后期，越来越需要多学科的协同工作来提高油气的产量，而 Petrel 勘探开发一体化平台则为油田中后期开发的各种问题提供了最优化的解决方案[11]。

　　近年来随着 Petrel 勘探开发一体化的不断推进，Petrel 勘探开发一体化平台国内几大

图4-12　Petrel 勘探开发一体化综合显示

油田几乎都有应用，特别是 Petrel 勘探开发一体化平台在中海油总院及中海油各个分公司中勘探开发一体化的广泛应用，以及在中国石油塔里木油田、长庆油田、辽河油田、中国石化胜利油田、江苏油田、中原油田等油田也在逐步推广。Petrel 勘探开发一体化平台在数据质控、勘探开发钻井综合研究、数字化油田以及降本增效中起到积极作用。

### 4.3.3　Landmark 公司的 DecisionSpace®Production™系列软件

Landmark 公司的实时优化系列软件包括 Decision-Space® Production™、WellSolver™、AssetSolver™、AssetLink™四部分。

DecisionSpace®Production™是首套商业化的、被证实的综合生产作业（integrated production operations，IPOs）技术解决方案，涵盖整个油气资产价值链（油藏、油井、集输网络和设备），使未来的智能油田（the digital oil field of the future）成为现实。如图4-13 所示，软件包含一系列可缩放的模块应用软件，并与基于 Web 技术的操作系统相连，使其能够很容易地将数据和现有应用软件集成到一个虚拟的、协同工作的生产作业环境中，能解决关键性的地下和地面接口挑战以将生产作业转换到一个实时优化系统中。软件利用可视化、解析、预测、模拟和优化等技术，能够跨越技术和组织部门以及地理边界来影响和控制实时生产数据以支持最优工作决策和决策的及时执行。

WellSolver™软件能实时监测任何生产井或连通井。通过与智能完井仪表和工作阀相连接，能使操作者进行实时闭环优化。WellSolver™软件具备监测、诊断和预测功能，适合于所有油井类型，并能帮助资产管理队伍（asset team）管理高价值的多井生产设施[27]。通过将实时在线油井数据集成到一个共享的协同工作环境中，软件模块能实时监测和显示结果，并能预测油井动态。WellSolver™软件提供独特的模拟和优化环境来支持实时油井动态管理，在线实时预测分析允许操作者能主动地并在发生严重事故（损坏）之前更好地管理油井修井作业。WellSolver™软件的预测分析功能使得油井能通过异常现象进行生产管理，当与智能完井设备相连接时，还能够实现实时闭环自动化管理。软件包括所有实时系统连接工具，能连接到 OPC 和 ODBC 系统以及专用的数据库系统，系统包括的转接器和连接器数量超过 50 个。基于 Web 技术的协同的直观的操作界面与 AssetLink™操作系统相连，用于在线显示模型计算结果，软件设计界面如图4-14 所示。

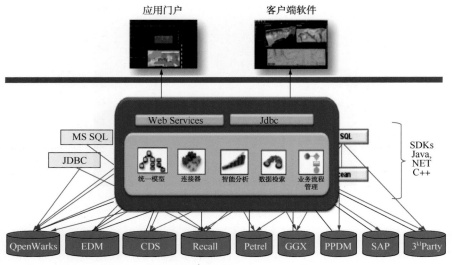

图 4-13 数据集成服务器 DecisionSpace® DataServer

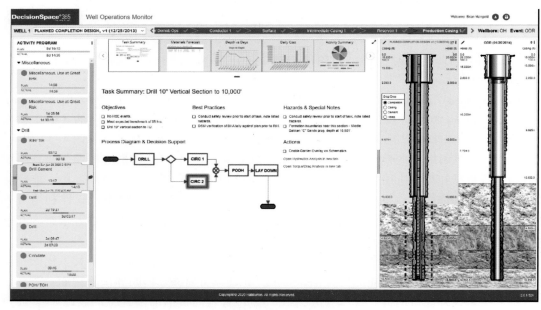

图 4-14 软件设计界面

AssetSolver™软件是一个实时的、基于模型的优化解决方案，采用一个单独的、综合的资产（asset）模型，涵盖了油藏、油井、管网和设备等方面；软件运行速度快（秒级），可测试实际的操作环境或多个方案，能够进行实时全系统优化。AssetSolver 软件在协同的环境中在线运行，为资产管理团队提供通用的、准确的和稳健的模拟环境，利用该模拟环境从众多操作目标和限制条件中优选方案，以促进高效生产。综合模型能在线与 SCADA 或其他系统相连接，并可在闭环模式或监督模式下运行。所用的模型考虑了各种不确定性因素的影响。

AssetLink™操作环境将不同数据源和在生产作业中应用的技术综合在一起。它是一种基于 Web 技术的操作系统，为兰德马克公司的集成生产作业解决方案之一。

Production™提供了一个公用的平台，创造了一个协同的、虚拟的操作环境，通过高度直观的用户操作界面，统一的业务规则引擎以实时显示方式将相关生产数据可视化，可以与通用生产应用软件和数据库连接，能够通过异常现象进行生产管理。当出现问题时，系统通过电子邮件、SMS、呼叫器或 Web 用户操作界面立即告知用户，这样就能及时采取措施来改善生产动态并减少损失，AssetLinkDirector™操作环境结合辅助功能来驱动业务过程管理引擎，能够控制生产作业工作流实现高效流转，有助于围绕工作流进行及时协同工作以实现持续的生产优化。

### 4.3.4 DrillPredictor™

FracGeo 宣布其软件模块 DrillPredictor™的发布，这是一种基于云订阅技术的 Web 服务，可以为非常规油藏运营商提供完井优化。该技术已经得到了现场应用，可以使用任何承包商提供的常用地面钻井数据，为不同地下地质和地质力学条件下的油藏压裂施工提供所需的信息。

DrillPredictor™使用了一项新技术，该技术使用标准的地面钻井数据实时计算出修正的机械比能(CMSE)，可计算任何类型钻井设备(包括旋转导向系统和泥浆马达)沿井筒的摩擦损失。FracGeo 的 CMSE 用于计算沿井筒的孔隙压力、应力、天然裂缝、孔隙度和地质力学测井数据。在钻井完成后，DrillPredictor™提供了一种具有自适应压裂段间距和簇设计的最佳完井策略，该策略考虑了沿井筒计算的应力和地质力学性质的非均质性。这些数据预测通过光纤、微地震矩张量反演和生产测井进行验证。FracGeo 客户定期调整处理参数，成功地优化了所有的压裂作业，而不会增加井下风险，仅需要极少的成本，基于新的云服务的推出进一步降低了成本[12]。

有以下特性：

校正了机械比能(CMSE)，可实时解决摩擦损失；

实时估算或在钻探完成后估算孔隙压力、地质力学测井、孔隙度、自然断裂指数和应力脆性；

在钻探结束时，根据应力脆性、Shmin、CMSE 或从 GMXPredictor 结果中提取的微分应力，提供最佳压裂阶段间距和团簇密度；

将导出的完井设计导出到 StimPredictor™以设计压裂处理。

DrillPredictor 是一种基于云技术的新型油气开发工具，其即用即付费的服务模式为开发商提供了可操作信息，以最低的成本实现了完井完善。具有以下应用优势：使用来自开发商的常用地面钻探数据，根据底层的地质状况，可提出适合的增产方案和措施；使用 FracGeo 专有的 CMSE 技术，可以解决任何类型的钻井设备(包括 RSS 和泥浆马达)沿井筒的摩擦损失；采用了即用即付费的模式，基于 Web 服务实现低成本服务。

DrillPredictor 包括一项全新的技术，使用标准地面钻探数据实时计算校正机械比能(CMSE)，计算沿井筒的摩擦损失。CMSE 可以计算沿井筒孔隙压力、应力、天然裂缝、孔隙度和地质力学测井数据。钻井完成后，DrillPredictor 立即提供最佳完井策略，根据沿井筒计算的应力和地质力学特性的异质性，提出适宜的压裂产层间距和集群设计。修正机械比能量（CMSE），实时计算摩擦损失，实时估算孔隙压力、地质力学测井、孔隙度、天然裂缝指数和应力脆性，也可选择在钻井完成后立即提供。在钻孔结束时提供基于应力脆性、CMSE 或从 GMXPredictor 结果中提取的差分应力，提出最佳压裂段间距和团簇密度，将派生的完井设计输出到 StimPredictor 以优化压裂处理。对于工程师和地质学家，掌握该技术是一种全新的技能，可以了解最新的科学知识，通过使用现场验证的技术，提高对现场作业的了解。DrillPredictor 包括业内第一个也是唯一的 3G 集成软件 FracPredictor，可以帮助开发商利用真实案例提升该软件的利用能力[13]。

## 4.4　人工智能、大数据、云计算应用展望

人工智能是一门融合了计算机科学、统计学、脑神经学、社会科学、哲学、心理学、仿生学等多学科的前沿综合性学科。它涵盖了机器学习、机器人、语言识别、图像识别、自然语言处理等。作为计算机科学的一个分支，人工智能的目标是希望计算机拥有像人一样的智力能力，像人一样思考，而且是合理地思考，替代人类实现识别、认知、分析和决策等多种功能。目前人工智能的业界巨头主要是谷歌、思科、微软、英特尔、IBM 以及 Facebook。石油巨头与这些业界巨头携手合作，开展了一系列人工智能技术在石油行业的应用，并取得了一些阶段性研究成果和实际应用成果。

伴随着大数据掀起的信息革命浪潮，数字化、科学化、大数据化是未来钻完井服务行业的发展趋势。麦肯锡全球研究所对大数据给出的定义是：一种规模大到在获取、存储、管理、分析方面大大超出了传统数据库软件工具能力范围的数据集合，具有海量的数据规模、快速的数据流转、多样的数据类型和价值密度低四大特征。大数据技术的战略意义不在于掌握庞大的数据信息，而在于对这些含有意义的数据进行专业化处理。随着勘探、钻探和生产作业中信息传感技术的广泛应用，石油和天然气行业已成为庞大的数据密集型行业，运用大数据技术可以分析地震和微地震数据、改善储层特征和模拟，减少钻井时间并提高钻井安全性、优化完井生产、改善石化资产管理、改善运输以及提高职业安全性。

云计算（cloud computing）是分布式计算的一种，指的是通过网络"云"将巨大的数据计算处理程序分解成无数个小程序，然后，通过多部服务器组成的系统进行处理和分析这些小程序得到结果并返回给用户。云计算早期，简单地说，就是简单的分布式计算，解决任务分发，并进行计算结果的合并。因而，云计算又称为网格计算。通过这项技术，可以在很短的时间内（几秒种）完成对数以万计的数据的处理，从而达到强大的网络服务。油气行业的性质决定了其涉及诸多敏感信息，出于对数据安全的担忧在应用云服务方面表现得并不热情。随着云技术的发展，云端数据的安全性进一步提高，各大油服公司正逐步适应云系统服务，相信在不久的将来能看到它在石油行业的大规模应用。

### 4.4.1　人工智能改变完井方式

2014 年 10 月 30 日，Repsol 官网发布信息宣布，Repsol 与 IBM 携手合作推出世界上第

一个针对石油行业应用的认知技术合作。两家公司使用 IBM 的认知环境实验室（CEL）联合开发两个认知应用程序，专门用于增强 Repsol 在优化油藏生产和在新油田投入方面的战略决策能力。一般来说，海上单井钻探成本高达数百万美元，但不是所有的油井都能够开发成功，因为现有的钻井决策所依靠的信息有限。而认知技术可以对数十万篇文献和报告等信息材料进行分析，通过分析地震成像、油藏、设施等多种数据组合，同时引入新的需要考虑的实时因素，比如经济稳定性、政治态势和自然灾害等，开展目标分析和模拟，从而降低这些作业的风险。认知技术帮助 Repsol 提升现有油田的生产效率，同时将寻找新资源的勘探风险降至最低。

意大利石油巨头埃尼（Eni）2019 年 5 月份公布了和 IBM 联合开展的 AI 研究成果"认知发现"（Cognitive Disovery），为 Eni 在勘探阶段初期的决策提供支持，以减少勘探与地质复杂性可能导致的潜在风险。"认知发现"（Cognitive Discovery）的工作方式类似于增强情报助手，在处理大量地质、物理和地球化学等数据时提供更真实、更精确的地下地质模型。这些数据集经过处理形成知识图，然后呈现给地球科学家，这将有助于他们在日常工作中进行决策，以及对可能的备选方案进行识别和验证。油气勘探是一项复杂且知识密集型的业务，涉及各种工程和科学学科的合作。为了评估地层，工作人员需要分析来自各种信息源的结构化或非结构化的海量数据，以评估油气藏存在的可能性和潜在规模。而这一初步的解释过程对于推动对潜在区域的初步评估以及通过钻探活动确定可行的勘探机会至关重要。Shell 在人工智能方面一大动作是定向井钻井人工智能化。定向井钻井技术的核心是"旋转导向"，尽管已相对成熟，但依旧需要大量复杂的人力操作。为了简化这一烦琐流程，Shell 的人工智能科学家已开发出了相应的解决方案——Shell Geodesic™。它拥有一个"钻井模拟器"，简单的用户界面，以及一套经过测试的算法，呈现给地质学家和钻井人员更好的油气层图像。Shell Geodesic™的目标是提高水平井定向控制的精度和一致性，以达到含油气岩石的最高产层。简化了钻井数据和处理算法的流程，使其能够做出实时决策，并更好地预测结果。中国石油则通过油气层识别技术，实现老井挖潜。通过老井复查，重新识别油气层潜力，实现老区滚动增储和挖潜；提高测井解释速度，为老井复查提供技术支持，以及结合生产数据，实现动态解释，不断提高解释符合率。中国海油通过建设开发实时决策系统，构建起以井为中心、井场与基地多学科协同作战的信息系统平台，有效节省了钻井时间。中国石化则在 2012 年就提出了智慧石化的愿景，打造全产业链的智能化。2013 年中国石化启动了智能化工厂计划，并选择燕山、茂名、镇海、九江等公司作为人工智能试点，加强信息化建设和整体的顶层设计。当然，人工智能在油气勘探开发及生产领域的应用远不止以上案例。例如，基于"物联网+大数据+人工智能"的智能油田建设，实现了油田资源调配、优化生产、故障诊断、风险预警；基于机器学习的岩性岩相分析预测技术，大大降低了不确定性，提高了常规与非常规油气藏描述精度；由智能钻机、现场智能控制平台、井下智能钻井和远程控制中心等组成的智能钻井系统，实现自动化钻井，将大幅度减少钻井用工，提高钻井的效率、质量和安全性。2016 年，Exxon Mobil 宣布与麻省理工学院合作设计用于海洋勘探的人工智能机器人。2017 年，Schlumberger 公司推出了新一代智能化资源共享平台——DELFI 认知勘探开发环境；2018 年，油服公司 BHGE 和英伟达公司合作推进人工智能在油气领域的应用。

人工智能(Artificial Intelligence, AI)在油气行业开始应用, 主要应用于能够提供大量数据来训练人工智能模型的情况。油藏环境的复杂性会给作业者带来高风险和高成本, 如何解决这些问题成为人工智能在完井应用的新挑战。为了克服地下"数据稀疏"的挑战, Quantico 公司开发出一套独特的数据科学工具。以地下为研究重点的 AI 技术正引领业内的巨变, 以满足现代页岩开发的需求。直接收集井下测量数据, 来建立储层的显式物理模型, 这种成本高昂又耗时的模式, 正在逐步且明显地转变为隐式的物理学统计法。Quantico 公司将地下 AI 技术与传统的地球物理约束相结合, 提供了一个精确的统计解决方案。与常规确定性方法不同的是, 它是基于储层的固有物理特性, 无须耗费大量的成本与时间。用于压裂设计的统计工具利用 AI 技术, 将静态模型与地球物理解释紧密耦合, 并借助 AI 技术对不良数据进行质量控制, 形成高精度预测模型, 用于压裂设计与估算最终产量。在缺乏足够直接测量数据的情况下, 该模型还可提供合成的地层特性, 揭示因果关系, 并生成裂缝发育情况与净现值之间的优化曲线, 该结果展示了非均匀射孔的不同压裂段, 这是基于神经网络法与合成测井数据计算出的最小水平应力。Quantico 公司在美国 100 多口陆地油井中使用了 AI 技术。与所有邻井进行对比, 优化后的完井方案被证明可以增加产量, 使压裂作业更加顺利, 还降低整体作业成本。在 Permian Basin 与 Bakken 的实例中, 与常规完井设计相比, 优化后的完井作业产量提高了 10% 至 40%。新一代地下 AI 工具将会给压裂设计带来革命性的进步, 从传统聚类分析发展至更强大的预测模型。这将使作业者能够合理分配压裂作业成本, 同样重要的是, 可以帮助完井工程师确定他们关注的最具影响力与可塑性的参数, 从而实现完井作业效率的最大化。

## 4.4.2 大数据和云计算应用展望

最近的技术进步导致每天在油气勘探和生产行业中生成大量数据集。据报道, 管理这些数据集是石油和天然气公司的主要关注点。Brule 的报告指出, 石油工程师和地球科学家花费了一半以上的时间来搜索和组装数据。这些数据集以不同的品种记录, 并在上游和下游油气工业的各种操作中大量生成[2-5]。而且, 在大多数情况下, 如果得到有效处理, 它们可以揭示出复杂的工程问题背后的重要底层控制方程。据 Mehta 报道, 根据通用电气和埃森哲对高管人员进行的一项调查结果, 其中 81% 的人认为大数据是 2018 年石油和天然气公司的三大优先事项之一。他们的论文之所以如此受欢迎, 其主要原因是需要提高油气勘探和生产效率。

在国内, 地质专业领域应用 hadoop 大数据平台集成非结构化地质数据, 并在此基础上发现、挖掘数据已取得了较好的效果, 正在向智能化地质方向发展。中国石油川庆钻探工程有限公司建立了统一的数据采集、存储、调用系统, 并在快速钻井、安全钻井、压力预测方面得以应用。中国石油塔里木油田公司运用"大数据"资源, 为试油设计提供了一体化平台。2018 年中国海油建立智慧钻井应用示范项目团队, 组织 20 多位专家建立大数据模型, 利用南海东部的近 70 口井对钻井工程与地质数据大数据建模, 预留井位的真实数据与预测完全一致。

英国石油天然气委员会的一份预测显示, 油气行业将从云计算中受益。通过软件服务(公共云)以及软件基础架构服务(私有云)二者技术的结合, 不仅可以大大降低信息技术成本，也可以改善业务管理方式。这份预测的作者沃尔克特认为，云服务能够为油气行业提供强大的信息处理能力；同时促进遍布全球的多家办公地点之间的联系；通过将敏感信息储存在虚拟空间之内，而不是当地服务商，以提升安全性能；成本低廉吸引人……而这些都是油气业务所需要的。

法国油气巨头 Total 于 2018 年 4 月与谷歌云签署协议，共同开发人工智能解决方案，以加速石油和天然气的勘探和生产。双方合作探索油气勘探和生产的智能化解决方案，聚焦地下成像的智能化处理与解释，特别是地震数据处理解释研究和技术文件分析的自动化，以提高工程师勘探和评价油气田的效率。通过这些 AI 解决方案，Total 的地质学家、地球物理学家和地理信息工程师将能够减少评估石油和天然气田所需的时间。Weatherford 于 2018 年 11 月宣布其生产软件平台 ForeSite 和 CygNet SCADA 已经在谷歌云上线。这些平台采用先进的数据分析、云计算和物联网技术，实现生产优化。可以预见，以人工智能、大数据、云计算等为代表的新一代信息技术，将成为推动我国传统产业转型升级、实现可持续发展的新的重要驱动力，将成为下一次工业革命的核心力量，将推动智慧油田、智能完井的技术新革命。

## 参 考 文 献

[1] 张颖琦. WG 井智能完井技术应用研究[D]. 成都：西南石油大学，2017.

[2] 姚军，刘均荣，张凯. 国外智能井技术[M]. 北京：石油工业出版社，2011.

[3] 赵辉，曹琳，康志江，等. 油藏开发闭环生产优化控制理论与方法[M]. 北京：科学出版社，2016.

[4] 闫霞. 基于梯度逼真算法的油藏生产优化理论研究[D]. 北京：中国石油大学，2013.

[5] 张凯，李阳，姚军，等. 油藏生产优化理论研究[J]. 石油学报，2010，34(01)：78-83.

[6] Halliburton. NETool® Software Data Sheet [EB/OL]. (2019, 11, 9) [2020, 9, 21]. https：//www. landmark. solutions/Portals/0/LMSDocs/Datasheets/Netool-data-sheet. pdf.

[7] Halliburton. Optimized ICD Design Triples Oil Production While Nearly Eliminating Water Cut[EB/OL]. (2016, 11, 16) [2020, 9, 21]. https：//www. landmark. solutions/Portals/0/LMSDocs/CaseStudies/Netool-case-study. pdf.

[8] 斯伦贝谢. Eclipse2013. 1 发布 [EB/OL]. (2013, 07, 18) [2020, 9, 21]. https：//www. slb-sis. com. cn/html/news/2013/0718/545. html.

[9] 斯伦贝谢. Eclipse [EB/OL]. [2020, 9, 21]. https：//www. slb-sis. com. cn/products-services/Eclipse. aspx.

[10] 斯伦贝谢. INTERSECT 下一代油气藏数值模拟器[EB/OL]. [2020, 9, 21]. https：//www. slb-sis. com. cn/products-services/INTERSECT. aspx.

[11] 张改革. 斯伦贝谢地学软件专栏：从数据质控谈 Petrel 对勘探开发一体化的影响[EB/OL]. (2016, 05, 26) [2020, 9, 21]. https：//www. slb-sis. com. cn/html/case/silunbeixiedixueruanjianzhuanlan/2016/0526/820. html.

[12] World Oil. FracGeo launches DrillPredictor software to optimize completions[EB/OL]. (2019, 07, 02) [2020, 9, 21]. https：//www. worldoil. com/news/2019/2/7/fracgeo-launches-drillpredictor-software-to-optimize-completions.

[13] Fracgeo. DrillPredictor [EB/OL]. [2020, 9, 21]. http：//www. fracgeo. com/software. php？ module = drillPredictor.

# 05

## 第五章
### 智能完井系统技术标准

20 世纪 90 年代，随着各种永久性置入传感器可靠性的提高以及计算机技术的快速发展，国外提出了无须实施修井作业的新技术——智能完井技术。该技术将油藏动态实时监测与实时控制结合在一起，实现了井下压力、温度测量和流量控制，智能完井技术的发展迈上了新台阶，为提高油藏经营管理水平提供了一条崭新的途径[1]。

目前，智能完井技术在国外已经应用到水平井、大位移井、分枝井、边远井和水下采油树井及多层采油井和注水井。近几年来，国外几家大公司都在积极地致力于智能完井系统的开发及应用，并将该技术看作 21 世纪在石油领域将有重大发展的新技术之一[2]。Well Dynamics 公司在智能完井技术市场上处于领先地位，该公司为油田提供世界顶级的油藏监测和控制技术，到目前为止，Well Dynamics 占据了世界智能井安装市场上 60% 的份额，包括 200 套 Smartwell 系统和 372 套监测系统，安装范围涉及深海、墨西哥湾水下油井以及中东陆上油井。Baker Hughes 公司开发了电子智能流量控制 InCharge 系统和水力操作 InForce 系统，Schlumberger 公司开发了自己的智能远程操作系统，在英国海上的一口分支井中采用了智能完井，利用井下智能控制阀控制分支井的开采，优化了采油作业。ABB 公司智能完井系统是一个综合性可视化系统，在油层中安装一个永久性地震传感器来对井下油藏进行监控。国内 Shell 公司在北海的一口水平井中安装了层间智能控制阀，通过可调油嘴，实现对油层的遥控。智能完井的产业化和推广应用需要供货方或制造商以及采购商或用户有一个遵循的统一的技术规范，即智能完井标准化，以保证产品的标准化及环境适用性，并制定下入作业操作规程，以正确地使用产品，保证智能完井的顺利进行。下面将介绍国内外智能完井系统所涉及的相关标准，从而对智能完井井下工具的设计、制造、安装、测试和作业提供规范化的指导。

## 5.1 国外相关标准现状

在智能完井相关标准方面，API（American Petroleum Institute）、ISO（International Organization for Standardlization）、OTM（Offshore Technology Management）相继推出了可被智能完井制造商引用的标准。

### 5.1.1 API 标准

API 标准是国际公认的石油机械认证标准，API 制定的石油化工和采油机械技术标准被许多国家采用，拥有 API 标志的石油机械设备不仅被认为是质量可靠而且具有先进水平。API 在石油管材和设备各方面还颁布了一系列规范和推荐做法，它所制定的标准被国内外从事智能完井设备的制造商广泛采纳。如 API Q1、API Spec 6A、API Spec 11D1、API Spec 14A、API Spec 17D、API 682—2014 等。例如，Weatherford 的 Optimax 系列油管 W（E）-5、WP（E）-5、WP（E）-10 型可回收式地面控制井下安全阀遵循 API Q1《石油、石化和天然气工业制造组织质量管理体系要求规范》和 API Spec 14A《井下安全阀设备规范》，以确保设计和制造的完善性。Baker Hughes 的 T 系列井下安全阀和 Schlumberger 的 TR-M 系列井下安全阀遵守 API Spec 14A《井下安全阀设备规范》和 API RP 14B《井下安全阀安装和操作规范》。Schlumberger 的 Hydro 系列和 XHP 系列液压坐封式封隔器、Baker Hughes 的 FH

系列和 HP 系列液压坐封式封隔器、Weatherford 的 UhraPak 永久式插管封隔器，Halliburton HF 系列封隔器，经过了整体工程设计并通过了 API Spec 11D1/ISO 14310《石油天然气工业—井下工具—封隔器和桥塞》严格的测试要求。此外，API Spec 6A 是井口装置和采油树设备规范，API Spec 17D 是水下井口装置和采油树设备规范，API 682—2014 是离心泵和转子泵用轴封系统规范，这些标准也广泛在智能完井中被采纳。值得注意的是这些规范好多是采用的 ISO 标准，如 API Spec 6A《井口装置和采油树设备规范》采用的是 ISO 10423，API Spec 11D1 采用的是 ISO 14310，API Spec 14A 采用的是 ISO 10432，API Spec 17D 采用的是 ISO 13628-4。

（1）API Q1 标准

API Q1—2013 标准是石油行业的专家制定的服务于石油天然气行业的质量管理体系要求。在 ISO 9001 的基础上，增加了 41 项针对石油天然气行业的附加要求。API Q1 标准有利于生产企业提高技术和质量水平、提高质量管理水平和产品竞争能力。API Q1 标准为石油天然气行业生产企业的质量管理体系提出最低要求，以便于质量管理体系能够持续改进，并尽可能地减少生产企业的资源浪费，从而提升石油天然气生产企业产品的可靠性。API Q1 标准从系统的角度出发，从"质量管理体系""产品的实现"到"质量管理体系监视、测量、分析与改进"提出了全面控制的要求。API Q1 标准中第四章对质量管理体系要求如下：

① 质量管理体系：

a. 总则

组织应为其提供给石油天然气行业使用的所有产品和提供的现场服务建立质量管理体系，将其形成文件，加以实施并一直保持。组织应根据本文件的要求测量质量管理体系的有效性，并加以改进。

b. 质量方针

组织应确定针对质量承诺的方针，将其形成文件，经最高管理者批准。组织的最高管理者应评审质量方针，确保其适合本组织，并能成为制定质量目标的基础（见 c. 质量目标），在组织内所有相关职能部门和各级部门之间相互沟通、理解、实施与保持该质量方针。质量方针应包括对满足要求和持续改进质量管理体系有效性的承诺。

c. 质量目标

经最高管理者批准，应确保在组织内各相关职能部门和各级部门中建立质量目标。该质量目标应同时满足产品和顾客的要求，应是可衡量的，并与质量方针保持一致。

d. 策划

管理者应确保以下两点：运行和控制所有质量管理体系过程的准则和方法被实施、管理并有效；对质量管理体系进行策划，以满足本规范的要求。

e. 沟通

内部沟通：管理者应确保在组织内建立适当的沟通方式，并确保对质量管理体系的有效性进行沟通。

组织应建立沟通方式并确保如下两点：在组织内各相关职能部门沟通满足顾客、法律以及其他适用要求的重要性；

外部沟通：组织应确定与包括顾客在内的外部组织的沟通方式并实施，以确保在合同执行与产品生产的整个过程中各项要求均被理解。沟通过程应解决如下四点：完成顾客询价、处理并修改合同或订单；提供产品信息，包括已交付给顾客的不合格产品；反馈与顾客投诉；合同有要求时，提供产品质量计划以及计划后续变更所要求的信息。

② 管理职责

a. 总则

最高管理者应通过以下两点确保获得建立、实施、保持以及改进质量管理体系的必要资源（资源包括人力资源、专业技能、组织基础设施、技术以及财务资源）；确保制定包括供数据分析使用的关键绩效指标在内的质量目标；进行管理评审。

b. 职责和权限

应明确本规范范围内人员的责任、权限和职责，将其形成文件，并在组织内部沟通。

c. 管理者代表

最高管理者应在本组织管理者中指定一名成员，无论该成员在其他方面的职责如何，赋予该成员以下四方面的职责和权限：确保建立、实施和保持质量管理体系所需要的全部过程；向最高管理者报告质量管理体系的绩效和任何改进需求；采取措施，尽可能降低与规范不符合的情况发生的可能性；在整个组织内确保提高满足顾客需求的意识。

③ 组织能力

a. 资源提供

组织应确定和分配实施、保持及改进质量管理体系要求的有效性所需的资源。

b. 人力资源

总则：组织应保持一套用来规定质量管理体系范围人员资格、识别培训需求或责任人员为取得资格的其他必要活动的文件化程序。程序应包括确定和证实培训或其他为取得必要资格所采取活动有效性的条款。

人员能力：基于满足产品和顾客要求所需的适当教育、培训、技能和经验，人员应是可胜任的。确定人员能力的证据应予以记录并保持。

培训与意识：组织应提供质量管理体系培训及岗位技能培训；有要求时，应确保培训大纲中包含顾客指定的培训或顾客提供的培训内容；确定培训的周期和内容；确保员工认识到所从事活动相关性和重要性，以及如何为实现质量目标做出贡献；确保教育、培训、技能和经验的相关记录。

c. 工作环境

组织应提供、管理并维护试产品制造达到要求所需的工作环境。工作环境包括以下四点：建筑物，工作场所和相关设备；工艺设备及其硬件和软件两方面的维护；支持性服务（比如：交通、通信、信息系统等）；实施工作的条件，包括物料、环境以及其他因素。

④ 文件要求

a. 总则

管理管理体系文件应包括：质量方针和质量目标的说明；规定本规范每项要求的质量手册，并包括质量管理体系的范围，对质量管理体系任何特定细节进行删减的理由，质量管理体系过程顺序和相互作用的描述，识别需要确认的过程，控制质量管理体系过程的文件化程序的引用；针对质量管理体系建立的文件化程序；为保证有效策划、实施、控制过程并符合要求所形成的文件及记录；识别组织为声称产品达到要求所需遵守的法律及其他适用的要求。

b. 程序

本规范引用的所有程序都应遵循被建立、文件化、实施并保持其持续性这几个步骤。一个独立的文件可以包含一个或多个程序要求，一个程序文件的要求可由多个文件来满足。

c. 文件控制

包括组织所需的来自外部的文件，组织应具有一份文件化的程序，该程序用以识别、分配和控制质量管理体系和本规范的要求。该程序应规定批准和再批准的职责且应明确保证质量管理体系要求的文件控制要求，包括修订、翻译和更新；在发布和使用前进行充分的评审，确认变更和修订状态，保持清晰且易于识别，可供正在实施的项目使用。

来自外部的文件应加以控制和保持，以确保相关版本的使用。作废的文件应从发布和使用的所有环节删除，如果出于某种目的需要保留时，应对这些文件进行标识，以防止其被使用。质量管理体系要求的程序、工作指南和表格都应予以控制。

d. 在产品生产中外来文件的使用

产品的设计和制造过程中使用 API 产品规范或其他工业规范要求，包括增补、勘误表和更新时，组织应保持文件化程序，将这些要求增加到产品实现过程和其他所有受影响的过程中。

⑤ 记录控制

组织应保持文件化的程序，以规定记录的标识、收集、贮存、保护、检索、保存期限和处置所需的管理方法和职责需求。应建立并控制包括来自外部活动在内的记录，为符合要求和组织的质量管理体系提供证据。记录应保持清晰，易于识别和检索。记录应保持最少 5 年或按顾客、法律法规和其他适用的要求保存，以时间较长者为准。

（2）API Spec 6A 标准

API Spec 6A—2018 规定了石油天然气工业用井口装置和采油树设备的性能、尺寸和功能互换性、设计、材料、试验、检验、焊接、标识、包装、贮存、运输、采购、修理和再制造的要求，并给出了相应的推荐做法。API Spec 6A—2018 标准适用于下列特定设备：API 定义的堵头、连接装置和垫环(整体式、盲板式和试验法兰；垫环；螺纹式连接装置；三通和四通；管堵；阀拆卸堵；顶部连接装置)、制造商定义的堵头和连接装置(顶部连接装置；其他端部连接；四通)、阀门(闸阀、旋塞阀和球阀；单层阀和多层阀；驱动阀；驱动器用阀；止回阀；背压阀)、套管和油管悬挂器(卡瓦式；芯轴式)、套管头(壳体和适配器)、节流阀(固定、手动和远程驱动)、驱动器(阀门和节流阀)、安全阀停产关闭阀和驱动器(地面安全阀及驱动器、驱动器用阀及驱动器、水下安全阀、驱动器用阀及驱动器、停产关闭阀、驱动器用阀及驱动器)、采油树总成和其他(锁紧螺钉、定位销和固定螺钉的密封机构；压力边界贯穿装置及配件；测试、测量、通风和连接器端口、焊颈法兰)。API Spec 6A—2018 标准使我国相关产品与国际标准接轨，对我国石油天然气工业井口装置和采油树设备的设计、生产、经营、使用和出口起到了积极的作用。API Spec 6A—2018 标准第 5 章对井口装置和采油树设备材料的"设计方法""设计公差""设计文件""设计评审和验证"和"设计确认"要求如下：

① 设计方法：

a. 端部和出口连接

端部和出口连接应为本体的组成部分，或通过符合本标准第 7 章要求的焊接连接。（注 1：本规范中规定的法兰设计分析和承载能力信息见 API 6AF、API 6AF1 和 API 6AF2。）

用于本标准规定装置上的端部和出口毂连接（16B 和 16BX）的设计，应符合 API 16A（ISO 13533）的材料和尺寸要求。（注 2：符合 ISO 13533 要求的卡箍，可安装在本国际标准规定的具有满足 API 16A（ISO 13533）要求的整体毂的装置上。）

b. 套管悬挂器、油管悬挂器、背压阀、锁紧螺钉和阀杆

套管悬挂器、油管悬挂器、背压阀、锁紧螺钉和阀杆的设计应满足制造商书面规定的性能特性和本标准 4.3 节规定的使用条件。制造商应规定被工程作法认可的设计方法。

c. 本体、阀盖和其他端部连接装置

总则：使用标准材料的其他端部连接装置、本体和阀盖（非本标准规定的设计）应按如下"API 6X 标准""变形能理论"和"实验应力分析"部分给定的一种或多种方法设计。如果用如下"API 6X 标准""变形能理论"和"实验应力分析"部分的方法计算的应力水平超过允许应力，则应使用制造商确定的其他方法来证明这些应力的合理性。（注：本标准不包括疲劳分析和局部承载应力值）

API 6X 标准：如果使用承压设备，设备的设计计算应符合 API 6X 的设计方法。应允许使用变形能（Von Mises）等效应力。

变形能理论：被称为 Von Mises 法则的变形能理论方法可用于承压装置的设计计算。有关缺陷和应力集中的规定不属于本方法的范围。但压力容器基本壁厚可在静水试验压力的基础上，结合三维应力确定其尺寸，并受下列准则限定：

$$S_E = S_Y \tag{5-1}$$

式（5-1）中 $S_E$ 为按变形能理论方法计算的在压力容器壁内最高应力处的最大许用当量应力；$S_Y$ 为材料规定的最小屈服强度。

实验应力分析：作为"API 6X 标准"和"变形能理论"所述的一种替代方法，可使用标准 ASME BPVC：2004 以及 2005 和 2006 增补的第Ⅷ卷第 2 册附录 6 所述的实验应力分析方法。

用于法兰以外的螺栓连接的螺纹孔：螺纹固定结构应设计成能够承受相当于通过螺母作用于螺栓上的拉伸载荷。

d. 其他零件

其他所有承压件和控压件的设计应满足制造商形成文件的性能特性和本标准中 4.3 节规定的工作条件。制造商应规定与认可的工程作法相一致的设计方法。

e. 特定装置

本标准第 14 章规定了特定装置要求。

② 设计公差

在适用表或图内另有规定外，还应采用表 5-1 中的公差。

表 5-1　公差(除非另有规定)

| SI | | USC | |
|---|---|---|---|
| 尺寸 | 公差 mm | 尺寸 | 公差 in |
| ×.× | ±0.5 | ×.×× | +0.02 |
| ×.×× | +0.13 | ×.××× | ±0.005 |

③ 设计文件

设计文件应包括方法、假设、计算和设计要求。设计要求应包括但不限于尺寸、试验和工作压力、材料、环境,还包括其他作为设计依据的恰当要求。设计文件的载体应清晰、明了、可复制和可检索。设计文件从该型号、规格和额定压力的最后一台产品制造完成后,至少应保存五年。

④ 设计评审和验证

设计文件应由原设计人员以外的任何有资格的人员评审和验证。

⑤ 制造商应将其设计确认程序和设计的确认结果形成文件。当制造商或购买方指定时,设计确认应按照本标准附录 F 进行。

API Spec 6A—2018 标准第 6 章对井口装置和采油树设备材料的"总则""书面规范""本体、阀盖、端部和出口连接"要求如下:

① 总则

本部分规定本体、阀盖、端部和出口连接、毂式端部连接装置、悬挂器、防磨衬套、压力边界贯穿装置和密封垫环用的材料性能、加工过程和成分要求。其他承压件和控压件应采用满足下面第②节 a 部分和要求 API Spec 6A 标准中第 4 章、第 5 章要求的材料制造。

API Spec 6A 标准中第 6 章的所有材料要求,适用于碳钢、低合金钢和马氏体不锈钢(沉积硬化型除外)。满足 API Spec 6A 标准中第 4 章、第 5 章和第 6 章要求的其他合金系列(包括沉积硬化不锈钢)可供使用。API 6ACRA 中描述的用于含压和压力控制部件的时效硬化镍基合金应符合 API 6ACRA。在 API Spec 6A 标准的 14.16.3 节中,规定了驱动器用材料。

② 书面规范

a. 应用

所有金属和非金属承压件或控压件均应有书面材料规范。

b. 金属要求

制造商对本体、阀盖、端部和出口连接、阀杆、阀孔密封机构和芯轴式悬挂器用金属材料规定的书面要求,应明确以下项目及接收/拒收准则:力学性能要求;材料鉴定;热处理程序,包括周期、淬火作法、温度及其偏差、冷却介质;材料成分及偏差;无损检测(NDE)要求;允许的熔炼作法;成型作法,包括热加工和冷加工作法,热处理设备的校准。

c. 非金属要求

非金属承压或控压密封件应有书面材料规范。制造商对非金属材料规定的书面要求,应明确以下项目:普通基体聚合物(见标准 ASTM D1418),一般的基础聚合物不适用于石墨材料;力学性能要求;材料鉴定(应符合装置级别要求);贮存和老化控制要求。

③ 本体、阀盖、端部和出口连接

a. 材料

应用：所有本体、阀盖、端部和出口连接均应由标准或非标准材料制成。标准材料鉴定试验应满足下面 b 节的要求。性能要求如表 5-2 所示。

表 5-2　本体、阀盖、端部和出口连接用标准材料性能要求

| 材料代号 | 0.2%残余变形屈服强度（最小）/MPa(psi) | 抗拉强度(最小)/MPa(psi) | 50mm(2in)的伸长率（最小)/% | 断面收缩率(最小)/% |
|---|---|---|---|---|
| 36K | 248(36000) | 483(70000) | 21 | — |
| 45K | 310(45000) | 483(70000) | 19 | 32 |
| 60K | 414(60000) | 586(85000) | 18 | 35 |
| 75K | 517(75000) | 655(95000) | 17 | 35 |

非标准材料：

表 5-3 所示零件的非标准材料应具有规定的最低屈服强度，至少等于该应用所允许的最低强度标准材料的最低屈服强度。非标准材料应满足制造商的书面规范，包含以下项目的最低要求：拉伸强度；屈服强度；硬度；合适的冲击韧性；伸长率不小于 15%；断面收缩率不小于 20%。

表 5-3　本体、阀盖、端部和出口连接用标准和非标准材料

| 零件 | 压力等级下的材料代号① | | | | | |
|---|---|---|---|---|---|---|
| | 13.8MPa(2000psi) | 20.7MPa(3000psi) | 34.5MPa(5000psi) | 69.0MPa(10000psi) | 103.5MPa(15000psi) | 138.0MPa(20000psi) |
| | 本体②、盖 | | | | | |
| | 36K, 45k, 60K 75K, NS | 36K, 45k, 60K 75K, NS | 36K, 45k, 60K 75K, NS | 36K, 45k, 60K 75K, NS | 45k, 60K 75K, NS | 60K, 75K NS |
| | Integral End Connector 整体端部连接装置 | | | | | |
| 法兰式 螺纹式 其他 | 60K, 75K, NS 60K, 75K, NS PMR | 60K, 75K, NS 60K, 75K, NS PMR | 60K, 75K, NS 60K, 75K, NS PMR | 60K, 75K, NS NA PMR | 75K, NS NA PMR | 75K, NS NA PMR |
| | Loose Connector 单件连接装置 | | | | | |
| 焊颈式 盲板式 螺纹式 其他③ | 45K 60K, 75K, NS 60K, 75K, NS PMR | 45K 60K, 75K, NS 60K, 75K, NS PMR | 45K 60K, 75K, NS 60K, 75K, NS PMR | 60K, 75K, NS 60K, 75K, NS NA PMR | 75K, NS 75K, NS NA PMR | 75K, NS 75K, NS NA PMR |

① "NS" 表示不规范的材料。

② 如果端部连接材料为表中所指示代号的材料，则焊接按标准中第 7 章进行，设计按标准中第 5 章进行。

③ 按制造商的规定。

b. 材料鉴定试验

总则：如果鉴定使用材料要求的最小拉伸和/或冲击性能时，应按本标准 6.4 节描述，

在适用的鉴定试验试样（Qualification Test Coupon，QTC）中切取的样品上进行试验。

拉伸试验

试验方法：拉伸试验按照 ISO 6892—1 或 ASTM A370 规定的程序在 4~50℃之间（40~120℉之间）进行。至少应进行一次拉伸试验，拉伸试验的结果应满足表 5-3 的相应要求。

重试验：当拉伸试验结果不能满足相应的要求时，可在另外两个试样（从没有进行额外的热处理的同一 QTC 上切取）上再补充两次拉伸试验，以验证材料。这两次试验的结果均应满足要求。

冲击试验

取样：QTC 的冲击试验应用于鉴定一炉材料，并且由该炉生产的本体、阀盖、端部和出口连接应符合表 5-4 的要求。当使用小尺寸试样时，夏比 V 型缺口冲击韧性值应等于 10mm×10mm 试样的冲击韧性值乘以表 5-5 中列出的修正系数。产品规范级别（Product Specification Level，PSL）4 不应使用小试样。

表 5-4　夏比 V 型缺口冲击要求（10mm×10mm）

| 温　　度 | | 最小平均冲击值（横向） | | | |
| --- | --- | --- | --- | --- | --- |
| | | 横向 | | 纵向 | |
| | | 锻造或铸造材料，焊接鉴定 | | 仅锻造产品的替代方法 | |
| 级别 | 试验温度/℃（℉） | PSL 1 and PSL 2 | PSL 3 and PSL 4 | PSL 1 and PSL 2 | PSL 3 and PSL 4 |
| K | −60（−75） | 20（15） | 20（15） | 27（20） | 27（20） |
| L | −46（−50） | 20（15） | 20（15） | 27（20） | 27（20） |
| N | −46（−50） | 20（15） | 20（15） | 27（20） | 27（20） |
| P | −29（−20） | 20（15） | 20（15） | 27（20） | 27（20） |
| S | −18（0） | — | 20（15） | — | 27（20） |
| T | −18（0） | — | 20（15） | — | 27（20） |
| U | −18（0） | — | 20（15） | — | 27（20） |
| V | −18（0） | — | 20（15） | — | 27（20） |

表 5-5　小尺寸冲击试样修正系数（PSL-PSL3）

| 试样尺寸 | 修正系数 | 最小平均冲击值 | |
| --- | --- | --- | --- |
| | | 横向锻件和铸件，J（ft-lb） | 纵向锻件[1]，J（ft-lb） |
| 10mm×10mm（全尺寸） | 1 | 20（15） | 27（20） |
| 10mm×7.5mm | 0.833 | 17（13） | 23（17） |
| 10mm×6.7mm | 0.780 | 16（12） | 21（16） |
| 10mm×5.0mm | 0.667 | 13（10） | 18（13） |
| 10mm×3.3mm | 0.440 | 9（7） | 12（9） |
| 10mm×2.5mm | 0.333 | 7（5） | 9（7） |

① 铸件没有该方向。

试样方法：冲击试验按 ISO 148—1 或 ASTM A370 规定的程序，使用夏比 V 型缺口试样进行。为了验证某一额定温度用的材料，冲击试验应在表 5-4 显示的其额定温度范围的最低温度或低于该最低温度下进行。鉴定一炉材料中至少试验三个冲击试样。这些试验确定的冲击性能应满足表 5-4 或表 5-5 的要求。任何情况下，单个冲击值不应低于要求的最小平均值的三分之二。同样，三次试验中应仅允许有一次低于所要求的平均值。如果表 5-4 中未规定验收准则，则不要求进行冲击试验。

重试验：如试验失败，可从未进行额外热处理的同一 QTC 上切取的另外三个试样重新试验。每一试样的冲击值均应等于或超过表 5-4 或表 5-5 要求的最小平均值。

试样取向：表 5-4 和表 5-5 所列数值是锻件横向试验和铸件及焊接件的质量鉴定的最低验收值。锻件可以用纵向试验代替横向，但应符合表 5-4 和表 5-5 的要求。锻件没有方向性，应适用表 5-4 和表 5-5 的横向方向值。

c. 工艺过程

铸造法：对于 PSL，用于本体、阀盖、端部和出口连接的所有铸件应满足本标准第 6 章和第 10 章的适用要求。铸造做法应至少符合 API 20A 中铸件规范级别（Casting Specification Level，CSL）2 铸造资格要求。对于 PSL2 和 PSL3，用于本体、阀盖、端部和出口连接的所有铸件应满足本标准第 6 章和第 10 章的适用要求。铸造做法应至少符合 API 20A 中 CSL3 铸造资格要求（注 1：对于 PSL4，本条不适用，因为只允许锻件材料；注 2：本标准第 10 章中 PSL1 和 PSL2 本体、阀盖、端部和出口连接的生产取样旨在监控铸造流程）。

锻造法：对于 PSL1、PSL2、PSL3 和 PSL4，所有锻造材料应采用产生完全锻造组织的热加工方法成型（见本标准 6.4.3.1.3 节内容）。

熔炼法：对于 PSL1～PSL3，制造商应规定熔炼法。对于 PSL4，熔炼法要求应与 PSL1、PSL2 和 PSL3 的要求相同，另外制造商应记录用于 PSL4 材料的熔炼法。

d. 热处理

设备：所有热处理作业应采用按制造商规定进行鉴定合格的装置进行。热处理炉校准的推荐做法见本标准附录 M。

温度：对于 PSL1～PSL3，保温时间和热处理周期应符合制造商的热处理规范。对于 PSL4，适用要求为：除 PSL1～PSL3 的要求外，PSL4 零件的温度等级取决于使用的散热装置（注 1：对于按照 API SACRA 标准加工的合金材料，可以使用接触热电偶监测温度水平）；若零件采用碳钢、合金钢、不锈钢、钛基合金、镍-铜合金和镍基合金制造，则散热装置应采用同类材料制造；对不同于上述材料级别的零件，散热装置应采用与该零件相同的合金制造。所有散热装置的等效圆（Equivalent Round，ER）应大于或等于热处理负载中的任何单个零件的最大 ER（注 2：此外，作为一种替代，当本 d 节中所有要求得到满足时，生产件可用作散热装置）。热电偶的温度检测点应插入该零件或散热装置内，距任何外表面或内表面的距离不得小于 25mm（1in）。

淬火

水淬：水或淬火介质的初始淬火温度不应超过 38℃（100℉）。对于盐浴淬火，在淬火完成时水或淬火介质的温度不应超过49℃(120°F)。

其他淬火介质:其他淬火介质,如油或聚合物,温度范围应符合制造上的书面规定。

e. 化学成分

总则:制造商应规定材料的标准化学成分,包括成分偏差。材料成分应按国家或国际公认标准,以一炉材料为基础(重熔级材料以重熔锭为基础)确定。

f. 成分限制

表5-6和表5-7列出了制造本体、阀盖、端部和出口连接所要求的碳钢、低合金钢和马氏体不锈钢(沉积硬化型除外)的元素限制,以质量分数表示。

表5-6 本体、阀盖、端部和出口连接材料的钢成分界限

| 合金元素 | 成分限制(质量分数)/% | | |
|---|---|---|---|
| | 碳钢[①]和低合金钢[②] | 马氏体不锈钢 | 焊颈法兰用45K材料[③] |
| 碳 C | 0.45max. | 0.15max. | 0.35max. |
| 锰 Mn | 1.80max. | 1.00max. | 1.05max. |
| 硅 Si | 1.00max. | 1.50max. | 1.35max. |
| 磷 P | [④] | [④] | 0.05max. |
| 硫 S | 1.00max. [⑤] | NA | NA |
| 铬 Cr | 2.75max. | 11.0~14.0 | NA |
| 钼 Mo | 1.50max. | 1.00max. | NA |
| 钒 V | 0.30 | NA | NA |

① 含碳和铁的合金,含最大2%质量分数的碳、1.65%质量分数的锰和其他元素的残余量,但故意加入特定量的脱氧元素(通常是硅和/或铝)除外。

② 合金元素总含量小于5%,或小于11%质量分数铬钢,但比碳钢规定的要多。

③ 在规定的最大含碳量(0.35%)以下,每降低0.01%碳时,锰可比规定最大含量(1.05%)增加0.06%,最大可达1.35%。

④ 见表5-6。

⑤ 镍含量最大值1(酸性工况)满足NACE MR0175/ISO 1515。对于非酸工况,镍含量最大值可为3。

表5-7 磷和硫的浓度界限

| 产品规范级别 | 成分(质量分数)/% | |
|---|---|---|
| | 磷 P | 硫 S |
| PSL 1 | 0.04max. | 0.04max. |
| PSL 2 | 0.04max. | 0.04max. |
| PSL 3 | 0.025max. | 0.025max. |
| PSL 4 | 0.015max. | 0.010max. |

表5-6和表5-7不适用于其他合金材料。为了使制造商遇到复杂要求时能自由地使用合金材料,这些表中有意略去了对其他合金材料的成分限制。如果成分是通过参考某一公认的工业标准予以规定,只有工业标准中对残留或微量元素的限制是在本标准的限制之内,作为残余量或微量元素才不必报告。

偏差范围：如果制造商参照公认的工业标准规定 PSL 3 或 PSL 4 的材料具有化学成分要求，则该材料应满足参考工业标准的公差范围。如果制造商指定了未被公认的工业标准所涵盖的化学材料，则公差范围应满足表 5-8 中的要求。

**表 5-8　合金元素最大偏差范围限制( PSL 3 和 PSL 4)**

| 成　　分 | 合金元素的最大偏差范围[①]( 质量分数)/% | | |
| --- | --- | --- | --- |
| | 碳钢和低合金钢 | 马氏体不锈钢 | 焊颈法兰用45K 材料 |
| 碳 | 0.08 | 0. | — |
| 锰 | 0.4 | 0. | — |
| 硅 | 0.30 | 0. | — |
| 镍 | 0.50 | 1.00 | — |
| 铬 | 0.50 | 0. | — |
| 钼 | 0.20 | 0. | — |
| 钒 | 0.10 | 0. | — |

[①] 这些值是任何一种元素允许变化的总量，并且不应超过表 5-6 中规定的最大值。

（3）API Spec 11D1—2015 标准

API Spec 11D1—2015 标准规定了石油天然气行业用封隔器和桥塞的要求和指南、封隔器和桥塞的功能规格要求和技术规范，包括设计、设计验证和确认、文件和数据控制、维修、运输和储存。API Spec 11D1—2015 标准仅适用于导管内使用的产品，不包括这些产品的安装和维修。本标准能为用户（或采购商）和供应商（或制造商）在封隔器和桥塞的选择、制造、测试和使用商提供要求和参考，并明确了供应商必须遵守的国际标准。API Spec 11D1 标准中第 5 章对封隔器和桥塞"功能规范"要求如下：

① 总则

用户（或采购商）应提供一个订购产品的功能规范，订购产品应遵从本标准，并且要与供应商（或制造商）的具体产品一致，在应用时也必须遵从下列要求和操作规范。这些要求和操作规范可以通过设计尺寸、数据清单和其他相关的文件来表示。

② 类型描述

为确保适用性，用户（或采购商）应详细注明下列类型：封隔器或桥塞；永久型、可回收型、可调整型。

③ 井身参数

为确保适用性，用户（或采购商）应详细列出下列井身参数：油管和套管的尺寸、材料和钢级；封隔器或桥塞上下端部的连接；封隔器或桥塞的安装位置与垂直方向的井斜角度；封隔器或桥塞所要通过的限制和偏差；应通过或旁通封隔器的油管（单管柱或多管柱）和其他管线（电器或液压）的结构；封隔器或桥塞与其他油井装置、油管或套管的连接关系，宜用油井示意图表示出来（必要时）；最小和最大生产和注入压力、压差、温度、温度变化和流速；任何其他与井身相关的参数。

④ 操作参数

为确保适用性，用户(或采购商)应详细指定下列操作参数：安装方法，包括下井方法和坐封方法；坐封深度；回收或重新定位的方法和重新定位的数量(必要时)；封隔器或桥塞在安装前、安装时、使用时和回收时的预计载荷，包括复合载荷(压力、拉伸或压缩)和扭矩；油井操作过程中的预设温度和预期循环温度；通过封隔器装置的尺寸、型号以及结构(必要时)；任何其他相关的操作参数。

⑤ 环境的适应性

a. 总则

如果用户(或采购商)基于历史数据和/或研究了解了操作环境的腐蚀性能数据，则应向供应商(或制造商)指明哪些材料具备在腐蚀环境中工作的性能，如 c 节"产品材料要求"中的要求。否则，材料的兼容性应按照下面 b 节"井身环境"规定。

b. 井身环境

在整个寿命期限内，封隔器或桥塞都在液态介质中工作，故用户(或采购商)应确认工作介质的密度、化学或物理成分及组成、流体状况和/或其成分，包括固体(含砂量、颗粒大小等)、液体或气体。

c. 产品材料要求

如果用户(或采购商)选择指定产品材料，可使用如下规范：服务标准(Standard Service)，在制造过程中，封隔器或桥塞组件材料可以符合或不符合 ISO 15156 标准的全部规定；美国国家防腐工程师协会标准(NACE)，封隔器和桥塞的 1 类零件的生产应符合 ISO 15156 标准的全部规定。

一组零件进行材料选择时，零件指定以下：润湿元件；内润湿元件；外露元件；其他元件。

⑥ 井下设备的适应性

用户(或采购商)应详细说明接口连接的设计、材料要求、套管连通要求，符合预期应用要求的内部和外部尺寸限制。在使用中，用户(或采购商)应明确以下内容：顶部和底部管道连接形式及其连接件的材质和尺寸；内部接头结构、孔径、外径、内径以及它们各自的位置；其他产品以及和这些产品相连接的套管的尺寸、型式和结构。

⑦ 设计确认

用户(或采购商)应说明设计确认等级，本标准提供了七个标准设计确认等级(V6-V0)，见本标准 6.5 节。此外，本标准附录 B 中提供了设计等级 V0-H 和 V3-H，可供用户(或采购商)选择。

⑧ 质量控制

用户(或采购商)应说明质量控制等级。本标准提供三个质量控制等级(Q3、Q2 和 Q1)，见本标准 7.4 节。

(4) API Spec 17D 标准

API Spec 17D 标准规定了水下井口装置、泥线井口装置、钻通泥线井口装置、水下立式采油树和水下卧式采油树以及相关的用于搬运、试验和安装这些设备的工具的设计和操作，还规定了完整的水下采油树总成的设计、材料、焊接、质量控制、标识、贮存和运输。API Spec 17D 标准中第 5 章"系统一般要求"中对水下采油树和油管悬挂器设计和性能要求"5.1.1 总则"如下：

① 产品性能

制造商基于分析和检测来定义产品性能，主要由以下两方面来定义：性能鉴定试验（见本标准 5.1.7 节），用来证明和鉴定通用系列产品的性能，能够反映出不同规格产品规定的性能特征；性能要求，规定处于发运状态的特定产品的工作性能（见本条和本标准 5.1.2 节），应通过工厂验收测试和有关的性能鉴定试验资料来证明。

性能要求是对产品在发运状态下特定的和唯一的要求。所有产品应按照本标准 5.1 节、6.4 节和第 7~11 章进行设计和应用。

② 承压完整性

在不超过应力准则的条件下，产品的设计应能够在额定温度下承受额定工作压力，而不会产生阻碍满足其他任何性能要求的变形。

③ 温度完整性

产品应设计成能够在其规定温度范围内正常工作。构件应规定和限定其在使用中所能经受的最低和最高工作温度、焦耳-汤姆逊冷区效应、出油管线施加的加热或保温（隔热）效应。热分析可用来确定构件的工作温度要求。ISO 10423 规定了高温用设备设计和额定值的信息。

④ 材料

产品设计应在表 5-9 中选择适当的材料类别，也应符合 ISO 10423 的要求。

表 5-9　材料要求

| 材料类别[①] | 最低材料要求 | |
| --- | --- | --- |
| | 本体、阀盖和法兰 | 控压件、阀杆和心轴悬挂器 |
| AA—通用 | 碳钢或低合金钢 | 碳钢或低合金钢 |
| BB—通用 | 碳钢或低合金钢 | 不锈钢 |
| CC—通用 | 不锈钢 | 不锈钢 |
| DD—酸性环境[①] | 碳钢或低合金钢[②] | 碳钢或低合金钢[②] |
| EE—酸性环境[①] | 碳钢或低合金钢[②] | 不锈钢[②] |
| FF—酸性环境[①] | 不锈钢[②] | 不锈钢[②] |
| HH—酸性环境[①] | 耐腐蚀合金[②,③,④] | 耐腐蚀合金[②,③,④] |

注：1. 参见本标准 5.1.2.3 节关于材料类别选择的信息。

　　2. 对于本表中条款的目的，ANSI/NACE MR0175/ISO 15156 与 ISO 15156（所有部分）等同。

① 同 ISO 10423 的规定；参考 ISO 15156（所有部分）。

② 根据 ISO 15156（所有部分）。

③ 耐腐蚀合金仅应用于要求持续浸泡于液体中的情况；允许在低合金钢或不锈钢外表面涂上耐腐蚀合金涂层。

④ 本标准 3.1.13 节定义了耐腐蚀合金。ISO 15156 中耐腐蚀合金的定义不再适用。

⑤ 承载能力

只要不超过应力准则，在满足其他任何性能要求的条件下，设计的产品应能承受额定载荷而不发生变形。设计的支承管柱类产品应能够支承额定载荷而不会将管柱直径挤压至小于通径的尺寸。

ISO 13628—4 标准对安装、测试和一般作业相关的额定工作压力和外部载荷提出了设计要求和准则。制造商应考虑钻井立管或修井立管传递的载荷而增加设计要求，并用文件规定限制钻井和修井作业。ISO 13628—7 规定了修井立管的设计要求，包括附加的作业条件，比如外部和突发事件（作业船溜出、偏移或运动补偿器锁定）。限定设备资格应考虑这些载荷条件（见本标准 5.1.7 节）。采购方应对特殊应用设备确认预期的工作载荷。

⑥ 周期

产品运行的使用周期应按照制造商规定的预期操作周期数设计。产品应设计成能在要求的压力或温度循环、外部载荷循环和多次装或卸（锁扣或解锁）及循环设计确认试验中所验证的适用场所作业。

⑦ 操作力或操作扭矩

产品应设计在产品性能鉴定试验所验证的适用场合和制造商规定的力和扭矩使用范围内操作。

⑧ 储存能量

设计应考虑储能的释放，并确保在拆开附件、总成等之前能够安全地释放储能。典型的示例包括但不局限于封存压力和压缩弹簧。

（5）API 682—2014 标准

随着环境保护和人类健康要求的提高，对泵的泄漏要求也不断提高。由于机械密封泄露量很小，因此广泛应用于石油天然气行业。石油天然气行业最初在 API 610 标准中提供了离心泵机械密封的标准。20 世纪 90 年代，API 682 标准逐步发展成为一个针对机械密封及其系统的标准。API 682—2014 标准对应用于石油天然气及化工行业中的离心泵和转子泵的机械密封及辅助系统提高了具体要求，并推荐了结构型式。本标准主要适用于危险、易燃或有毒介质的工况。在这些工况条件下，对密封性能及使用寿命要求更高，以提高设备的工作可靠性，减少对环境的泄漏污染，同时降低设备生命周期内的密封成本。本标准适用的机械密封轴径范围是 20~110mm（0.75~4.3in）。API 682 标准中第 4 章"密封系统"中 4.1 节"密封系列、型式与布置方式"要求如下：

① 概述

本标准中所述机械密封可分为三个系列（1、2、3），三种型式（A、B、C）和三种布置方式（1、2、3）。此外布置方式 2 和 3 又可分为三种端面组合：面对背、背对背、面对面。密封的系列、型式、布置方式和端面组合定义如下。典型模式见图 5-1~图 5-9。

② 密封系列

三种密封系列如下：

系列 1 密封用于 API 610 密封腔，但需满足 ASME B73.1，ASME B73.2 密封腔的尺寸要求。其适用范围为密封腔温度-40~260℃（-40~500℉），密封腔压力≤2MPa（20bar）（300psi）。

系列 2 密封用于满足 API 610 密封腔安装要求的情况。其适用范围为密封腔温度-40~400℃

（-40~750℉）；密封腔压力≤4MPa（40bar）（600psi）。

系列 3 密封提供最严格的检验和文档的密封设计。该系列密封需要满足 API 610（或相当标准）密封腔安装要求。其适用范围为密封腔温度 -40~400℃（-40~750℉）；密封腔压力≤4MPa（40bar）（600psi）。

本标准附录 A 中总结了 3 种密封系列的主要区别。若温度和压力超过上述范围或泵送流体不在附录 A 规定范围内，则需要采用其他标准来设计和选用密封。

③ 密封型式

本标准规定的三种密封型式如下：

A 型密封为平衡型、内装式、集装式、多弹簧、滑移式补偿结构，辅助密封件为橡胶 O 形圈。本标准第 6 章中给出了 A 型密封所用材料。本标准附录 B 中给出了相关材料的标准。图 5-7 为典型 A 型密封的示意图。

B 型密封为平衡型、内装式、集装式、金属波纹管密封，辅助密封件为橡胶 O 形圈。本标准第 6 章中给出了 B 型密封所用材料。本标准附录 B 中给出了相关下列的标准。图 5-8 为典型 B 型密封的示意图。金属波纹管密封的优点在于仅使用一个静止的辅助密封。低温工况下，常指定采用 B 型密封代替 A 密封。

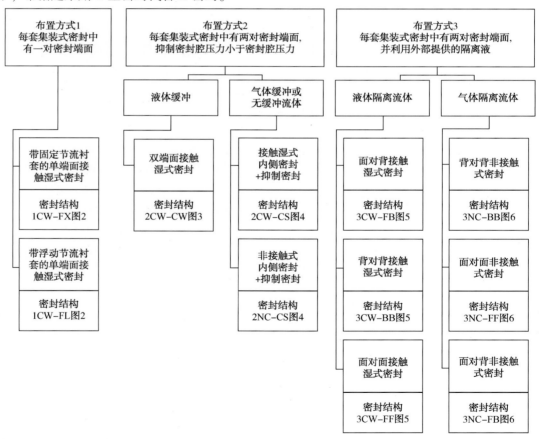

图 5-1　密封结构组合方式

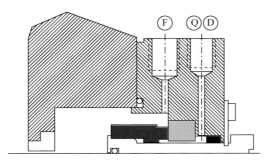

(a)1CW-FX,带固定节流衬套的单端面接触湿式密封

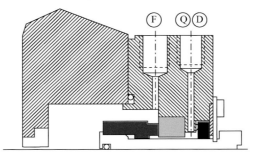

(b)1CW-FL,带浮动节流衬套的单端面接触湿式密封

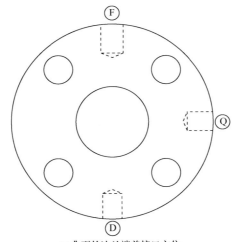

(c)典型的法兰端盖接口方位

图5-2　布置方式1：每套集装式密封中有一对密封端面

注：连接接口见表5-10。

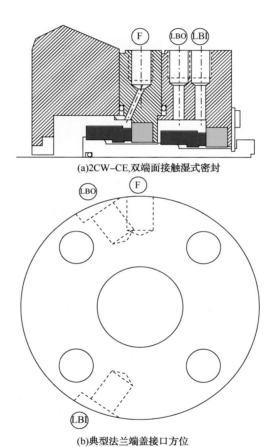

(a)2CW-CE,双端面接触湿式密封

(b)典型法兰端盖接口方位

图 5-3　布置方式 2：每套集装式密封中有两对密封端面（配缓冲液）

注：连接接口见表 5-10。

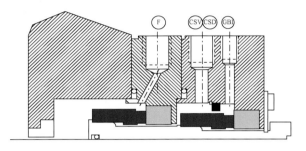

(a)2CW-CS,接触湿式内侧密封+抑制密封

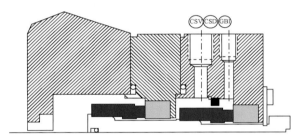

(b)2NC-CS,非接触式内侧密封+抑制密封

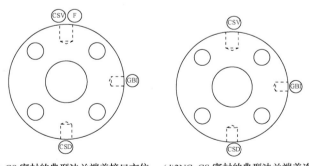

(c)2CW-CS,密封的典型法兰端盖接口方位　　(d)2NC-CS,密封的典型法兰端盖连接接口

图 5-4　布置方式 2：每套集装式密封中有两对密封端面（可配或不配缓冲气）

注：连接接口见表 5-10。

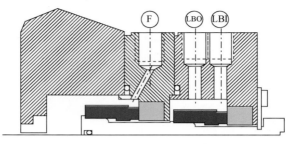

(a)3NC-FB,面对背接触湿式密封

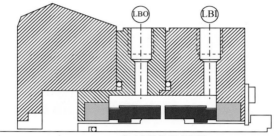

(b)3NC-FF,背对背接触湿式密封

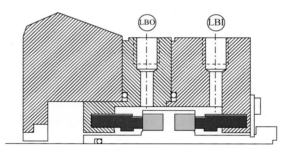

(c)3CW-FB面对面接触湿式密封

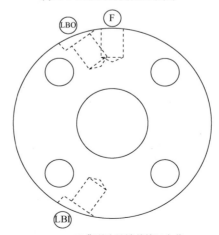

(d)典型法兰端盖接口方位

图5-5　布置方式3：每套集装式密封中有两对密封端面(配隔离液)

注：连接接口见表5-10。

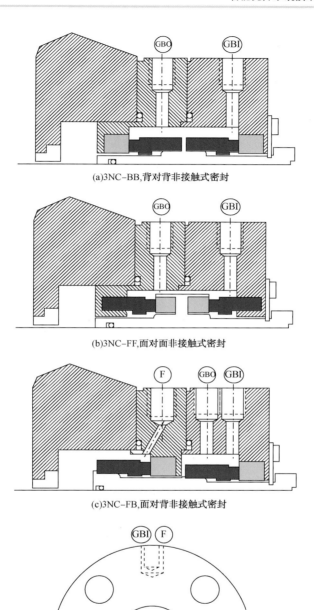

(a)3NC-BB,背对背非接触式密封

(b)3NC-FF,面对面非接触式密封

(c)3NC-FB,面对背非接触式密封

(d)典型法兰端盖接口方位

图 5-6　布置方式 3：每套集装式密封中有两对密封端面（配隔离气）

注：连接接口见表 5-10。

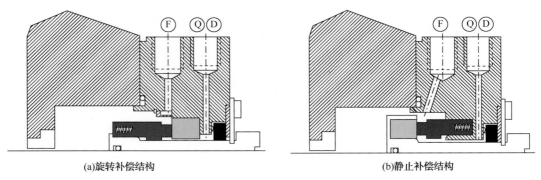

(a)旋转补偿结构                   (b)静止补偿结构

图 5-7 布置方式 1(A 型密封)

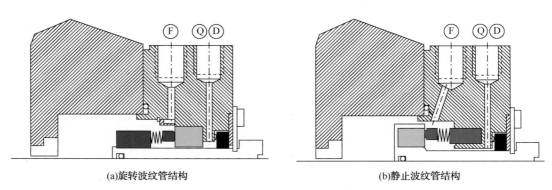

(a)旋转波纹管结构              (b)静止波纹管结构

图 5-8 布置方式 1(B 型密封)

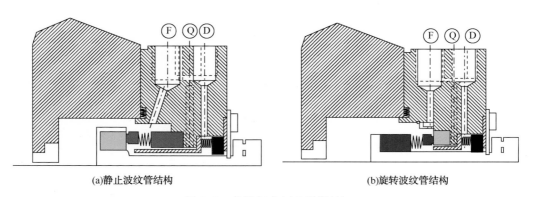

(a)静止波纹管结构              (b)旋转波纹管结构

图 5-9 布置方式 1(C 型密封)

表 5-10　密封腔和密封端盖上接口的规格和标识

| 密封结构 | 标识 | 接口名称 | 位置 | 类型 | 规格 | | 是否必需 |
| --- | --- | --- | --- | --- | --- | --- | --- |
| | | | | | 布置方式 1 | 布置方式 2、3 | |
| 1CW-FX<br>1CW-FL | F | 冲洗口 | 0° | 介质 | 1/2° | 1/2 | 是 |
| | FI | 冲洗入口（仅限于 14、23 方案） | 180° | 介质 | 1/2° | 1/2 | WS |
| | FO | 冲洗出口（仅限于 14、23 方案） | 0° | 介质 | 1/2° | 1/2 | WS |
| | D | 排净口 | 180° | 大气 | 3/8° | 3/8 | 是 |
| | Q | 急冷（吹扫）口 | 90° | 大气 | 3/8° | 3/8 | 是 |
| | H | 加热口 | — | 视用途而定 | 1/2° | 1/2 | WS |
| | C | 冷却口 | — | 视用途而定 | 1/2° | 1/2 | WS |
| | PIT | 压力变送器口 | 90° | 仪器仪表 | 3/8 | 3/8 | WS |
| 2CW-CW | F | 冲洗口（内侧密封） | 0° | 介质 | 1/2° | 1/2 | 是 |
| | LBI | 缓冲液入口 | 180° | 介质 | 1/2° | 1/2° | 是 |
| | LBO | 缓冲液出口 | 0° | 介质 | 1/2° | 1/2° | 是 |
| | D | 排净口（外侧密封） | 180° | 大气 | 3/8° | 3/8 | WS |
| | Q | 急冷（吹扫）口（外侧密封） | 90° | 大气° | 3/8° | 3/8 | WS |
| 2CW-CS | F | 冲洗口（内侧密封） | 0° | 介质 | 1/2 | 1/2 | 是 |
| | FI | 冲洗入口（仅限于 23 方案） | 180° | 介质 | 1/2° | 1/2 | WS |
| | FO | 冲洗出口（仅限于 23 方案） | 0° | 介质 | 1/2° | 1/2 | WS |
| | GBI | 缓冲气体入口 | 90° | 介质 | 1/4 | 1/4 | WS |
| | CSV | 隔离腔密封排气口 | 0° | 介质 | 1/2 | 1/2 | 是 |
| | CSD | 隔离腔密封排净口 | 180° | 介质 | 1/2 | 1/2 | 是 |
| | D | 排净口（外侧密封） | 180° | 大气 | 3/8° | 3/8 | WS |
| | Q | 急冷（吹扫）口（外侧密封） | 90° | 大气 | 3/8° | 3/8 | WS |
| 2NC-CS | GBI | 缓冲气体入口 | 90° | 介质 | 1/4 | 1/4 | WS |
| | CSV | 隔离腔密封排气口 | 0° | 介质 | 1/2 | 1/2 | 是 |
| | CSD | 隔离腔密封排净口 | 180° | 介质 | 1/2 | 1/2 | 是 |
| | D | 排净口（外侧密封） | 180° | 大气 | 3/8° | 3/8 | WS |
| | Q | 急冷（吹扫）口（外侧密封） | 90° | 大气 | 3/8° | 3/8 | WS |
| 3CW-FB<br>3CW-FF<br>3CW-BB | F | 冲洗口（密封腔） | 0° | 介质 | 1/2 | 1/2 | WS |
| | LBI | 隔离液入口 | 180° | 隔离液 | 1/2° | 1/2° | 是 |
| | LBO | 隔离液出口 | 0° | 隔离液 | 1/2° | 1/2° | 是 |
| | D | 排净口（外侧密封） | 180° | 大气° | 3/8° | 3/8 | WS |
| | Q | 急冷（吹扫）口（外侧密封） | 90° | 大气° | 3/8° | 3/8 | WS |

续表

| 密封结构 | 标识 | 接口名称 | 位置 | 类型 | 规格 | | 是否必需 |
|---|---|---|---|---|---|---|---|
| | | | | | 布置方式1 | 布置方式2、3 | |
| 3NC-FF 3NC-BB 3NC-FB | F | 冲洗口(密封腔) | 0° | 介质 | 1/2 | 1/2 | WS |
| | GBI | 隔离气体入口 | 0° | 隔离气体 | 1/4 | 1/4 | 是 |
| | GBO | 隔离气体出口 | 180° | 隔离气体 | 1/2 | 1/2 | WS |
| | D | 排净口(外侧密封) | 180° | 大气° | 3/8° | 3/8 | WS |
| | Q | 急冷(吹扫)口(外侧密封) | 90° | 大气° | 3/8° | 3/8 | WS |
| | V | 介质排气口 | 0° | 介质 | 1/2 | 1/2 | WS |

注：1. 表中所有接口均采用 NPT 螺纹。

2. 此种连接很少采用，只有采用节流衬套时才使用，标准布置方式2和3密封不采用节流衬套。

3. 如果由于空间限制，不能采用 NPT 1/2 的接口，就采用 NPT 3/8 的接口。

4. NPT 1/2 适用于轴径 60mm(2.5in) 或更小的尺寸，NPT 3/4 适用于更大轴径尺寸。

5. 如果由于空间限制不能采用 NPT 3/8 接口，就采用 NPT 1/4 接口。

6. WS 表示当特别指定的辅助(支持)系统方案时，才能使用此接口。

7. 压力变送器的 PIT 指示端口用于显示 66A、66B 冲洗方案所需的压力变送。

C 型密封为平衡式、内装式、集装式、金属波纹管密封，辅助密封件为柔性石墨。本标准第 6 章中给定了 C 型密封所用材料。本标准附录 B 中给出了相关材料的标准。图 5-9 为典型 C 型密封的示意图。波纹管密封本身即为平衡型密封。在高温且布置方式1的工况下，主要选择静止式金属波纹管密封。

A 型和 B 型密封的使用温度≤176℃(350℉)。C 型密封的使用温度≤400℃(750℉)。超出 A 型、B 型和 C 型密封温度范围的密封称为工程密封，用符号 ES(Engineered Seal) 表示。

注：对于布置方式2和3，密封可以在不同的结构中采用混合密封型式(A、B、C)。

④ 密封布置方式

a. 布置方式1、2和3密封

本标准规定了三种布置方式，如下：

布置方式1密封：每套集装式密封中有一对密封端面。

布置方式2密封：每套集装式密封中有两对密封端面，且两对密封端面之间的压力低于密封腔压力。

布置方式3密封：每套集装式密封中有两对密封端面，且隔离流体由外部引入到两对密封端面间，其压力高于密封腔压力。

注1：布置方式2和布置方式3密封的基本差别在于前者是泵送流体向抑制密封中泄漏，而后者完全消除了泵送流体向大气中的泄漏，详情参见相关定义和本标准附录 A 中有关冲洗方案的描述。

注2：在布置方式2密封结构中，外侧密封可以是湿式密封，也可以是干式密封。内测密封的冲洗方案采用布置方式1密封的冲洗方案。如果外侧密封是湿式密封，外侧密封腔中引入的是无压的缓冲液。如果外侧密封腔是干式密封，则定义此密封为抑制密封，抑

制密封腔中采用缓冲气体。

b. 可选的技术设计和密封方法

本标准可采用如下的技术设计和密封方法：

接触湿式密封(CW)：该型式密封的端面不需要特意地设计成能够产生气体动压力或者液体动压力的结构来维持一个指定的分离间隙(参见本标准 3. 1. 18 节)。

非接触式密封(NC)(湿式或干式)：该型式密封的端面需要有意地设计成能够产生气体动压力或者液体动压力的结构，以维持一个指定的分离间隙(参见本标准 3. 1. 56 节)。

抑制密封(CS)(接触式或非接触式)：该种型式密封结构包括：一个补偿组件和成对装在抑制密封腔中的密封摩擦副(参见本标准 3. 1. 20 节)。

⑤ 端面组合方式

布置方式 2 和布置方式 3 密封可采用如下的三种端面组合方式：面对背(参见本标准 3. 1. 31 节)；背对背(参见本标准 3. 1. 7 节)；面对面(参见本标准 3. 1. 32 节)。

三种端面组合方式参见图 5-1。其他结构，如同轴密封(即径向多端面密封)，买方和卖方可以相互协商，这些密封统称为工程密封。

## 5. 1. 2 ISO 标准

国际标准化组织(International Organization for Standardlization，简称 ISO)主要针对油气井完井工具和试验方法也制定了一系列标准，例如 ISO 4406，规定了完井中液压控制流体的清洁度，为 IWIS 标准所引用；ISO 14310《石油天然气工业—井下工具封隔器和桥塞》VO 或 V3 标准为 Halliburton HF 系列穿越封隔器所认证，该封隔器用于智能完井中。此外还有一系列与水下生产系统相关的标准，如 ISO 10423 和 ISO 13628 等标准，均被 OTM 公司推出的智能完井标准所引用。

在深水中，地层流体存在一定量的 $CO_2$ 和 $H_2$，对完井工具具有腐蚀性，为了减少投产后地层流体对井下完井工具腐蚀，确保各井的生产寿命满足开发要求，人井的油管及井下完井工具设备材料选择应按照 ISO 15156(NACEM R0175)《石油天然气工业—油气开采中用于含 $H_2S$ 环境的材料》进行。

ISO 4406 污染度等级标准是用 1mL 油样中的颗粒尺寸大于 $5\mu m$ 和 $15\mu m$ 的颗粒数对应的等级数码表示油液的污染度。例如，某油样的污染度为 9，则说明该油样大于 $15\mu m$ 的等级数码为 9，表示每 1mL 油样中大于 $15\mu m$ 的颗粒数为 2. 5～5. 0；大于 $5\mu m$ 的颗粒等级数码为 14，即每 1mL 油样中大于 $5\mu m$ 的颗粒数为 80～160。在 ISO 4406 污染度等级中选用 $5\mu m$ 和 $15\mu m$ 的颗粒数码表示污染度，是因为尺寸为 5～15μm 的颗粒在油液系统中容易产生堵塞和淤积故障，尺寸大于 $15\mu m$ 的颗粒在油液系统中容易造成对部件的磨损。采用这两个尺寸颗粒浓度表示污染等级，可以较好地反映大小颗粒对油液系统的影响。因此，该标准被世界各国普遍使用。

ISO 14310 标准由封隔器和桥塞的用户、采购商、供应商、制造商共同编写，适用于全球石油和天然气行业，旨在为双方在封隔器和桥塞的选择、制造、测试和使用方面提供要求和信息。针对供应商和制造商的要求，规定了供应商与制造商必须遵守的最低要求，以声称符合标准的结构考虑到在质量控制和设计验证方面不断增加的要求。这些变化允许用户/购买者为特定的应用程序选择所需的等级，这三个质量等级为用户/购买者提供了一个选择的要求，以满足特定的偏好或应用。质量 Q3 是本产品标准提供的最低质量等级。质量等级 Q2 提供了额外的检验验证步骤，质量等级 Q1 是提供的最高等级。其他质量要求可由用户与采购商指定作为补充要求。7 个标准的设计验证等级（VO 到 V6）为用户/购买者提供了满足特定偏好或应用的需求选择。设计验证等级 V6 是最低等级，代表供应商和制造商定义了验证方法的设备。随着级数的减少，验证测试的复杂性和严重性也在增加。本标准的使用者有必要认识到，对于个别应用，可能需要高于国际标准中所列的要求。ISO 14310 标准无意禁止供应商或制造商提供产品，或用户与采购商接受产品。替代设备或工程解决方案，这可以特别适用于有创新或发展技术。当提供其他选择时，供应商/制造商必须确认与本标准的任何差异。

ISO 10423 标准规定了性能、尺寸和功能互换性、设计、材料、测试、检验、焊接、标记等方面的要求和建议。用于石油和天然气工业的井口和采油树设备的处理、储存、运输、采购、修理和再制造本标准，不适用于井口和采油树设备的现场使用、现场测试或现场维修。ISO 10423 标准范围包括了井口设备、连接器及配件、套管和油管悬挂器、阀门和堵塞、法兰、螺纹、其他端接连接器（Other End Connectors, OEC）和焊接以及其他设备。ISO 10423 标准根据压力、温度、井筒组分的材料等级和操作条件来定义使用条件，规定了五个产品规格等级（PSLs）的要求：PSL 1、2、3、3G 和 4。这五个 PSL 名称定义了不同水平的技术质量要求。

ISO 13628 标准提供了从设计阶段到退役和废弃整个海底生产系统开发的一般要求和总体建议。ISO 13628 旨在作为一个伞形文件来管理 ISO 13628 的其他部分，处理通常构成海底生产系统一部分的子系统的更详细的要求。然而，在某些领域（如系统设计、结构、汇管、起重装置、颜色和标记），更详细的要求在此包含，因为这些方面未包括在次级标准中。整个海底生产系统包括从一个或多个海底油井生产碳氢化合物并将其转移到海上（固定、浮动或海底）或陆上的特定处理设施所必需的几个子系统。或者通过海底井计算水/原子吸收气体。本部分的 ISO 13628 及其相关的子系统标准适用于第 4 条中所描述的接口限制专门的设备，如分隔树、树和大气室中的管汇。

1999 年，国际标准化组织（ISO）在 ISO 13628 系列标准里发表了第一个水下生产系统的应用标准，命名为《水下生产设计运行规范》。到目前为止，已经发表了下述的一系列 ISO 13628 标准：

（1）ISO 13628—1 通用的要求和推荐；

（2）ISO 13628—2 水下和海上应用的柔性管系统；

（3）ISO 13628—3 过出油管系统；

（4）ISO 13628—4 水下井口和采油树设备；

（5）ISO 13628—5 水下控制管线；

（6）ISO 13628—6 水下生产控制系统；

（7）ISO 13628—7 修井/完井立管系统；

（8）ISO 13628—8 远程控制机器人（ROV）和水下生产系统的结合；

（9）ISO 13628—9 远程控制工具（ROT）干预系统。

ISO 15156 标准叙述并提出了在石油天然气生产以及脱硫装置中处于硫化氢（H₂S）环境中设备的金属材料评定和选择的一般原则、要求和推荐方法。这些设备的失效，可能给工作人员以及公众的健康和生命安全或环境带来很大的危害。本部分有助于避免设备发生这种高昂代价的腐蚀损坏。ISO 15156 描述了所有由硫化氢所引起的腐蚀开裂机理，包括硫化物应力开裂、应力腐蚀开裂、氢致开裂及阶梯型裂纹、应力定向氢致开裂、软区开裂和电偶诱发的氢应力开裂。在按 ISO 15156 进行材料的选择和评定之前，设备的使用者应对每种用途材料可能暴露的使用条件进行确认、评定并以文件记载。确定使用条件包括预定的暴露条件，以及由于控制措施、保护方法失效可能造成的不可预定暴露条件。应特别注意那些已知的会影响材料的硫化氢致裂敏感性因素进行量化。已知的影响金属材料在硫化氢环境中开裂敏感性的因素，除了材料性能外，包括有：硫化氢分压、原位 pH 值、溶解的氯化物或其他卤化物浓度、元素硫或其他氧化剂的存在、温度、电偶效应、机械应力和与液相水接触的时间。

应对评定的材料的描述和有关资料，以便定义那些在含有硫化氢的介质中易于影响性能的特性。应该描述和提供材料可能发生的容许偏差和范围的资料。在含硫化氢的环境中已知影响材料性能的冶金特性有：化学成分、制造方法、产品形式、强度、硬度、冷加工量、热处理条件和微观结构。

（1）ISO 13628—6：2006 标准

ISO 13628—6：2006 标准适用于水下生产控制系统的设计、制造、测试、安装和操作，涵盖了安装在水面和水下的控制系统设备、控制流体。这些设备用于实现水下油气生产的控制和水下注水、注气作业。本标准也适用于多井系统设备的控制。井下智能钻井井下控制设备、旧设备返工和修理均不在本标准规定范围内。本标准第 5 章"系统要求"中"功能要求"（5.5 节）如下：

① 一般性能要求

符合本标准的控制系统设备宜以有效、安全和环保的方式工作。控制系统总的性能要求应是：

——为所有水下遥控阀门提供一种或多种操作；

——为安全操作提供足够的数据回读信息、对所需的紧急关断快速响应；

——提供紧急关断（Emergency Shutdown，ESD）功能，确保水下系统在本标准规定时间内、或所有生产情况包括同时进行钻井、完井和修井作业所适用的规则规定的时间内安全关闭。

② 操作压力

在阀门制造商规格书中所给出的最恶劣工况下，控制系统应能提供足够的压力以打开水下阀门。最小的操作压力至少要比阀门制造商规定的最恶劣工况下的最小开启压力大10%。当一个水下阀门打开时，其操作压力不能减少到使任何其他打开着的阀开始关闭。

水面控制水下安全阀（Surface-controlled Subsurface Safety Valve，SCSSV）操作压力高于井口控制压力。打开 SCSSV 的压力是生产油管压力的函数，生产油管压力随油气衰减。SCSSV 的液压压力应确保在油井生命周期后期 SCSSV 不会超压。在液压动力单元（Hydraulic Power Unit，HPU）中操作员可调节 SCSSV 液压管线压力能减轻 SCSSV 过压。

③ 故障安全原理

所设计的水下控制系统应使生产系统在失去液压动力时处于故障安全状态，通常可通过关闭水下安全阀（Underwater Safety Valve，USV）实现。USV 的关闭可以通过断开电路或者泄压液压动力来实现。如系统中有方向控制阀，其设计关闭压力宜高于水下阀门，从而减少水下阀门的关闭时间。如使用全电气控制系统，系统应为失电安全。

水下控制系统中任意元件故障，不宜妨碍 SCSSV 和所指定的 USV 的故障安全关闭。

④ 响应时间

a. 阀关闭

概述：控制系统响应时间主要由其执行上部设施指令迅速关断水下生产所需时间而设定。此时关闭阀门，可减少输往上部设施的可燃物质，减少水下系统污染物泄漏可引起的环境污染。当关闭用于保护下游管线过压时，响应时间应比下游管线由于连续流动而超压的时间短。

事故关闭控制模式要求：对于所有控制系统，主控系统出现故障或失效都不应导致 USV 返回故障安全状态，这样将潜在地允许流动无限期地继续，应配备事故关闭控制模式用于执行必要的阀门关闭。如这种事故关闭控制模式包括所供给液压流体的压力释放，系统应重新设置以防止液压压力重新建立时自动打开关闭的阀门。SCSSV 应是最后关闭的阀。

使用主控模式时 USV 关闭时间要求：接到命令关闭指令后，水下控制系统应使用主控模式在不超过 10min 的响应时间内关闭所设计的 USV。对于多井系统，安装在所有生产井上的 USV 应在给定的 10min 内关闭。

使用事故关闭模式时 USV 关闭时间要求：当水下控制系统发生故障、需要使用事故关闭模式进行关阀作业时，不需受 10min 关闭时间的限制，事故关闭模式应按本标准 5.5.4.1.1 节中一般要求执行关阀操作。

工作时间限制：单个 USV 总响应时间中的工作时间应不大于 3min。如 USV 所对应的水下井已被其他已经关闭或同时响应命令关闭的阀或流动控制装置关闭时，可取消工作时间限制。

增压系统故障：增压系统故障不应影响卸压时 USV 故障安全关闭。

水面和立管安全系统要求与水下控制系统响应要求之间的关系：水下安全阀（Subsurface Safety Valve，SSV）或立管阀对命令关闭的响应时间是根据保护上部设施的区域性规范确定的。这些水面和立管安全设备的响应时间独立于水下控制系统响应时间要求，因而不是本规范所属部分，但应在总系统安全评估中考虑。

b. 响应时间验证

安装前应采用下列四种方法之一来证明预计的控制系统响应时间能满足要求。

——用从相应厂家得到的、理想的弹性脐带缆的容积数据和阀门操作数据进行控制系统模拟，这种方法可计算得到最保守的响应时间；

——用理想的黏弹性脐带缆的容积数据，即基于至少 30m（100ft）样品材料的压力、容积与时间之比的测量值，并与阀门制造商的操作数据相结合，进行控制系统模拟；

——使用同样脐带缆材料的预估校正模型，并考虑新的变量如控制路径长度、操作压力和终端设备性能等，进行控制系统的模拟；

——直接测量实际设备的响应时间。

⑤ 功能考虑

a. 泄漏试验和诊断

水下控制系统应能对水下设备进行所需的诊断和规范所规定的泄漏试验，泄漏试验包括 SCSSV 和指定的 USV 的泄漏试验。如果泄漏试验失败，控制系统宜具有便利的故障诊断能力。

b. 互锁

宜评估下列互锁功能：

——除非生产主阀（Production Master Valve，PMV）或生产翼阀（Production Wing Valve，PWV）关闭，不得打开 SCSSV；

——除非 PMV 或 PWV 关闭，不得关闭 SCSSV；

——除非 PMV 关闭，不得打开连通阀；

——除非油嘴位于设定位置，不得打开 PWV。

c. SCSSV 或智能井完井密封失效

由 SCSSV 密封失效导致井液回流到水下控制系统中，将不会削弱水下控制系统执行 USV 故障安全关闭的能力。

d. 动作指示

生产控制系统应有执行机构所选的液压功能的水面指示，其指示可使用可视流量指示器、压力传感器、压力表、位置指示传感器、流量传感器以及压力开关等合适的硬件。

e. SCSSV 保护

接到命令关闭指令时，所设计的生产控制系统宜通过操作程序或在 SCSSV 下游阀门关闭后引入一个延迟来保护 SCSSV 以防止流体的撞击或缓慢关闭。任何上述措施都不宜影响到水下生产控制系统在关断情况下关闭 SCSSV 的能力。

f. SCSSV 液压回路冲洗

前端设计应考虑在安装和操作阶段冲洗控制模块到 SCSSV 间的液压回路。该功能可使用水下控制模块（Subsea Control Module，SCM）内专用冲洗阀实现。冲洗作业不应导致高压系统压力降低，从而可能影响其他井。

g. 修井期间的安全隔离

修井时，生产控制系统应停止操作该采油树的控制功能，此时采油树由修井控制系统控制。

h. 控制流体排放和泄漏

控制流体的外排和泄漏不应超过当地法规要求，内部泄漏不能超过控制部件制造商的书面要求。内漏不应威胁隔离阀安全操作，特别是关断能力。

i. 负荷能力

产品设计应能承受额定负荷而不降低或超过许用应力，并不削弱其他功能要求。

（2）ISO 13628—4：2010 标准

ISO 13628—4：2010 标准规定了水下井口装置、泥线井口装置、钻通泥线井口装置以及水下立式和卧式采油树规范，以及设备搬运、试验和安装所需的相关工具。还规定了独立的分总成(用来建造完整的水下采油树总成)和完整的水下采油树总成的设计、材料、焊接、质量控制(包括工厂验收试验)、标志、贮存和运输。ISO 13628—4：2010 标准第 5 章"系统一般要求"的 5.1 节"设计和性能要求"中 5.1.2"工作条件"如下：

① 额定压力值

a. 总则

额定压力应符合如下 b~h 的规定。如果小直径管线(例如 SCSSV 控制管线或化学剂注入管线)通过腔体(例如采油树或油管悬挂器腔体)，除非在那些任一管线泄漏时能提供监视和卸压的方法，否则包含腔体设备的设计压力应为这些管线中的最高压力，见本标准 7.9.1 和 9.2.7 的附加信息。此外，应考虑外部载荷(例如弯曲力矩、拉伸载荷)、环境静水压载荷和疲劳的影响。在本标准中，额定压力应理解为额定工作压力(3.1.41)。

深水环境下，由于外部静水压超过内部孔压，将导致密封处产生反压，设计密封时，在所有工作条件下(例如试运行、试验、启动、操作、降压开采等)均宜考虑这一因素。

b. 水下采油树

标准额定压力值：只要可行，采购方应对井口承压和控压的总成设备(例如阀、节流阀、井口头和连接装置)按下面规定一个设计和制造的标准额定工作压力：34.5MPa(5000psi)、69MPa(10000psi)或 103.5MPa(15000psi)。标准额定压力值利于提高设备的安全性和互换性，特别是端部连接符合本标准或其他工业标准，例如 ISO 10423。除了通向井内(例如 SCSSV，化学剂注入口，传感器)上游构件的油管悬挂器导管和(或)采油树贯穿和连接外，承压和控压件不考虑中间额定压力值，例如 49.5MPa(7500psi)，可以有高于工作压力的设计要求。

非标准额定工作压力值：非标准额定压力值不在本标准的范围之内。

c. 油管悬挂器

水下油管悬挂器的标准额定工作压力(Rated Working Pressure，RWP)应为 34.5MPa(5000psi)、69MPa(10000psi)和 103.5MPa(15000psi)。生产或环空油管连接的额定压力可以低于油管悬挂器的 RWP。此外，油管悬挂器可以具有液流通道，其压力不应超过油管悬挂器总成 1 倍的 RWP 加 17.2MPa(2500psi)。

d. 水下井口装置

水下井口装置的标准 RWP 应为 34.5MPa(5000psi)、69MPa(10000psi)和 103.5MPa(15000psi)。根据尺寸、连接螺纹和使用要求，工具和内部构件(例如套管悬挂器)可具有其他额定压力值。

e. 泥线设备

标准 RWP 不适用于泥线套管悬挂器和回接设备。而应按照本标准第 10 章和附录 E 规定的方法确定设备上每个部件的工作压力。

f. 液压控制构件

所有不暴露于井眼流体的液压操作构件和液压控制管线的液压 RWP(设计压力)，应符合制造商的书面规范。所有使用液压系统操作的构件，应设计成能在 0.9 倍液压 RWP 或更低压力下完成其预期功能，并应能够承受最大 1.1 倍液压 RWP 的异常压力。

g. 螺纹限制

设计用于机械连接的具有小孔径连接[孔径上限 25.4mm(1.00in)]、试验孔和仪表连接的设备，应具有内螺纹，应符合本标准 7.3 规定的使用限制和表 5-11 给出的规格及 RWP 极限。也可以使用小孔径、试验孔或仪表连接专用的具有内螺纹并满足本标准 7.3 要求的 OEC。

表 5-11  内螺纹连接的额定压力值

| 螺 纹 类 型 | 规格/mm(in) | 额定工作压力/MPa(psi) |
|---|---|---|
| API 管线管(规格) | 12.7(1/2) | 69.0(10000) |
| 高压连接 | 按照 ISO 10423 的类型Ⅰ、类型Ⅱ和类型Ⅲ | 103.5(15000) |

h. 其他设备

其他设备(例如送入、回收和试验工具)的设计应符合采购方或制造商的规范。

② 额定温度

a. 标准额定工作温度

本标准所包括设备设计的整个额定温度范围应按照制造商的规定，且作为一个系统，应符合 ISO 10423。阀和节流阀驱动器的最低额定温度应为 2~66℃(35~151℉)。符合本标准的水下系统的最低类别应为温度级别 V[2~121℃(35~250℉)]。当材料要求冲击韧性时(PSL 3 和 PSL 3G)，承压和控压材料的最低类别应为温度级别 U[-18~121℃(0~250℉)]。

水面先导性试验可在比制造商规定的系统额定值更低的环境温度下进行。产品鉴定不需要在先导性试验温度下进行。

设备操作中，因极端气压差而承受焦耳-汤姆逊冷却效应(J-T)时，宜考虑过渡低温对节流阀体和相关下游构件的影响。

与 J-T 冷却和开井条件相关的过渡低温效应，可通过下面一个或多个方法表述：

——确认构件按照本标准 5.1.7 规定的最低要求温度；

——确认构件按照标准工作温度范围，以及按本标准 4.1.3 在小于或等于最低过渡工作温度条件下材料夏比 V-型缺口冲击试验鉴定；

——确认构件按照标准工作温度范围，以及适用于过渡温度范围操作的支持性附加材料文件。

b. 海水冷却的标准额定工作温度调整

如果制造商通过分析或试验表明，当水下井口装置、泥线悬挂器和采油树总成上的某些设备(例如阀和节流阀驱动器)中滞留流体温度至少 121℃(250℉)时，其工作温度降不超过 66℃(150℉)。该设备的整个额定温度范围可以设计为 2~66℃(35~150℉)。

相反，采用隔热材料隔离海水的水下构件和设备，应证明其能在指定温度级别的温度范围内工作。

c. 温度设计的考虑

设计应考虑温度梯度和周期对设备上金属和非金属件的影响。

d. 贮存或试验温度的考虑

如果水下设备在地面所要贮存或试验的温度超出其额定温度范围，那么，应与制造商联系以确定是否采用推荐的特殊贮存或地面试验程序。制造商应将任何这样的特殊贮存或地面试验需要考虑的事项形成文件。

③ 额定材料级别

a. 总则

设备制造应采用符合表5-9的材料(金属材料和非金属材料)以及适用设备相应的材料级别。表5-9没有规定井口装置环境内的所有因素,但提供了各种使用条件及其腐蚀程度的材料级别。

b. 材料级别

选择材料级别是用户的首要责任,因为用户熟悉生产环境以及控制注入处理剂。用户可以规定使用条件和注入剂,要求供方推荐其评审和批准用材料。

材料要求应符合表5-9。所有承压件应视为"本体",按表5-9决定其材料要求。而在本标准中,其他井眼压力边界贯穿设备(例如润滑脂和排放嘴)应视为表5-9中规定的"阀杆"。金属密封件应视为表5-9中的控压件。

所有暴露于井眼流体的承压件应符合ISO 15156(所有部分)和表5-9的材料级别AA~HH。

在不超过应力准则的条件下,产品的设计应能够在额定温度下承受额定工作压力,而不会产生阻碍满足其他任何性能要求的变形。

c. 温度完整性

产品应设计成能够在其整改额定温度范围内正常运行。构件应规定和限定其在使用中所能经受的最低和最高工作温度、焦耳-汤姆。

## 5.1.3  OTM 标准

随着越来越多的石油公司实施智能完井技术,越来越多的技术服务商和供货商投入到这一技术领域中,因此智能完井系统的标准化和匹配性就显得非常重要。由OTM统一管理下的多项硬件接口和数据接口技术标准也正处于初始制定并逐步完善阶段,目前OTM推出了四大标准,分别是智能井井下仪器设备标准(Intelligent Well Interface Standard, I-WIS)、海底仪器接口标准(Subsea Instrumentation Interface Standard, SIIS)、海底光纤监测标准(Subsea Fiber Optic Monitoring, SEAFOM)、油气田生产标准(Production Markup Language, PRODML),并且该组织还拥有全球最大的、最完善的智能完井技术应用统计数据库(ICON),可以为产品选型和技术决策提供强大的信息支持,从而更好地指导在硬件和软件方面的开发和应用[9-14]。

(1)IWIS 标准

IWIS(目前该标准有2011版本)为安装在油气井中的多种监测和控制设备提供通用的硬件接口和软件接口,并制定一种规范(推荐做法)以确保在智能井数据传输和动力传递方面的兼容性。目前已经向ISO组织提交了一个技术规范,其内容涵盖了水下控制系统和智能井系统接口,该规范与ISO 13628《石油天然气工业—水下生产系统的设计与操作》第6部分一起使用。IWIS标准在ISO 13628—6:2006的基础上额外补充了"海底动力系统""通信系统""液压系统"和"采油树物理接口系统"这四方面的标准。制订IWIS标准主要的目标如下:

① 降低智能完井系统复杂程度;

② 降低智能完井技术的风险；

③ 减少智能完井系统直接和间接成本；

④ 提高智能完井系统的灵活性；

⑤ 为供应商提供更多选择；

⑥ 缩短硬件的交货期限；

⑦ 使海底基础设施实施起来更容易；

⑧ 减少投标费用。

IWIS 标准中第 8 章"液压系统指南"的规定如下：

① 总体介绍

本标准第 8 章的目的是提供 ISO 13628—6(智能井接口)标准中关于液压系统接口的一些补充信息。

智能完井井下液压控制装置由海底的液压控制模块通过单个(或多个)液压控制管线进行控制。

本标准第 8 章详细介绍了动力来自地面液压系统的动力生产控制系统井下下控制模块与井下液压装置或外部 IWIS-3 液压控制模块之间的接口信息。

注：本标准第 8 章不包括生产控制系统、井口和油管悬挂器之间的液压连接器的规格或配置。

② 接口选项

以下将详细介绍了液压接口存在的两种配置形式：

a. 配置 1：井下设备的液压动力由井下控制模块控制。

b. 配置 2：井下设备的液压动力由供应商提供的 IWIS-3 液压模块控制，该模块由来自井下生产控制模块的单一液压提供动力。

对于配置 2，井下液压控制系统提供的液压功能是可再配置的。

直接液压供应和与井下液压装置或配置 2 模块的通信/动力不属于本 IWIS 标准。

注：井下控制模块可能同时支持以上两种接口形式。

③ 清洁度

供应到井下设备中的流体的清洁度应符合 ISO 13628—6 部分的要求。

④ 供应控制阀

控制井下液压设备液压供应的生产井下控制模块中的电磁阀应是一个具有开启和排气功能的控制阀。

⑤ 适用性

系统中所有零部件应与生产控制系统所选用的流体相适应。

⑥ 热膨胀

对于配置 1，井下管线的热膨胀由生产控制系统处理。

对于配置 2，井下管线的热膨胀由井下设备/控制系统处理。

⑦ 故障-安全或故障功能

IWIS 液压控制模块内的任何失效或故障都不应影响生产阀门的控制。另外，井下液压设备在正常运行过程中不应影响生产控制系统阀门的运行时间。

⑧ 配置选项

a. 配置 1——直接控制

生产井下控制模块中的一个或多个电磁阀控制井下液压装置的流体。

利用生产控制系统来控制这些阀门以及监控管线的供应压力，并将这些信息提供给井下设备的地面采集和控制系统。

在紧急关闭或生产阀门工作期间，生产控制系统将能够避开井下设备的控制命令，对生产阀门进行控制，以确保操作的安全性不受影响。

井下液压控制线的回程管线将与生产控制系统回程管线结合，见图 5-10。

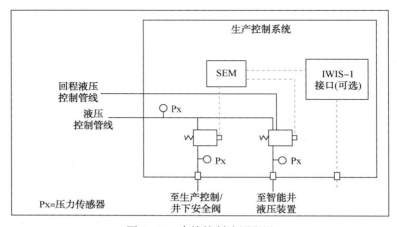

图 5-10 直接控制液压配置

b. 配置 2——IWIS 选项 3 液压模块

该液压配置有一个位于生产井下控制模块外部的液压控制模块，该液压控制模块详细信息见 IWIS-3 选项。由生产井下控制模块或地面液压控制管线向井下供应商的模块提供液压控制动力源。

井下设备中回流流体通过专用的回流管线进行局部排放或回流到地面。在 IWIS 液压模块中的一个止回阀是用于保护井下控制模块的液压系统，见图 5-11。

由井下供应商通过 IWIS 电气接口来控制液压系统，拆卸井下控制模块或液压模块应使井下系统保持原样，不会造成流体损失或影响生产井下控制模块。在安全停机期间，生产系统可能会禁止井下液压控制作业。

所有的 IWIS-3 液压模块传感器和阀的监测和控制都由井下供应商的控制系统通过 IWIS 电气接口连接完成。

这种配置允许在不影响生产模块的情况下安装和回收液压模块。

（2）SIIS 标准

海底控制系统用户团队的主要工作是制定海底仪器接口标准（即 SIIS），这样有助于提高海底油田开发的可靠性及减少设备性能和生产计划的风险。其研究的范围不同于 IWIS 标准（井下仪器标准），主要限于制定直接与海底控制模块相连接的海底生产系统仪器的接口标准。

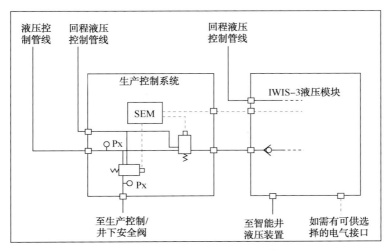

图 5-11　IWIS-3 液压配置液压模块

对于控制系统传感器接口类型，该研究团队提出了五级划分体系。该分类体系中的第 4 级描述相对复杂的传感器，该类传感器以星形或环形干线连接方式与控制系统实现串行数字连接。同时还包括可下载特征，更重要的是具有"即插即用"特征。

（3）SEAFOM 标准

SEAFOM 标准旨在推进光纤监测技术在海底的应用发展，其研究范围包括井内和海底光纤监测系统的测试质量评定方法和标准、监测系统性能标准、技术方案确定和评估。促进水下光学监测功能和测试参数的国际标准化，用于水下采油树的光学馈通系统。专门针对 XT 的海底环境和通过 XT 传输光学数据的井下或储层环境之间的接口进行了阐述。概述了用于垂直或水平海底圣诞树智能井应用的光学馈通系统（OFS）的最低设计要求和功能要求，以及最低资质要求和工厂验收测试要求。XT 在油井和海底环境之间形成了临界压力隔离。因此，XT 内的所有接口都应满足 API 6A/ISO 10423 中定义的 XT 作为屏障系统的要求。

SEAFOM 标准给出了智能井应用中通过垂直或水平海底采油树（XT）使用的光学馈通系统的最低设计和功能要求，以及最低资质和工厂验收测试要求。OFS 的主要功能是提供光通信之间永久安装井下仪器（传感器、仪表）和一个表面或水下定位控制系统，同时提供完整的压力安全壳的 XT 根据 ISO 10423 6（API）和 ISO 13628—4（API 17 d），应用 OFS 包含一个或多个 wetmateable。根据需要，通过各种 XT 系统组件相互连接并保持光通信和压力密封。连接器元件和终端用户设备之间的接口细节不在本规范的范围内。但是，连接器和接口必须适合本规范中描述的条件。虽然本规范主要是为了解决光学系统的认证和工厂验收测试而编写的。可能会有由光学和电子元件组成的系统需要测试，这样的系统设计被称为"混合"。在这种情况下。本规范说明了光学性能和测试参数，电气性能和测试参数在 WIS-RP-A1 ISO 13628-6 或客户规范中说明海事处和 IWIS 的规范基本上是互补的文件，因为大多数物理测试是相似的，主要的区别是与光学或电气性能特性相关的测试。本标准中描述的测试"设计"是为了复制和/或超越馈通系统可能经历的环境，以确保一旦测试程序圆满完成，产品能够适当地满足服务要求。应包括以下内容，客户运营商要求的可交付文件：良好的接口数据表–识别所有超出本文档范围的客户驱动需求性能验证试验（PVT）报告（针对新供应商或申请资格）工厂验收试验（FAT）报告处理，运输和储存程序。定义相关 OFS 参数的产品数据表记录 OFS 安全安装、测试和部署的程序。

连接器或穿透器的设计和鉴定应考虑到所有外部接口，如井下电缆和水下跳线。这些外部接口必须在设计文档以及客户定义的项目具体应用要求中明确规定。请参阅说明末尾的项目接口数据表 1.2.2nternal Interfaces 连接器和/或贯穿器的设计包括馈通系统，需要适合 XT、油管悬挂器、油管悬挂器下入工具由圣诞树供应商定义的加工准备。或由圣诞树供应商指定的其他内部接口 1.2.3lelding 当设计中要使用焊接时，制造商只能使用当前经批准的焊接工艺规范（WPS）和焊接工艺鉴定记录（WPQR）。任何不合格的焊接都应按照规范和本文件范围之外的客户和操作员要求进行应采取预防措施，以避免由于安装后焊接造成光馈通系统的任何部分的任何损坏。

概述了智能井应用中使用的垂直或水平水下圣诞树（井口系统）光学馈通系统（OFS）的最低设计和功能要求，以及最低资质和工厂验收测试要求。激光安全性：光纤测试和运行设备可以包括高功率和红外（不可见）能量的激光源。这种能量可以对使用这种设备或在同一区域工作的人员造成永久性的眼睛损伤。必须采取适当的措施来防止任何前夜的损害发生。从事或接近光学测试的人员应佩戴适当的护眼眼镜。关于激光安全性的进一步定义可以在 IEC 60825 和 ANSI Z136 中找到，当使用光纤时，适当的保护设备和处理程序应使用，以消除对该区域所有人员的直接或间接危害。作为一个最小值。需要带侧护罩的眼镜进行中的潜在危险试验的适当警告标志必须非常明显，试验区域应用绳子隔开或适当划定本合同要求的和承包商认为必要的测试将在测试设施内的一个安全的测试区域进行。只有经过培训的测试人员才能进行测试，测试参数稳定后才允许目击者进入区域当测试设备或 UUT 正在加压时，在任何情况下，测试区域都不能无人看管。举起重物时必须格外小心。任何时候都应酌情使用附加的个人防护装备如果在陆上或海上或任何可能发生爆炸的环境中需要使用，则必须获得现场适当热作业许可证和批准。

（4）PRODML 标准

在油气田开采过程中，不同的石油公司和服务公司所使用和开发的软件之间没有相互兼容的数据接口，彼此的数据存储模式和标准都是不同的。因此，数据交换的不兼容性极大地影响了油气田开发作业的生产效率。2005 年，在石油行业标准组织 Energistic 的大力推动下，油气田生产中数据传输交换的标准标记语言 PRODML 获得了全球各大石油公司和软件服务公司的认可，最终形成了一套标准语言。

PRODML 标准是一种工业标准，它支持的数据交换有流体在井内的流动参数，以及在生产操作的工作流程中所需的现场服务和工程分析的结果，是一个厂商中立的、开放的格式。该标准的目的是使用开放的 Internet 标准（如 XML 和 Web 服务）以及组织内的国家石油公司（国家石油公司）、运营商、监管者和服务公司之间传输数据。虽然仍在初步发展时期，但目前 PRODML 仍然是使各开发软件具有兼容性的标准。

PRODML 标准在油气田开发工程中的采用，可以大大提高现在的油气开采生产的效率，产生出巨大经济效益。PRODML 的优点在于：①PRODML 标准语言的使用使得不同领域内的专业技术得以集中密集化使用，它能够保证生产数据实时的信息交换的通畅性，并且使得让不同专业的工程师共享生产数据库。②PRODML 标准语言可以实现完井、钻井和油藏的无缝数据交换，连通了整个石油勘探开发的过程，为从更高层面的统一决策提供了可能，如图 5-12。③PRODML 为油气田的采油开发方案设计创造了一个低功耗、低风险、高效率的环境。PRODML 的主要数据对象有：流量收集、产品量、生产作业、试井、分布式温度测量、时间序列、井液取样分析、测井电缆底层测试装置。

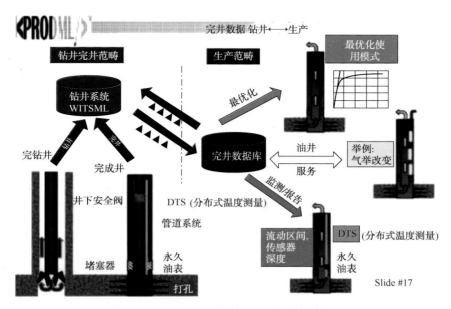

图 5-12　PRODML 实现石油开发数据交换

## 5.2　国内相关标准现状

我国油藏多是多层系、非均质油藏，特别是海上油藏复杂断块、层数较多，有必要细分开发层系，实行分层合采，这就需要大力发展智能完井技术。近几年来，石油公司和各大高校进行了智能完井相关技术的研究工作，取得了一系列成果。胜利油田开发了高强压缩式管外封隔器，性能接近国外同类封隔器的水平。遇油遇水自膨胀管外封隔器能简化分段完井施工程序，满足现场要求。在光纤传感器方面的研究取得了进展，如西安石油大学的乔学光教授完成了高温、高压分布式光纤光栅传感技术，胜利油田申请了永置式井下智能监测装置的专利，北京蔚蓝仕科技公司研制了光纤永久式井下温度压力检测系统，并在辽河油田上使用。东营市福利德石油科技开发公司拥有多项成熟完井技术，如水平井全套完井技术及装备、直井定向井完井技术及装备、智能控水技术、水平井长井段分段压裂充填技术等。

在推进我国智能完井相关技术发展的基础上，我国也采标和制定了一些与智能完井密切相关的标准和规章，主要有 18 项，其中国家标准 5 项（GB/T 21412、GB/T 22513、GB/T 20970、GB/T 20972.1 和 GB/T 28259），石油天然气行业标准 5 项（SY/T 10006、SY/T

10024、SY/T 5127、SY/T 6268 和 SY/T 6782），企业标准 5 项（Q/HS 14015、Q/HS 2015.2、Q/HS 7010、Q/HS 14006 和 Q/HS 2027.2）。国家标准采标 ISO 标准，石油天然气业标准采标 API 标准。

## 5.2.1　GB/T 21412.6—2018 标准

GB/T 21412《石油天然气工业　水下生产系统的设计和操作》分为 15 个部分：

第 1 部分：一般要求和推荐做法；

第 2 部分：水下和海上用无粘接柔性管系统；

第 3 部分：过出油管（Through-flowline，TFL）系统；

第 4 部分：水下井口装置和采油树设备；

第 5 部分：水下脐带缆；

第 6 部分：水下生产控制系统；

第 7 部分：完井/修井隔水管系统；

第 8 部分：水下生产系统的水下机器人（Remotely Operated Vehicle，ROV）接口；

第 9 部分：遥控操作工具（Remotely Operated Tool，ROT）维护系统；

第 10 部分：粘接柔性管规范；

第 11 部分：用于海底和海洋的挠性管系统；

第 12 部分：动态生产立管；

第 13 部分：水下生产系统远程操作工具和接口；

第 14 部分：水下高完整性压力保护系统；

第 15 部分：水下结构物及管汇。

本标准是 GB/T 21412 的第 6 部分，并代替 GB/T 21412.6—2009《石油天然气工业水下生产系统的设计与操作　第 6 部分：水下生产控制系统》。

本标准与 GB/T 21412.6—2009 相比，主要技术变化如下：

——增加了规范性引用文件（见本标准第 2 章）

——增加了"设计压力"等术语和定义（见本标准第 3 章）

——增加了"交流电"等缩略语（见本标准第 4 章）

——删除了"集群型装置"等缩略语（见 2009 年版标准第 4 章）

——增加了"概述"章节（见本标准 5.1）

——增加了"概念设计"相关章节（见本标准 5.2）

——增加了"生产系统功能要求"章节（见本标准 5.3）

——增加了对化学药剂注入单元、水下和井底传感器与飞线的功能描述（见本标准 5.4.1）

——修改了压力等级的概括性描述（见本标准 5.4.2.2.1，2009 年版的 5.1.2.2.1）

——增加了电磁兼容性相关描述（见本标准 5.4.2.5）

——增加了对海水进入与补偿的设计要求（见本标准 5.4.3.3）

——增加了对系统互锁的设计要求（见本标准 5.5.5.2）

——增加了对 SCSSV 保护的设计要求（见本标准 5.5.5.5）

——增加了的对 SCSSV 液压回路冲洗的设计要求(见本标准 5.5.5.6)

——增加了对控制系统设计分析的要求(见本标准 5.6.3)

——增加了对主控站(Master Control Station，MCS)配置方式的描述(见本标准 6.4.1.1)

——增加了对调制解调器单元冗余要求(见本标准 6.4.3)

——增加了对 HPU 的设计要求(见本标准 6.4.5)

——增加了化学药剂注入单元的设计要求(见本标准 6.4.6)

——增加了对液压控制液及相容性的设计要求(见本标准 6.4.7)

——增加了对多功能连接的设计要求(见本标准 7.4.1.2)

——增加了对阀门执行器超驰的设计要求(见本标准 7.4.1.5)

——增加了对水下蓄能器的设计要求(见本标准 7.4.1.6)

——增加了对水下设备电磁兼容性的设计要求(见本标准 7.4.3.3)

——增加了多水下仪表连接形式的设计要求(见本标准 7.4.7)

——增加了通过 ESD 隔离水下井口的设计要求(见本标准 7.4.9.1)

——增加了通过过程关断(Process Shutdown，PSD)隔离水下井口的设计要求(见本标准 7.4.9.2)

——增加了高完整性管道保护系统(High Integrity Pipeline Protection System，HIPPS)的设计要求(见本标准 7.4.9.3)

——增加了水下控制系统与其他水下设备的界面描述(见本标准 8.3)

——增加了智能井界面设计要求(见本标准 8.5)

——修改了引用的焊接标准(见本标准第 9 章，2009 年版的第 9 章)

——增加电气和光纤设备鉴定测试要求(见本标准 11.2.5)

——增加电气和光纤设备环境筛选测试要求(见本标准 11.2.5)

——修改了控制系统类型与选择描述(见本标准附录 A，2009 年版的附录 A)

——修改了控制液属性和测试要求，修改了部分测试程序和接受准则(见本标准附录 E，2009 年版的附录 C)

——修改了关于海管压力暴露的操作注意事项(见本标准附录 E，2009 年版的附录 C)

——增加了智能井界面(见本标准附录 F)

——增加水下电磁环境定义及测试、极限、强度选择指南，以便做出水下设备电磁兼容性假设(见本标准附录 F)

GB/T 21412.6—2018 标准采用 ISO 13628—6：2006《石油天然气工业　水下生产系统的设计与操作　第 6 部分：水下生产控制系统》。

## 5.2.2　GB/T 21412.4—2013 标准

GB/T 21412.4—2013 标准是 GB/T 21412《石油和天然气工业　水下生产系统的设计与操作》的第 4 部分"水下井口装置和采油树设备"。本标准代替 GB/T 21412.4—2008，并采标于 ISO 13628—4：2010《石油和天然气工业　水下生产系统的设计与操作　第 4 部分：水下井口装置和采油树设备》。与本标准中规范性引用的国际文件有一致性对应关系的我国文件如下：

——GB/T 8923.1—2011《涂覆涂料前钢材表面处理　表面清洁度的目视评定　第 1 部分：未涂覆过的钢材表面和全面清除原有涂层后的钢材表面的锈蚀等级和处理等级》（ISO 8501—1：2007，IDT）

——GB/T 9253.2—1999《石油天然气工业　套管、油管和管线管螺纹的加工、测量和检验》（API Spec 5B：1996，IDT）

——GB/T 19830—2011《石油天然气工业　油气井套管或油管用钢管》（ISO 11960：2004，IDT）

——GB/T 20174—2006《石油天然气工业　钻井和采油设备　钻通设备》（ISO 13533：2001，MOD）

——GB/T 20972（所有部分）《石油天然气工业　油气开采中用于含硫化氢环境的材料》［ISO 15156（所有部分）］

——GB/T 21412.1—2010《石油天然气工业　水下生产系统的设计与操作　第 1 部分：一般要求和推荐做法》（ISO 13628—1：2005，IDT）

——GB/T 21412.3—2009《石油天然气工业　水下生产系统的设计与操作　第 3 部分：过出油管（TFL）系统》（ISO 13628—3：2000，IDT）

——GB/T 21412.8—2010《石油天然气工业　水下生产系统的设计与操作　第 8 部分：水下生产系统的水下机器人（ROV）接口》（ISO 13628—8：2002，IDT）

——GB/T 21412.9—2009《石油天然气工业　水下生产系统的设计与操作　第 9 部分：遥控操作工具（ROT）维修系统》（ISO 13628—9：2000，IDT）

——GB/T 22512.1—2012《石油天然气工业　旋转钻井设备　第 1 部分：旋转钻柱构件》（ISO 10424-1：2004，MOD）

——GB/T 22513—2008《石油天然气工业　钻井和采油设备　井口装置和采油树》（ISO 10423：2003，MOD）

——SY/T 6917—2012《石油天然气工业　钻井和采油设备　海洋钻井隔水管接头》（ISO 13625：2002，MOD）

——SY/T 10008—2010《海上钢质固定石油生产构筑物的腐蚀控制》（NACE RP 0176：2003，IDT）

本标准适用于下列设备：

（1）水下采油树

——采油树连接装置和油管悬挂器

——阀、阀组和阀驱动器

——节流阀和节流阀驱动器

——排放阀、测试阀和隔离阀

——TFL Y 形四通

——再入接口

——采油树帽

——采油树管路

——采油树导向架

——采油树送入工具

——采油树帽送入工具

——采油树安装的出油管线或控制管缆连接装置

——油管头和油管头连接装置

——出油管线底座和送入回收工具

——采油树安装的控制装置接口（仪器、传感器、液压管或管配件、电气控制装置电缆和附件）

（2）水下井口装置

——导管头

——井口头

——套管悬挂器

——密封总成

——导向基座

——孔保护装置和耐磨衬套

——防腐帽

（3）泥线悬挂系统

——井口装置

——送入工具

——套管悬挂器

——套管悬挂器送入工具

——水下完井回接工具

——泥线井口装置水下完井异径连接装置

——油管头

——防腐帽

（4）钻通泥线悬挂系统

——导管头

——表层套管悬挂器

——井口头

——套管悬挂器

——环空密封总成

——孔保护装置和耐磨衬套

——弃井封盖

（5）油管悬挂器系统

——油管悬挂器

——送入工具

（6）其他设备

——法兰式端部和出口连接器

——卡箍毂式连接器

——螺纹式端部和出口连接器

——其他端部连接器

——螺柱和螺母

——密封垫环

——连接导向绳的设备

本标准包括设备的定义，设备使用和功能的说明，使用条件和产品规范级别的说明及关键件的描述，本标准中规定了这些零件的要求。

本标准不包括下列设备：

——水下钢丝绳或连续油管防喷器组

——安装、修井和生产隔水管

——水下测试树（坐放管柱）

——控制系统和液压中转控制盒

——平台回接

——主防护结构

——水下处理设备

——水下管汇和跨接管线

——水下井口装置工具

——修理和返修

——多层完井基盘结构

——泥线悬挂高压隔水管

——基盘管路

——基盘接口

本标准不适用于在用设备的修理和返修。

### 5.2.3　GB/T 20970—2015 标准

GB/T 20970—2015 标准《石油天然气工业　井下工具　封隔器和桥塞》规定了石油天然气工业用封隔器和桥塞的要求，适用于石油天然气行业中套管和油管内使用的封隔器和桥塞。本标准修改采用 ISO 14310：2008。与 ISO 14310：2008 相比，本标准做了如下具体调整：

——结构上删除了第 4 章"符号和缩略语"，后面章条号顺延

——增加了 12 个规范性引用文件

——删除了"套管"等已被熟知的定义（见 ISO 14310：2008 第 3 章）

——增加了"井内介质"的定义，避免对井内介质只是液体的误解（见本标准 3.1）

——修改了"密封间隙"的定义，符合中国国情（见本标准 3.2）

——修改了"环境的适用性"，简化用户或采购商的要求，明确详细的环境参数（见本标准 4.5）

——修改了设计文件的要求，明确设计文件的用途和包含的主要内容（见本标准

5.3.1)

——增加了"其他物理性能"，补充供方或制造商提供的非金属零件的规范文件内容（见本标准 5.3.2.3）

——增加了"套管螺纹应符合 GB/T 19830 相关要求"，规范试验套管螺纹规格（见本标准 5.5.1）

——修改了标准确认等级中对带膨胀件产品试验的规定，"带可膨胀封隔件的产品在试验装置中一端居中即可"，简化试验要求，提高可操作性（见本标准 5.5.2.3）

——将产品数据清单中的"通径"修改为"通径或最小内径"，明确清单数据内容（见本标准 6.2.3）

——将"回收方法（可回收型）"修改为"解封或回收"（可回收型）方法，包括最小（最大）解封力或回收力或压力，扩展回收类型符合中国国情（见本标准 6.2.3）

——将"可参见"修改为"应执行"，增加规范性引用文件 BS 2M 54，SAE AMS-H-6875A，明确执行标准（见本标准 6.4.4.2.1）

——将"可参见"修改为"应符合"，增加规范性引用文件 ASME 锅炉及压力容器　第 9 部分：焊接质量要求，明确执行标准（见本标准 6.4.7）

——将"可参见"修改为"应符合"，增加规范性引用文件 GB/T 230.1，GB/T 231.1，GB/T 4340.1，GB/T 531.1，JB/T 4730，明确执行标准（见本标准 6.4.8）

——将"可参见"修改为"应符合"，增加规范性引用文件 GB/T 18851.2，ASME 锅炉及压力容器第 5 部分：无损检测，明确执行标准（见本标准 6.4.9）

——将"可参见"修改为"应按照"，增加规范性引用文件 GB/T 27025，明确执行标准（见本标准 6.4.14）

GB/T 20970—2015 标准第 5 章"技术要求"中 5.3"设计要求"规定如下：

（1）设计文件

设计输入文件内容应包括设计需求、确认等级、设计方案、分析方法，参照同类产品的已有设计和操作过程记录等资料。设计输出文件包括设计计算、加工图纸及技术规范、设计评审和（或）室内试验结果（如设计确认测试）。

（2）材料

① 总则

供方或制造商应说明并提供适用的服务和规定环境的产品材料（金属和非金属）。供方或制造商应为所有材料建立规范文件，产品材料也应符合供方或制造商的文件规范。用户或采购商可在适用要求中指明用于特定用途和腐蚀环境的材料。如果供方或制造商提出使用另一种材料，则应说明该材料的性能符合规定的技术指标要求。

② 金属材料

a. 要求

供方或制造商建立的规范文件至少应包含以下内容：化学成分限制、热处理条件、机械性能（拉伸强度、屈服强度、伸长率和硬度）限制。

b. 机械性能验证

当要求质量等级时，1 类金属零件的机械性能可以通过对相同材料并经过相同热处理的样品进行测试来验证。经过热处理的材料还要进行硬度测试，满足供方或制造商对材料的硬度需求。硬度结果应通过材料的机械性能测试等相关文件记录验证。在热处理过程中需要确定热处理的各种参数。硬度测试是在应力消除后唯一需要测试的机械性能。由材料供方或制造商提供的测试报告为有效文件。

③ 非金属材料

供方或制造商提供的非金属零件的规范文件应包括处理、存放和标识要求。该文件应注明每个零件的生产日期、批号、合格证和存放时间。规范文件还应说明材料的极限强度，如下所示：

a. 材料类型；

b. 最小机械性能：（断裂）拉伸强度、（断裂）伸长率、拉伸模量（应用时为 50% 或 100%）；

c. 压缩形变；

d. 硬度；

e. 其他物理性能：耐热性、耐油性、耐水性。

（3）性能评价

供方或制造商应说明产品适用的压力、温度和轴向额定载荷。对 V4~V0 等级的封隔器或桥塞需要提供性能曲线图进行确认，V4~V0 的等级确认参见表 5-12。图 5-13 是额定性能曲线图实例。被包围的区域就是产品性能区。形成边界的线表示封隔器和桥塞的不同失效形式，决定产品性能指标应考虑温度范围内金属的机械性能。

产品额定性能曲线图应符合以下原则：

① 失效形式应表示供方或制造商提供的最大工作极限。

② 压力坐标轴上的"上"和"下"表示产品承受的上部压力和下部压力，而不是产品的内压力。如果图中曲线包括以产品内压力为基础的额定值，应特别标出或附加图线。

③ 如果额定性能曲线图上没有特别标明，那么产品内径指的是内通径。

④ 剪切装置应标明最小剪切值。

⑤ 不应包括端部连接装置的影响。

⑥ 图上应标明套管或油管最小内径和最大内径。该图应适用于整个指定的内径范围。

⑦ 如果包括解释图线，可通过多个图形表示，图 5-14 给出了不同的剪切装置的选择。

⑧ 额定性能曲线图涉及的产品应在图中指明。

表 5-12　标准确认等级表

| 设计确定等级 | 包含等级 | 设计确定等级 | 包含等级 |
|---|---|---|---|
| V0 | V0、V1、V2、V3、V4、V5、V6 | V4 | V4、V5、V6 |
| V1 | V1、V2、V3、V4、V5、V6 | V5 | V5、V6 |
| V2 | V2、V3、V4、V5、V6 | V6 | V6 |
| V3 | V3、V4、V5、V6 | | |

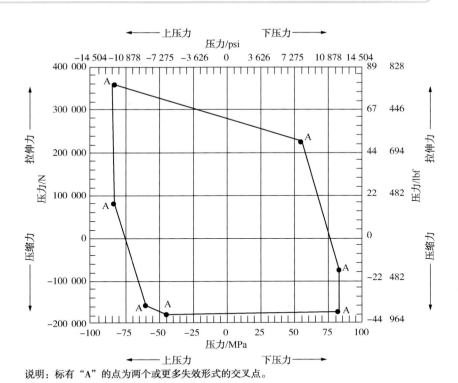

说明：标有"A"的点为两个或更多失效形式的交叉点。

图 5-13　额定性能曲线图例

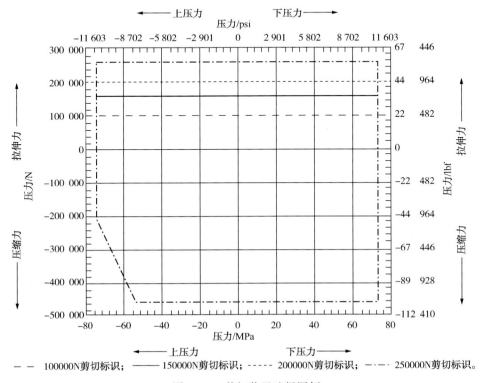

— — 100000N剪切标识；——— 150000N剪切标识；----- 200000N剪切标识；—·— 250000N剪切标识。

图 5-14　剪切装置选择图例

## 5.2.4 SY/T 6268—2017 标准

SY/T 6268—2017 标准《油井管选用推荐作法》规定了石油天然气勘探开发中油井管选用的一般原则、不同工况下油井管的选用以及油井管材料性能及质量控制。除非另有规定，本标准中提到的油井管包含套管、油管、衬管、光管、钻杆、钻铤、加重钻杆、短节和接箍（包括毛坯）等产品。本标准适用于石油天然气工业用油井管的选用。SY/T 6268—2017 标准第 4 章"不同工况下油井管的选用"规定如下：

（1）直井

① 表层套管

对于不同外径规格的表层套管，宜根据不同的井深范围按照 API Spec 5CT 相应的产品规范等级进行选择，见表 5-13。

表 5-13　不同外径规格的表层套管在不同井深范围内的产品规范等级要求

| 外径规格/mm | $D \geqslant 508$ | | $508 > D \geqslant 406.4$ | | $406.4 > D \geqslant 273.1$ | |
|---|---|---|---|---|---|---|
| 井深/m | <300 | ≥300 | <530 | ≥530 | <770 | ≥770 |
| 套管产品规范等级 | PSL-1 | PSL-2 | PSL-1 | PSL-2 | PSL-1 | PSL-2 |

注：$D$—公称外径。

② 技术套管、生产套管及油管

a. 技术套管、生产套管及油管，宜根据不同的井深范围按照 API Spec 5CT 相应的产品规范等级进行选择，见表 5-14。

表 5-14　技术套管、生产套管和油管在不同井深范围内的产品规范等级要求

| 井深/m | <1500 | | 1500~4500 | | >4500 |
|---|---|---|---|---|---|
| 工况 | 一般工况 | 酸性 | 一般工况 | 酸性 | 所有 |
| 套管和油管产品规范等级 | PSL-1 | PSL-2 | PSL-2 | PSL-3 | PSL-3 |

b. 深井超深井下部套管柱推荐选用高抗挤套管。对于高抗挤套管，在满足钢级规定强度水平的同时，抗外压挤毁强度应不低于表 5-15 的规定，并按 API RP 5C5（或 ISO 13679）的规定进行全尺寸评价试验。

c. 使用非 API 标准的高强度油井管时，需选用具有较好强韧性配合的油井管，应对材料的冲击吸收能提出要求。

表 5-15　高抗挤套管纯外压下最小抗挤强度

| 等级[①] | $D/t$ 范围[②] | 在 GB/T 20657 正文公式计算抗挤强度基础上提高的百分比/% | | | | |
|---|---|---|---|---|---|---|
| | | 钢级[③]/ksi | | | | |
| | | 80 | 95 | 110 | 125 | 140 |
| HC1 | <12.53 | 14 | 12 | 10 | 8 | 5 |
| | 12.53~20.56 | $3.24D/t-26.57$ | $2.87D/t-23.89$ | $3.11D/t-29.01$ | $2.74D/t-26.33$ | $3.74D/t-41.81$ |
| | >20.56 | 40 | 35 | 35 | 30 | 35 |

续表

| 等级[1] | $D/t$ 范围[2] | 在 GB/T 20657 正文公式计算抗挤强度基础上提高的百分比/% | | | | |
|---|---|---|---|---|---|---|
| | | 钢级[3]/ksi | | | | |
| | | 80 | 95 | 110 | 125 | 140 |
| HC2 | <12.53 | 16 | 14 | 12 | 10 | 8 |
| | 12.53~20.56 | $3.61D/t-29.25$ | $3.24D/t-26.57$ | $3.49D/t-31.69$ | $3.11D/t-29.01$ | $3.98D/t-41.93$ |
| | >20.56 | 45 | 40 | 40 | 35 | 40 |

① 本标准依据高抗挤套管实用性能，把高抗挤套管分为 HC1 和 HC2 两级。

② 由于工程中经常有非标准规格、壁厚套管，因此此处按 $D/t$ 值划分范围，未给出具体规格、壁厚。$D$ 为规定外径，$t$ 为规定壁厚。

③ 125 钢级高抗挤套管的抗挤毁强度同时要求不得低于 110 钢级高抗挤套管。

③ 套管和油管螺纹连接型式

a. 对于套管和油管螺纹连接型式的选择，应能保证其服役性能充分满足作业设计要求。井口压力、井深、井型是决定螺纹连接型式的重要因素。对于特殊密封螺纹的选择，除保证密封性外，还应具有抗高过载扭矩的能力和一定抗压缩性能。对选用气密封螺纹连接的套管和油管，应关注复合载荷下气密封能力，宜按 SY/T 6949 的规定要求选择适用的气密封螺纹接头拉伸效率和压缩效率。

b. 井口压力小于 28MPa 的气井，宜选用 API Spec 5B 规定的螺纹加特殊密封脂。

c. 井口压力在 28~55MPa 之间的气井或油气混合井，宜选用气密封性特殊螺纹或 API Spec 5B 规定的螺纹加特殊密封脂。

d. 井口压力在 55~98MPa 的气井或油气混合井，宜选用气密封特殊螺纹。

e. 井口压力大于 98MPa 的气井或油气混合井、深井超深井及高温高压井，宜选用复合承载能力优异的气密封性特殊螺纹加特殊密封脂。

④ 钻具

a. 完钻井深度在 2500m 以内时，宜选用 E 级、X 级或 G 级钻杆。

b. 完钻井深度在 2500~4500m 时，宜选用 G 级钻杆或 G 级钻杆加 S 级钻杆的复合钻柱。

c. 完钻井深度超过 4500m 时，宜选用 S 级钻杆或 G 级钻杆加 S 级钻杆的复合钻柱，且钻杆接头外壁的耐磨带应能够保护套管避免过分磨损，耐磨带的质量应符合 SY/T 6948 的要求。

d. 完钻井深度超过 4500m 时，钻杆接头推荐采用双台肩接头，钻杆双台肩接头性能宜通过国家级研究机构评价试验。

e. 完井深度越深，推荐选用材料性能质量等级越高的钻具，钻具材料性能等级见本标准第 5 章。

f. 在选择钻杆规格尺寸时应根据钻井方式、井身结构及管理水平，选择能够最大限度地减少钻柱循环水力压耗的钻杆。

g. 不同规格钢级的钻杆应选择合理的接头内外径，以保证外螺纹接头与管体的抗扭强度比合理匹配。通常钻杆外螺纹接头与管体的抗扭强度比应不小于 0.80。为了提高接头部位的疲劳寿命，可加工应力减轻结构或抗疲劳结构，该结构可以是 API Spec 7-2 或 SY/T 5144 推荐的结构，也可以是其他能够提高疲劳寿命的非标结构。

h. 新钻杆订购时应严格按标准控制其台肩倒角直径 $D_F$。同时，在用钻杆接头修复时也应控制 DF 值，并根据钻杆接头外径的实际磨损量计算钻杆接头的实际抗扭强度，以确定钻杆的等级或作为判废的依据。

i. 外径大于或等于 114.3mm 的钻杆管体，内加厚及内外加厚部分最小内锥面长度应不小于 100mm，而且内锥面与管体的过渡圆角半径应不小于 300mm，内锥面应平整，无波浪起伏、凹坑等几何缺陷。

j. 钻杆内螺纹接头吊卡台肩推荐选择 18°锥面台肩。

k. 下部钻柱设计中，钻铤柱中最下一段(一般应不少于 3 根)钻铤应有足够大的外径以保证套管能顺利下入井内。钻具组合的刚度应大于所下套管的刚度。

l. 钻铤柱中最大钻铤外径应保证在打捞作业中能够套铣。在 190.5mm(7½in) 以上的井眼中，应采用复合(塔式)钻铤结构，但不同外径相邻两段钻铤的外径差一般不应大于 25.4mm(1in)，其最上一段钻铤的外径等于或接近相连接的钻杆或加重钻杆接头外径，否则应以转换接头进行过渡。

m. 为了保证钻铤连接后内外螺纹的抗弯强度趋于平衡，应根据不同的钻铤尺寸选用合适的连接螺纹。通常钻铤内外螺纹的弯曲强度比应控制在(3.20：1)~(1.90：1)的范围内。

n. 为了防止钻井时的压差卡钻，提高钻井液上返时携带岩屑的效果，可选用螺旋钻铤。为了保证螺旋钻铤在使用过程中修复螺纹量的要求，两端不开槽圆柱部分的长度可适当放宽，并要在订货合同中注明。

o. 钻铤螺纹部位宜加工应力减轻结构或抗疲劳结构，该结构可以是 API Spec 7-2 或 SY/T 5144 推荐的结构，也可以是其他经验证能够改善螺纹连接结构服役性能的非标结构。

p. 钻具在不同井深工况条件下使用时应按照 GB/T 29169 确定的检验等级和检验内容进行质量检验。

⑤ 高温/低温环境中油井管的选用

a. 订购高温环境/低温环境中使用的油井管时，应对高温/低温下的油井管的材料性能提出要求。

b. 热采井用生产套管，宜选用特殊螺纹或 API Spec 5B 偏梯形螺纹，但在产品供货时应提供管柱结构完整性和密封完整性的第三方检测报告。

c. 热采井用隔热油管的内管和外管，除达到 API Spec 5CT PSL-2 产品规范等级要求外，还应进行焊接性试验。

d. 高温高压井选用套管和油管，应考虑材料力学性能及服役性能的温度效应，宜采用改变材料成分、提高钢级和壁厚等方法进行补偿。

e. 低温环境中选用套管、油管和钻具，应考虑材料力学性能及服役性能的温度效应，特别是韧性的降低。

⑥ 腐蚀性环境中油井管的选用

a. 腐蚀环境介质应考虑 $H_2S$、$CO_2$ 和 $Cl^-$ 等环境介质特点，对油井管性能提出相应要求。

b. 在含 $H_2S$ 介质环境中服役的套管和油管，宜选用 API Spec 5CT 第二组或非 API Spec 5CT 钢级产品。

c. 在含 $H_2S$ 介质环境中，应选用 API Spec 5CT PSL-2 及以上产品规范等级的套管和油管，且应符合 SY/T 6857.1 的要求。

d. 在含 $H_2S$ 介质环境中，选用的钻杆应有内涂层，且内涂层具有耐 $H_2S$ 腐蚀的能力。

e. 在含 $H_2S$ 介质环境中，宜选用抗硫钻杆或采用含 $H_2S$ 抑制剂泥浆等方法，预防钻杆硫化氢应力腐蚀开裂，抗硫钻杆应符合 SY/T 6857.2 的要求。

f. 含 $CO_2$ 介质环境中，宜以 $CO_2$ 分压划分腐蚀程度类型进行分类选用套管和油管，见表 5-16。

表 5-16 含 $CO_2$ 介质环境中套管和油管的选择

| $CO_2$ 分压/MPa | 套管和油管 |
| --- | --- |
| <0.021 | API Spec 5CT 普通碳钢 |
| 0.021~0.21 | API Spec 5CT 普通碳钢，或加注缓蚀剂；若温度较高时，宜选用普通 13Cr 钢 |
| 0.21~1.0 | API Spec 5CT 普通碳钢和加注缓蚀剂或选用普通 13Cr 钢；当腐蚀介质中的 Cl 浓度超过 50000mg/L 时，应选用普通 13Cr 钢 |
| 1.0~7.0 | 超级 13Cr 钢，或普通 13Cr 钢加注缓蚀剂；当腐蚀介质中的 Cl 浓度超过 150000mg/L 时，应选用超级 13Cr 钢 |
| ≥7.0 | 超级 13Cr 钢或更优质材料 |

g. 对于 $H_2S$ 含量较高的油气井，或 $H_2S$ 与 $CO_2$ 共存的油气井，或含 $Cl^-$ 的注水井，可根据井深、压力或温度环境选择铬-镍不锈钢、镍基合金、钛合金、铝合金、非金属油井管或内涂层油井管等。

h. 当井下管串出现两种以上不同材质匹配使用时，若两种材质电位差超过 200mV 需要注意电化学腐蚀。在材质匹配上要求在同一空间内，低电位与高电位材质的面积比至少要大于 1：1，在地层水环境（$Cl^-$ 浓度大于 10000mg/L）中面积比要求在 3：1 以上。

（2）定向井

① 定向井应细分为水平井、大位移井、大斜度井和斜直井等类型，依据工况条件选择合适的油井管。

② 定向井油井管的选择应能使管柱形成较低的刚度，保证油井管能够顺利下入。

③ 定向井直井段油井管的选择按照本标准 4.1.1 和 4.1.2 的规定进行。

④ 定向井弯曲井段及以下井段的套管和油管的选用，套管和油管应具有充分的复合承载能力，并按 API RP 5C5（或 ISO 13679）进行实物评价试验，明确套管和油管在弯曲井段的作业工况范围。

⑤ 对深井、超深井以及高温高压井等复杂井套管柱下部宜选用高抗挤套管。

⑥ 定向井油管和套管螺纹连接型式的选择按照 4.1.3 的规定进行，螺纹连接型式应能保证油管和套管柱在弯曲井段的密封可靠性。

⑦ 定向井套管和油管螺纹的选择，除保证密封性外，还应具有抗高过载扭矩的能力和一定抗压缩性能，推荐油层套管选用非 API Spec 5B 的特殊螺纹管材。

⑧ 定向井特殊环境工况下油井管的选择按照本标准 4.1.5 和 4.1.6 的规定进行。

⑨ 定向井使用非 API 标准的高强度油井管时，应选用具有较好强韧性配合的油井管。

⑩ 对于弯曲井段钻具的选用，应保证钻柱具有足够的弯曲能力和疲劳寿命，最大钻铤直径或无磁钻铤直径与钻头直径的选择根据表 5-17 确定。

表 5-17　钻头直径与对应的最大钻铤直径

| 钻头直径 | | 钻铤外径 | |
| --- | --- | --- | --- |
| mm | in | mm | in |
| 120.6 | $4\frac{3}{4}$ | 79.3 | $3\frac{1}{8}$ |
| 149.2~152.4 | $5\frac{5}{8}$~6 | 120.6 | $4\frac{3}{4}$ |
| 212.7~215.9 | $8\frac{3}{8}$~$8\frac{1}{2}$ | 165.1 | $6\frac{1}{2}$ |
| 241.3 | $9\frac{1}{2}$ | 177.8 | 7 |
| 244.5 | $9\frac{5}{8}$ | 203.2 | 8 |
| 273.1 | $10\frac{3}{4}$ | 203.2 | 8 |
| 311.1 | $12\frac{1}{4}$ | 203.2 | 8 |
| 406.4 | 16 | 228.6 | 9 |
| 444.5 | $17\frac{1}{2}$ | 228.6 | 9 |

定向井作业过程中，在满足作业强度要求的情况下，推荐选用柔性较好的钢钻杆或轻合金钻杆。定向井作业过程中，对于钻杆承受扭矩较大的井，如大斜度井及水平等，推荐采用双台肩接头，双台肩接头性能宜通过国家级研究机构评价试验。定向井作业用钻具及其螺纹连接结构应具有充分的抗疲劳失效能力，钻具全尺寸疲劳试验方法可参考本标准附录 A 进行。定向井钻井作业过程中，对于钻杆接头外壁敷焊的耐磨带应避免选用碳化钨等高硬度的耐磨带，避免套管过度磨损。

## 5.2.5　Q/HS 14015—2012 标准

Q/HS 14015—2012 标准《海上油气井油管和套管防腐设计指南》规定了海上含二氧化碳和(或)硫化氢酸性气体油气田油管和套管防腐设计原则和要求。本标准适用于中国海洋石油总公司作为作业者的海上油气井油管和套管防腐设计，中国海洋石油总公司管理的陆上油气井可参照使用。Q/HS 14015—2012 标准第 4 章"防腐设计原则及流程"规定如下：

(1) 设计原则

① 选择经济合理的防腐措施，满足安全生产作业要求。

② 海上油气井油管和套管放腐方案宜优先选择管材防腐。

③ 宜避免出现局部腐蚀。

④ 在均匀腐蚀情况下，应考虑：

a. 管材富裕壁厚满足期望的使用年限；

b. 管材失效产生的潜在风险和管材失效弥补措施的难易程度；

c. 油气井寿命期的综合成本因素。

⑤ 腐蚀性流体的油气井设计流速应不超过冲蚀的临界流速。

⑥ 腐蚀性流体的油气井不宜采用适度防砂方案。

（2）设计流程

油管和套管防腐设计流程见图 5-15。

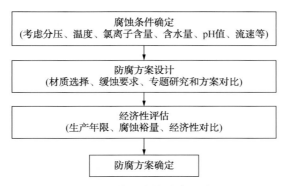

图 5-15  油管和套管放腐设计流程

GB/T 20972《石油天然气工业油气开采中用于含硫化氢环境的材料》是油气开采中用于含硫化氢环境的材料的分部分出版的国家标准，分为如下三个部分：

第 1 部分：选择抗裂纹材料的一般原则；

第 2 部分：抗开裂碳钢．低合金钢和铸铁；

第 3 部分：抗开裂耐蚀合金和其他合金。

SY/T 10006 规范适用于带法兰的阀或其他工业上接受的端部非螺纹连接的阀以及用作井口地面安全阀(SSV)的多次加工完成的或截止类型的阀门，也适用于水下井口或其附近的水下安全阀(USV)。使用等级：用于四种级别的 SSV/USV 阀的材料，制造和试验的可接受的最低标准。为了证明一个井口 SSV/USV 阀是否合格，必须通过第四章规定的验证试验，还包括开启位置锁定机构的材料制造和性能的可接受的最低标准。四种使用级别如下：

（1）102a1 级适合于标准条件下使用。本级 SSV/USV 阀预定用于不会由腐蚀(应力腐蚀开裂或金属损耗)或砂磨蚀及脏物引起的不利影响的油井或气井。

（2）102b2 级适合于可能会含砂条件下使用。本级 SSV/USV 阀预定用于有诸如砂等杂物可引起 SSV/USV 故障的油井或气井。这种阀也必须符合 1 级使用条件的要求。

（3）102c3 级适合于可能会发生应力腐蚀开裂的条件下使用。本级 SSV/USV 阀预定用于估计所含腐蚀性介质将导致应力腐蚀开裂的油井或气井。本级的两种阀必须符合 I 级或 2 级阀的要求，取其适用者，并用抗应力腐蚀开裂的材料制造。本使用级有两个子级：35 级用于抗硫化物应力腐蚀开裂，C 级用于抗氯化物应力腐蚀开裂。

（4）102d4 级适合于腐蚀金属损耗条件下使用。本级 SSV/USV 阀预定用于由于腐蚀性金属损耗将导致两种阀故障的油井或气井。本级的两种阀必须符合 1 级或 2 级阀的要求，并取其适用者，本级阀要使用抗金属损耗腐蚀的材料。

我国在南海深水完井方面探索出了一套完善的深水完井作业技术，包括材料防腐、水合物的防治、环空圈闭压力管理、生产管柱优化设计、水下采油树安装和更换、复杂情况应急处理、精细施工等。中国海油基于南海及海内外深水完井技术研发、设计和作业实践，首次总结形成了我国深水完井设计和作业技术体系，编制了技术与作业指南《深水完井规程与指南》《深海油气田钻完井技术实用指南》。

## 5.3　国内智能完井相关标准分析及存在问题

通过对国内外智能完井相关技术、相关标准及作业操作规程探析来看，我国智能完井刚刚起步，在智能完井设备方面，取得了一定成果，但是采用智能完井技术的油气作业井尚未见报道。在智能完井相关标准方面，我国采标于 ISO 标准和 API 标准制定了一些国家标准和石油天然气行业标准。其中采标于 ISO 14310—2008 的国家标准 GB/T 20970—2015《石油和天然气工业　井下工具　封隔器和桥塞》可作为井下管缆穿越封隔器的设计标准。入井油管和井下完井设备材料防腐方面可依据 GB/T 20972—2007《石油天然气工业　油气开采中用于含硫化氢环境的材料》进行选材。井下安全阀的设计、安装、修理和操作规范有国家标准 GB/T 28259—2012，石油和天然气行业标准 SY/T 10006 和 SY/T 10024。在井口装置和采油树方面有国家标准 GB/T 214124—2013 和石油天然气行业标准 SY/T 5127—2002。在完井工具下入作业规程方面，渤海石油采油工程技术服务公司编写了《井下安全阀、过电缆封隔器下无人操作规程》。

从国内已制定的智能完井相关标准的采标情况、标准引用情况来看，国内智能完井设计及作业体系缺乏相应的规范，仅管缆穿越封隔器、井下安全阀有相关的标准可供参照。作为智能完井的核心元件井下多级流量控制装置国内外尚无相应的标准可供查询，可借鉴国外成熟的产品进行设计。国外有代表性的井下多级流量控制装置有 Well Dynamics 公司的 HS-ICV 系列，Baker Oil Tools 公司的 HCM-A 系列，Schlumberger 公司的 Odin-FC 系列，Weatherford 公司的 ROSS 系列等。这些公司给出了产品的尺寸规格、工作压力和温度等技术指标，但尚无像封隔器标准那样有给定的设计验证和设计确认技术规范，需要根据产品技术指标和应用环境条件，制定合理的产品测试规程，并最终形成井下多级流量控制装置的产品技术标准。

## 参 考 文 献

[1] 陈曙光. 智能完井技术研究进展[J]. 石油化工应用，2013，32(11)：4-8.

[2] 筱明. 国外智能完井新技术动向[J]. 石油钻采工艺，2002，17(6).

[3] 曲从锋，王兆会，袁进平. 智能完井的发展现状与趋势[J]. 国外油田工程. 2010：28-31.

[4] 姚军，刘军荣，张凯. 国外智能完井技术[M]. 北京：石油工业出版社，2011.

[5] http：//www. halliburton. com.

[6] http：//www. corelab. com/promore/default. asp.

[7] http：//www. iwellreliability. com/.

[8] http：//www. iwis-panel. com/.

[9] http：//www. iwellreliability. com.

[10] 刘飞，陈勇，李晓军，等. 智能完井新技术[J]. 石油矿场机械，2010，39(2)：87-89.

[11] 廖成龙，黄鹏，李明，等. 智能完井用井下液控多级流量控制阀研究[J]. 石油机械，2016，44

（12）：32-37.

［12］钱杰，沈泽俊，张卫平等.中国智能完井技术发展的机遇与挑战［J］.石油地质与工程，2009，23
（2）：76-79.

［13］贾礼霆，何东升，卢玲玲，等.流量控制阀在智能完井中的应用分析［J］.机械研究与应用，2015，
28（01）：18-21.

［14］杨道平，智能完井一项极具发展前景的完井新技术［J］.新疆石油科技，2004，14（2）：1-3，12.

［15］罗美娥.智能完井技术简介［J］.油气田地面工程，2003，22（9）：65.

［16］智能化油田21世纪面临地下油气资源价值的最大化［J］.世界石油工业，2003（5）：12-16.

［17］IWIS Recommended Practics［S］. http：/iwisjip. comlwp-content/uploads/sites/6/IWIS-RP-A2-Master
Apr 2011. pdf.

［18］Subsea Instrumentation Interface Standard［S］. http：/lwww. siis-jip. com.

［19］Functional Design and Test Requirements for an OpticalFeedthrough System used in Subsea Xmas Tree Instal-
lations［S］. http：//www. seafom. com.

［20］PRODML v2. 2 Data Schema Specifications［S］. http：/www. energistics. org/standards-portfoliolstandards
download.

［21］API Q1. Specification for Quality Management System Re-quirements for Manufacturing Organizations for the
Petroleum and Natural Gas Industry［S］.

［22］API Spec 6A. Specification for Wellhead and ChristmasTree Equipment［S］.

［23］API Spec 11D1. Petroleum and Natural Gas Industries Downhole Equipment Packers and Bridge Plugs［S］.

［24］APl RP14A. Specification for Subsurface Safety Valve Equipment［S］.

［25］API RP 14B. Design, Installation, Repair and Operation of Subsurface Safety Valve Systems［S］.

［26］APIl Spec 17D. Design and Operation of Subsea Production Systems Subsea Wellhead and Tree Equipment
［S］.

［27］API682 -2014. Pumps Shaft Sealing Systems for Centrif-ugal and Rotary Pumps［S］.

［28］ISO 14310. Petroleum and natural gas industries-Down-hole equipment-Packers and bridge plugs［S］.

［29］ISO 10417. Petroleum and natural gas industries Subsurface safety valve systems-Design, installation, oper-
ation and redress［S］.

［30］Om Prakash Das, khalaf Aenezi, Muhammad Aslam. Novel Design and Implementation of Kuwait's First
Smart Multilateral Well with Inflow Control Device and Inflow Control Valve for Life-cycle Reservoir Manage-
ment in Big Mobility Reservoir, West Kuwait［C］. SPE 159261, 2004.

［31］Changhong Gao and T. Rajeswaran, Curtin U. of Technology, and Edson Nakagawa, CSIRO petroleum Re-
sources. A Literature Review on Smart Well Technology［C］. Production and Operations Symposium, Okla-
homa City, Oklahoma U. S. A, Society of Petroleum Engineers, 2007.

［32］T. S. Ramakrishnan, Schlumberger-Doll Research. On reservoir fluid-flow control with smart completions
［C］. SPE Production & Operations, 2007, 22（1）：4-12.

［33］Coull, C. Intelligent completion provides savings for snorre TLP［J］. Oil & Journal, 2001, 99（14）：78-79.

［34］J. D. Jansen, Shell International E&P; Delft University of Technology; A. M. Wagenvoort, V. S. Droppert,
Delft University of Technology; R. Daling, C. A. Glandt, Shell International E&P. Smart well solutionsfor
thin oil rims: inflow switching and the smart stinger completion. SPE, Asia Pacific Oil and Gas Conference
and Exhibition［C］. Melbourne, Australia, Society of Petroleum Engineers, 2002：789-823.

［35］Jan Saeby, Frank de Lange, Brunei Shell Petroleum; Scott H. Aitken, Walter Aldaz, Weatherford Com-
pletion Systems. The Use of Expandable Sand-Control Technology as a Step Change for Multiple-Zone

SMART Well Completion-A Case Study[C].

[36] SPE Asia Pacific Oil and Gas Conferenceand Exhibition, Jakarta, Indonesia, 17-19 April 2001[C]. Society of Petroleum Engineers, 2001.

[37] Ikemefula C. Nwogu, Anthony Oyewole. Delivering Relevant Time Value Through i-Field Application: Agbami Well Start-Up Case Study[C]. Society of Petroleum Engineers, 2010: 1-9.

[38] Mohammed A Abduldayem, Saudi Aramco. Intelligent Completions Technology Offers Solutions to Optimize Production and Improve Recovery in Quad-Lateral Wells in a Mature Field[C]. Society of Petroleum Engineers, 2007: 1-4.

[39] ünalmis, E. S. Johansen. Evolution in Optical Downhole Multiphase Flow Measurement: Experience Translates into Enhanced Design[C]. Society of Petroleum Engineers, 2010: 1-17.

[40] Nashi M. Al-Otaibi. Smart-Well Completion Utilizes Natural Reservoir Energy to Produce High-Water-Cut and Low-Productivity-Index Well in Abqaiq Field[C]. Society of Petroleum Engineers, 2006: 1-7.

[41] ISO 16070. Petroleum and natural gas industries Down-hole equipment-Lock mandrels and landing nipples[S].

[42] ISO 10423. Petroleum and natural gas industries - Drillingand production equipment - - Wellhead and Christmas tree equipment[S].

[43] ISO 13628-4. Petroleum and natural gas industries Design and operation of subsea production systems-Part 4: Subsea wellhead and tree equipment[S].

[44] ISO 13628 -6. Petroleum and natural gas industries Design and operation of subsea production systems-Part6: Subsea production control systems[S].

[45] ISO 15156(NACE MRO175). Petroleum and natural gasindustries-Materials for use in H, S-containing environments in oil and gas production[S].

[46] Rondon N J, Barrufet M A., Falcone G. Calibration and Analysis of a Novel Downhole Sensor to Determine Fluid Viscosities[C]. Paper presented at the SPE EUROPEC/EAGE Annual Conference and Exhibition, Barcelona, Spain, 2010.

[47] Al-Buali M H, Dashash A A, El Gammal T A, et al. Intelligent Sensors for Evaluating Reservoir and Well Profile in Horizontal Wells: Saudi Arabia Case Histories[C]. Paper presented at the Canadian Unconventional Resources and International Petroleum Conference, Calgary, Alberta, Canada, 2010.

[48] Xiao J, Farhadiroushan M, Clarke A, et al. Inflow Monitoring in Intelligent Wells using Distributed Acoustic Sensor[C]. Paper presented at the SPE Middle East Intelligent Energy Conference and Exhibition, Manama, Bahrain, 2013.

[49] Pari M N, Kabir A H, Motahhari S M, et al. Smart well-Benefits, Types of Sensors, Challenges, Economic Consideration, and Application in Fractured Reservoir[C]. Paper presented at the SPE Saudi Arabia Section Technical Symposium, Al-Khobar, Saudi Arabia, 2009.

[50] Nigel Snaith, Richard Chia. Experience with Operation of Smart Wells to Maximise Oil Recovery from Complex Reservoirs[C]. SPE 84855, 2003.

[51] Pieter K A, Kapteijn. 智能化油田 21 世纪面临地下油气资源价值的最大化. 世界石油工业, 2003, (5): 12-16.

[52] Karl Demong. Unique Multilateral Completion Systems Enhance Production while Reducing Cost and Risk in Middle East Offshore Wells[C]. SPE 63193, 2000.

[53] Coull C. Intelligent Completion Provides Savings for Snorre TLP[J]. Oil Gas Journal, 2001, 99(14): 78-79.

[54] Stephen Rester, Jacob Thomas, Madeleine Peijs-van Hilten, et al. Application of Intelligent Completion

Technology to Optimize the Reservoir Management of a Deepwater Gulf of Mexico Field~A Reservoir Simulation Case Study[C]. SPE 56670, 1999.

[55] Lau H C, Deutman R, Al-Sikaiti S, et al. Intelligent Internal Gas Injection Wells Revitalise Mature s. w. AMPa Field[C]. SPE 72108, 2001.

[56] Jin L, Sommerauer G, Abdul Rahman S, et al. Smart Completion Design with Internal Gas Lifting Proven Economical for an Oil Development Project in Brunei Shell[C]. SPE 92891, 2005.

[57] Svein Mjaaland, Wulff Angelika-M, Emmanuel Causse, et al. Integrating Seismic Monitoring and Intelligent Wells[C]. SPE 62878, 2000.

[58] Naus M MJJ, Dolle N, Jansen J D. Optimization of Commingled Production using Infinitely Variable Inflow Control Valves[C]. SPE 90959, 2004.

[59] Gai H. Downhole Flow Control Optimization in the Worlds 1st Extended Reach Multilateral Well at Wytch Farm[C]. SPE 67728, 2001.

[60] Nielsen VB, PiedrasJ, Stimatz GP, et al. Aconcagua, Camden Hills, and King's Peak Fields, Gulf of Mexico Employ Intelligent Completion Technology in Unique Field Development[C]. SPE 71675, 2001.

[61] Oberkircher J, Comeaux B, Bailey E, et al. Intelligent Multilaterals: The Next Step in the Evolution of Well Construction[C]. OTC 14253, 2002.

[62] Carlos A. Glandt/Shell International E&P, Reservoir Aspects of Smart Wells[C]. SPE 81107, 2003.

[63] Going W S, Thigpen B L, Chok P M. Inteligent-Well Technology: Are We Ready for Closed-Loop Control [C]. SPE 99834, 2006.

[64] Wen X H, Chen W H. Real-Time Reservoir Model Updating Using Ensemble Kalman Filter[C]. SPE 92991, 2005.

[65] Brouwer DR, Jansen J D. Dynamic Optimization of Waterflooding with Smart Wells Using Optimal Control Theory[C]. SPE 78278, 2002.

[66] Yeten B, Durlofsky LJ, Aziz K. Optimization of Smart Well Control[C]. SPE 79031, 2002.

[67] Stenhouse B. Laering on Sustainable Model-based Optimisation—The Valhall Optimiser Field Trial[C]. SPE 99828-MS, 2006.

[68] Geir Naevdal, Liv Mereethe Johnsen. Reservoir Monitoring and Continuous Model Updating Using Ensemble Kalman Filter[C]. SPE 84372, 2005.

[69] Brouwer D R, Naevdal G. Improved Reservoir Management Through Optimal Control and Continuous Model Updating[C]. SPE 90149, 2004.

[70] Kragas Tor K, Bostick F X. Downhole Fiber-Optic Flowmeter: Design, Operating Testing, and Field Installations[C]. SPE 87086, 2003.

[71] Drakeley B K, Johansen E S. In-well Optical Sensing — State of the Art Applications and future Direction for Increasing Value in Production Optimization Systems[C]. SPE 99696, 2006.

[72] Jackson M D, Saunders J H. Development and Application of New Downhole Technology To Detect Water Encroachment toward Intelligent Wells[C]. SPE 97063, 2005.

[73] Watts G, Barkved O. Seismic Surveillance in the Field of the Future. SPE 99827, 2006.

[74] Arts R, Brouwer J. Continuous 4D Monitoring is now Reality[C]. SPE 99927, 2006.

[75] Key Scott C, Smith Brackin A. Seismic Reservoir Monitoring: Application of Leading Edge Technologies in Reservoir Management[C]. OTC 8648, 1998.

[76] Zisk EJ. Optical In-well Permanent Monitoring Initial Promise now a Reality. OTC 17529, 2005.

[77] Svein Mjaaland. Wulff Angelika M. Integrating Seismic Monitoring and Intelligent Wells [C]. SPE

62878，2000.

[78] 杨道平，智能完井——一项极具发展前景的完井新技术[J]．新疆石油科技，2004，14（2）：1-3，12.

[79] Konopezynski MR.，Moore W R.，HailstoneJJ. ESPs and Intelligent Completion[C]. SPE 77656，2002.

[80] 范海军，刘再，任向东，等．PRODML 标准及其在油气田生产优化的应用[J]．石油工业计算机应用，2011，（2）：16-18.

[81] 余金陵，魏新芳．胜利油田智能完井技术研究新进展石油钻探技术，2011（02）：68-72.

[82] 王兆会，曲从锋．遇油气膨胀封隔器在智能完井系统中的应用．石油机械，2009（08）：96-98.

[83] 陈懿．光纤光栅高温高压传感技术的研究[D]．西安石油大学，2010.

[84] 光纤永久式井下温度压力监测_油井测温_石油手册．

[85] 刘正礼，胡伟杰．南海深水钻完井技术挑战及对策．石油钻采工艺，2015，37（1）：14-18.

[86] GB/T21412.6—2009．石油天然气工业-水下生产系统的设计与操作（第6部分）：水下生产控制系统[S].

[87] GB/T21412.4—2013．石油和天然气工业-水下生产系统的设计与操作（第4部分）：水下井口装置和采油树设备[S].

[88] GB/T 20970—2007．石油和天然气工业-井下工具—封隔器和桥塞[S].

[89] GB/T20972.1—2007．石油天然气工业-油气开采中用于含硫化氢（H₂S）环境下使用的材料[S].

[90] GB/T 28259—2012．石油天然气工业井下设备井下安全阀[S].

[91] SY/T 10006．海上井口地面安全阀和水下安全阀规范[S].

[92] SY/T 10024．井下安全阀系统的设计、安装、修理和操作的推荐作法[S].

[93] SY/T 5127—2002．井口装置和采油树规范[S].

[94] SY/T 6268—2008．套管和油管选用推荐作法[S].

[95] SY/T 6782—2010．石油行业 XML 应用指南[S].

[96] Q/HS 14015—2012．海上油气井油管和套管防腐设计指南[S].

[97] Q/HS 2015.2—2006．开发井完井施工设计编制指南[S].

[98] Q/HS 7010—93．管线阀门（闸阀、旋塞阀和单向阀）规范[S].

[99] Q/HS 14006—2011．高温高压井测试指南[S].

[100] Q/HS 2027.2—2006．海上油气田完井工程完工报告编写指南[S].

# 06

## 第六章
### 智能完井系统应用
### 实例与发展前景

智能完井系统主要具有改善油藏管理，从而提高采收率和降低作业成本的优点。由于完井作业时间的限制和高额的修井费用，在海上平台，特别是在深水、超深水平台上，更能体现出智能完井系统的优越性。自20世纪90年代后期世界首次应用智能完井系统以来，经过二十几年的发展，智能完井技术已得到越来越广泛的应用。本章将介绍几个智能完井系统在国内外的应用实例。

# 6.1 智能完井系统国外应用实例

## 6.1.1 墨西哥湾首例智能完井系统

1999年4月和7月，采用智能完井技术对墨西哥湾一油田的两口井进行了完井。该油田位于新奥尔良以南约120英里处，水深3300ft，属砂岩油藏，砂层在纵向上和横向上均不连续，油层的特性参数见表6-1。根据施工需求，制定了一个开发方案，描述了各油层投产的顺序，以实现储量和先期产量均最大化。

表 6-1　油田特征参数

| 参　　数 | 项目具体情况 | 参　　数 | 项目具体情况 |
|---|---|---|---|
| 流体 | 油 | 初始油藏压力 $P_i$/psi | 8200~10900 |
| 测量井深/ft | 11800~14900 | 油层温度 $T$/℉ | 127~149 |
| 水层深度/ft | 3325 | | |

该油井采用砾石充填方式完井以开采两个独立的油层，智能完井装置可以监控任一油层中的温度和压力，可上、下层分采、合采或全部关闭。该井在不同的砂岩地层中完井，以优化目前的井位并最大限度地提高开采速度和稳定产量。图6-1展示了该油田一口智能井的结构及其流体流动路径。该智能完井装置是一套电动液压系统，该系统包括：直接影响水下接口设备、油管悬挂器、连接采油船或平台的控制管线、顶部设施以及完井管柱。

套管、衬管及砾石充填中心管的尺寸、重量和最小内径的等级决定了可以使用的智能完井设备的类型。在墨西哥湾的这两口井中，智能完井装置安装在大于7in衬管上，以便最大限度地扩大上下两个油层的泄油面积，并为与产层封隔器顶部相接的液压/电动扁平集成块留下间隙。

（1）智能完井系统

最初的系统设计只采用了一个双层隔离控制阀，用于实现双层单采、合采或全部关闭。利用电动液压模块中的启动器电控模块通过冗余系统启动控制阀。作为井下控制系统，启动器电控模块对来自地面控制装置的信息和命令做出反应并执行相应的动作。启动器电控模块也与电磁阀（用于控制阀的开合与设置封隔器）、一体化的井下压力、温度表以及双层隔离控制阀自身的位置传感器通信。

① 液压坐封可回收封隔器。采油封隔器是一个液压坐封的（在坐封时横向移动很小）可回收封隔器。封隔器有5个进线口，外径为1/4in的液压管线或电缆可以经由它们穿过封隔器。没有必要在封隔器外中止液压管线和电缆，因为它们从封隔器的顶部进入，经由

卡瓦和元件之间空隙穿过封隔器，采用专用的接头在穿过段把封隔器上、下的环空分隔开。

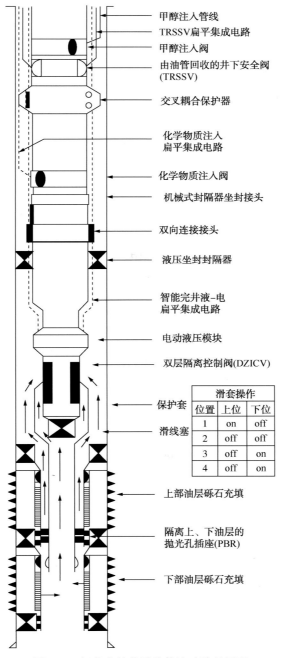

甲醇注入管线

TRSSV扁平集成电路

甲醇注入阀

由油管回收的井下安全阀
(TRSSV)

交叉耦合保护器

化学物质注入
扁平集成电路

化学物质注入阀

机械式封隔器坐封接头

双向连接接头

液压坐封封隔器

智能完井液-电
扁平集成电路

电动液压模块

双层隔离控制阀(DZICV)

保护套

滑线塞

| 滑套操作 | | |
| --- | --- | --- |
| 位置 | 上位 | 下位 |
| 1 | on | off |
| 2 | off | off |
| 3 | off | on |
| 4 | off | on |

上部油层砾石充填

隔离上、下油层的
抛光孔插座(PBR)

下部油层砾石充填

图 6-1　智能井结构及流体流动路径原理

　　最初的系统设计使用了一个电磁阀，为封隔器坐封腔提供液体压力来坐封封隔器。该功能是完全自动的，并且坐封封隔器的唯一方法是液压传递直接进入封隔器的坐封腔。封隔器坐封腔和环空间的压差使封隔器坐封，个别的封隔器坐封压差需要 4500psi。

② 双层隔离控制阀. 图 6-2 为双层隔离控制阀的 4 个位置示意图。该控制阀是一个 4 位热塑滑套。其从下到上的 4 个位置可以实现任选开采：

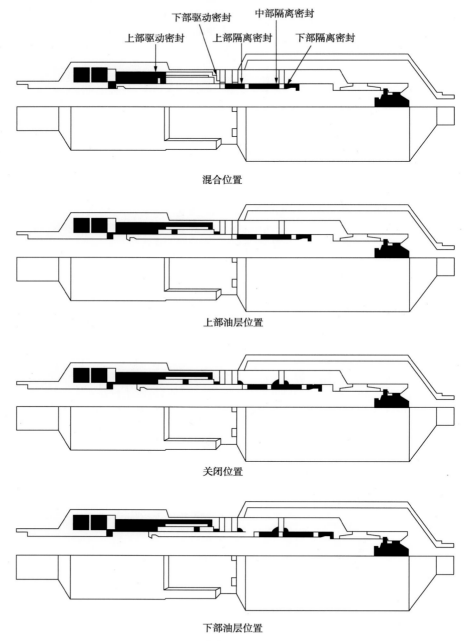

图 6-2　双层隔离控制阀 4 个位置示意图

a. 混合位置——只开采下层；

b. 上部油层位置——两个油层都关闭；

c. 关闭位置——只开采上层；

d. 下部油层位置——两个油层同时采油。

第 2 位置(即两个油层同时关闭)的目的是使操作者可以确定油层之间不会发生交叉流动。在两个产层液体不配伍的情况下，这个位置也是很重要的。当电动液压系统出现问题时，这 4 个位置及其在阀中的顺序就显得十分重要。

如果油层间压力差很大，那么使两个油层都关闭的中间位置起到很关键的作用。有了这个位置，就可以在平台上调整油管的压力，使之不超出双层隔离控制阀所允许的操作压差限度(1500psi)。

③ 电磁阀。在最初的系统设计中，电磁阀用直接液压流体启动活塞的开启或关闭端，实现对阀的操作和坐封封隔器。通过扁平集成电路提供动力并发布指令。该系统安装有 5 个电磁阀—两个常开(为其他工具提供液压传递)，两个常闭(为启动阀门)，第 5 个常闭(提供液压动力到辅助设备，如封隔器)。和在其他地区安装的系统不同，这两个常开的电磁阀并非必需的，因为系统中只有一个双层隔离控制阀。

虽然安装有电磁阀的系统的可靠性并非比较差，但其复杂程度高于无电磁阀的系统。1998 年 7 月提出要开发一个方案，通过直接与启动活塞外壳的开启和关闭端连接启动双层隔离控制阀，如图 6-3 和图 6-4 所示。因受时间和交货方式所限，该方案在当时没有完全实施。

该方案的优点如下：

a. 在带电磁阀的系统中，如果出现多个单点电器故障，不进行钢丝绳修井，阀件就无法动作；

b. 直接液压系统的启动不依赖于电器元件，至少需要出现两处电路故障才能阻止其启动；

c. 直接液压系统结构简单，所以成本效益更高。

该方案的缺点如下：

a. 因控制系统不再是复合型的，开采两个以上独立油层就需要增加液压管线；

b. 智能化完井系统的液压供应不再是冗余的；

c. 如果使用水下控制系统，那么在该系统中必须实现液压导向，直接液压系统要比标准电动液压模块复杂得多。虽然智能完井设备简化了，但智能系统会变得更复杂。

最终，根据多次试验，经营者决定采用直接液压解决方案。

④ 封隔器坐封机理。智能完井系统使用液压坐封，坐封时垂直位移最小，可回收封隔器。钢丝绳坐封滑套，操作者可利用油管压力来坐封封隔器。在下入井中时要保持坐封滑套压力平衡，以防封隔器过早坐封，并使其与封隔器坐封腔隔离，以便在完井过程中对油管进行测试。

(2) 安装

1999 年 4 月在钻台上再次进行了全面功能测试和机身测试。提起总成下入转盘后，将电动液压接头连接到扁平集成块上。把两个电子和两个液压终端组装起来并进行测试，接着在距离封隔器上部约 40ft 处完成封隔器坐封接头的组装。用卡子保护控制管线和在各油管接头处承受扁平集成电路上的张力。在将完井装置下入井中的同时，对智能完井系统进行功能测试。

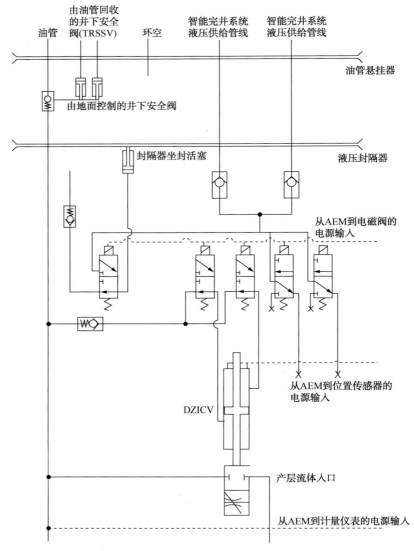

图 6-3　电动液压模块和带电磁阀的隔离控制阀

　　提起油管悬挂器后，在完成线路连接之前，要对智能完井系统进行功能测试。把油管悬挂器组装好并下入到泥浆管线处，直到油管悬挂器"硬"坐入后，电信号才有反应。这是个重要的测试过程，以检验双层隔离控制阀不会移位而且电通信可以恢复。首次证实滑套保持在关闭位置，这是对下部砾石充填封隔器内的密封组件进行的一次可靠测试。重新建立了与所有设备的电信号联系。将双层隔离控制阀移到上部地层，并使之处于打开状态，以便进行封隔器流体循环。关闭双层隔离控制阀，并把滑线塞坐入事先已下到双层隔离控制阀之下的钢丝绳可以够着的辅助滑套内，利用钢丝作业来打开封隔器的坐封接头。最后，单独对每个产层进行流量测量。

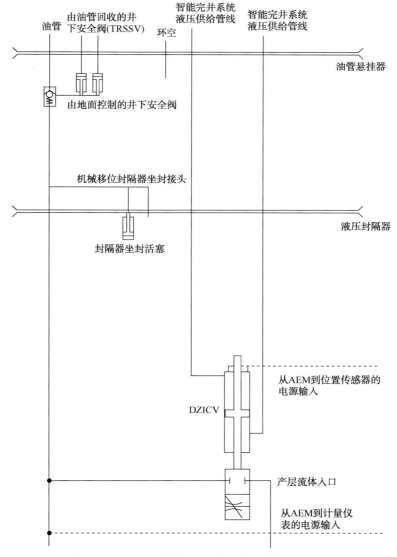

油管　由油管回收的井　智能完井系统　智能完井系统
　　　下安全阀(TRSSV)　液压供给管线　液压供给管线
　　　　　　　　　　环空

由地面控制的井下安全阀

油管悬挂器

机械移位封隔器坐封接头

液压封隔器

封隔器坐封活塞

DZICV

从AEM到位置传感器的
电源输入

产层流体入口

从AEM到计量仪
表的电源输入

图6-4　电动液压模块和不带电磁阀的隔离控制阀

（3）应用状况

在两口井上进行了安装，完井作业时间分别是 1999 年 4 月和 7 月。后来这两口井都进行了侧钻，原因是出现了很多与设备安装和砾石充填失败有关的系列完井问题。侧钻前并没有将智能完井装置从井内起出。

第一口井完井后在 1999 年 10 月投产。通过操纵智能完井系统对各层分别进行了流动试验。该井的下部油层(两个油层中产量较高的一个)投产。该井投产 8 个月后，操纵第一口井的智能完井设备开采上部油层。大约一个月后，由于上部产层水淹，再次操纵智能完井设备开采下部产层。这时发现备用电动-液压模块的一侧不能正常运行。该侧的 AEM 被断开，导致损失一个井下温度—压力表和一个备用的位置传感器。2001 年 12 月，该井因地层出砂而暂停生产。在修井期间，不能可靠地识别 DZICV 的移动情况，怀疑是由控制管线泄漏、活塞泄漏或位置传感器失效所造成的。由于存在出砂问题，随后在智能完井设备仍在井下的情况下实施了侧钻。

第二口井在完井初期就出了问题，只有上部的产层可以打开生产。在最初进行流动试验过程中，TRSSV 就出了问题，但问题最终得到了解决。该井大约生产 6 个月后也因为地层出砂停产了。在智能完井设备上部位把油管切断，并对该井实施了侧钻[1]。

### 6.1.2 智能完井系统在北海古尔法克斯油田的应用

据统计，全球约 60%～70% 的智能井安装在北海、美国墨西哥湾深水区、加拿大大西洋水域、西非海上和亚太地区[2]。

北海古尔法克斯油田是挪威重要的石油生产区，目前进入成熟阶段，油井产量递减。驱替剩余油的难度越来越大，主力产层斯塔特福约尔得组更是受到生产连通性差、非均质性严重和气体突破等问题的困扰。研究表明，地面操作的井下流动控制系统和多分支井能够克服上述生产难题。通过在 3 口水下多分支井安装井下智能控制系统，2005 年斯塔特福约尔得组的产量翻了一倍[3]。

（1）油藏概况

古尔法克斯油藏是北海挪威区块中最大的油田之一。油田原始地质储量 5.117×10⁸t，预计可采储量 3.0996×10⁸t，设计采收率 61%。1986 年投产，1994 年达到生产峰值，1998 年累计产油 2.7×10⁸t，已进入开发后期，但是地下仍残留着大量的剩余油，不能完全依靠常规的开发措施实施挖潜，识别和挖潜剩余油的开采难度越来越大[4-6]。

古尔法克斯油藏构造背景复杂，存在多个断块，油藏最底层的斯塔特福约尔得组是主力油层，储量占油田地质储量的 12%，属河流到浅海相油藏，代表了晚三叠系到早侏罗系期间从冲积平原向浅海沉积的过渡。油藏非均质性严重，构造复杂，连通性差，包含无数个断块。产油经历证实斯塔特福约尔得组的连通性远低于预期值。

（2）应用实例分析

北海古尔法克斯油田属于海上油田，井槽数量有限，通过钻多分支井增大原有井筒的产量，增加泄油点的数量，增大油藏的接触面积，是保证原油生产最优化和挖潜“死油区”的必要条件。还可以使局部地区的压降最小，维持一个均匀油藏衰竭压力，这是一种有效的、低成本的增产措施。鉴于主力产层斯塔特福约尔得组的油井产能相差悬殊，气油比各不相同，开发时必须降低油藏的风险。由于分支井受井筒的控制，分层混采时，为保证灵活性，需要对分支井筒实施控制。利用地面操作的阀门调整 2 个层的产量，使产能最大化，因此采用了多分支智能井技术，通过在井下安装由地面操作的阀门进行井下控制，并提供压力、温度等数据，作为油藏构造和动态模型的必要参数，不断更新模型，为更好地开发和评估古尔法克斯油田起到了重要作用。同时斯塔特福约尔得组生产井的修井成本大幅度下降，这对于海上高成本作业的古尔法克斯油田有重大意义。

1995 年，由于在油田斯塔特福约尔得层钻的几口井初始产量较低，调整了开发方案中可采储量的预期值，这表明对油藏的了解尚不充分，不确定性因素较大。在实施多分支智能井技术之后，古尔法克斯油田斯塔特福约尔得组的开发潜力增大。2005 年，原油采收率从 1995 年的 7%提高到 15%，2008 年提高到 18%。

（3）最初开发方案

斯塔特福约尔得组发现于 1978 年，1999 年作为古尔法克斯水下卫星油田开发投产，1995 年的开发与操作计划中，估计石油原始地质储量 30.16×10⁶t，可采储量 10.86×10⁶t。最初开发计划包括 7 口水平生产井和 1 口注水井，通过 8 个井槽的水下开发及注气提供的部分压力支持，预期采收率可达 40%。然而实践表明前两口井最初的采油速率仅为 352 ~ 440t/d，远远低于预期产量 880 ~ 1761t/d。

① F-4AHT3 井。开采一年以后，该井产量仅有 352t/d，低于预期 1321t/d。在 F-4AHT3 井内可以观察到生产压力下降很快，认为可能是来自上部高渗透层气体在 F-4AHT3 井的趾部或水平段突破造成的。

② G-2HT3 井。第二口井 G-2HT3 没有发生气窜，更新后的地质解释表明，该井产自不与气顶相通的独立断块，因此承受了有效的压力，而且没有气体突破。

③ G-3HT2 井。2001 年钻了第三口井 G-3HT2，生产初期该井就经历了气窜，发生气窜是由于从油井路线到假设的油气接触面之间的垂直距离短，井的前端低于油气接触面约 50m，而前两口井约低出 210m，因此该井产油量受到了产气量的影响。但是生产历史表明，G-3HT2 的产能仍高于前两口井。

（4）调整后开发方案

鉴于前三口井 F-4AHT3、G-2HT3、G-3HT2 的生产动态较差，完井后发现对油藏连通性有错误认识，因此推迟斯塔特福约尔得层开发计划并修改开发方案。2002 年油藏管理计划将预期可采储量从 11.10×10⁶t 减少到 2.07×10⁶t，采收率从 40%降低到 7%。2003 年制定了一个提高采收率方案，确定了经济有效的油井方案和适合油藏开发的有效技术。调整后的开发战略是将生产层从渗透率好的上层调整到下层，计划用长水平井接近油水接触面，穿透整个地层泄油，并采用地面控制的流量控制器对整个油藏进行混合开采，限制斯塔特福约尔得组的上部气窜。

① G-1H 井。为提高斯塔特福约尔得层的采收率，2003 年开始钻一口新水平生产井 G-1H，计划穿透整个油藏，采用裸眼钻前套管完井技术，增大井内泄油面积并避免高昂的修井费用。前 3 口井的生产动态表明需要在 G-1H 井内放置流入控制装置。由于气窜层位不确定，2003 年夏对 F-4AT3 井补充射孔，在井内安装了生产测井仪，以识别井内气窜层的位置。由于操作问题，无法从生产测井仪采集数据。然而根据地质数据、地球物理数据和油藏模拟的产能预测结果，最终识别出气体在水平井的"井尖"内突破，决定用井下阀门将 G-1H 井分为两段，井跟部和趾部。另外放置一个膨胀封隔器以隔离外部套管。

选择性完井战略为该井提供了灵活性和稳定性。智能完井系统为可能发生的气窜提供必要的生产管理，因此无须修井维护；选择的双层液压控制系统分离开上下两层的产量，在井内安装了 1 个环空膨胀封隔器和抛光孔座（PBR）。完井时选择了 1 个 6⅝in（1in = 25.4mm）的裸眼钻前衬管。生产套管下段包含 1 个 4½in 密封的尾管、4½in 油管、1 个二元压力计拉筒、2 个 3½in 液压流量控制阀及一个机械滑套。所有的智能完井控制阀都放置在测井电缆能够接触到的地点，在井下共安装了 3 个仪表，其中 2 个放置在井的水平段或井趾部，测量油管壁的压力和环空壁的压力，以便在远程操作系统时了解上下油层的压力差。第三个压力测量仪安置在井段较上位置的油管壁。水下控制模块根据智能系统进行调整，古尔法克斯 A 平台的平台控制室监测和控制智能系统。

研究认为 G-1H 井是成功的，产量符合预期值，并提供了很多有价值的关于油藏连通和产能方面的资料。智能井系统在 G-1H 井顺利实现，为之后 2 口多分支智能井提供了宝贵经验。

② G-2YH 井。G-2YH 井侧钻是多分支钻井和智能完井的首次尝试。原有井筒没有穿透斯塔特福约尔得组下部砂体，因此无法驱油。在分支井上安装了可调节的井下阀门，使两个分支的流量最优化。从地面通过液压控制 2 个阀门，有 1 个关闭位置和 10 个固定的开通位置。下方阀门控制新分支井筒的产量，上方阀门控制主井筒的产量。采用液压系统和标准输送控制线对阀门进行井底控制和操作，如图 6-5 所示。

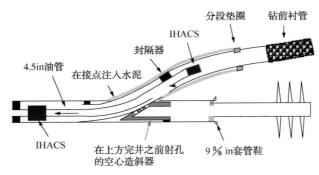

图 6-5　G-2YH 井 3 级多分支方案图

④ F-2YH 井。F-2YH 井两个分支均采用 7in×5½in 的钻前衬管，安装了两套膨胀的封隔器代替水泥将分支隔离。在 7in 衬管封隔器上方运行和安装 9⅝in 造斜器。在 7in 套管段安装两个 5½in×8.15in 膨胀封隔器以防止主井筒与分支井筒相通。在两个膨胀的封隔器下方运行两个 8.2in 扩孔套管鞋以测量井筒和防止其在井筒内运行时遭到破坏。在分支的 7in 套管段启动 PBR。在下入油管封隔器时，将密封杆插入到 PBR，实现两个分支之间的初次隔离。在 PBR 上方安装一个 3½in 的膨胀封隔器以提供辅助性的隔离。在 9⅝in 生产封隔器和造斜器之间的上层完井包括两个阀门。下方阀门控制分支井的产量，上方阀门控制主井筒的产量。两个阀门间安装隔离封隔器，将两个井筒的产量隔离开来，还可以对两个分支进行清井，使排液更加有效，使初始产量更高。两个分支生产能力不同，两个分支一起排液将对生产有利，实现油井优化开采，如图 6-6 所示。

（5）生产动态分析

从图 6-7 可以看出，钻多分支智能井后油藏泄油面积明显增加。由于油藏泄油面积增大和排液点增多，提高了采油速度。图 6-8 表示出了开发战略调整后 3 口智能井提高产量的情况。

（6）结论

智能完井技术在提高生产效率和油气采收率方面具有巨大潜力。智能完井系统与多分支井等复杂结构井有效结合，能够共同推动生产和油藏管理。通过一口井远程控制多个油藏流体的流入和流出，交替开采上部和下部产层，实现了降低修井作业成本，加快井的生产速度，提高井的净现值和最终采收率的目标。

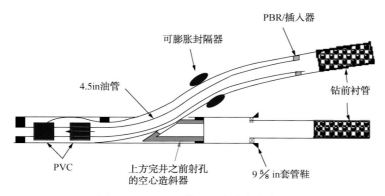

图 6-6　F-2YH 井 3 级多分支方案图

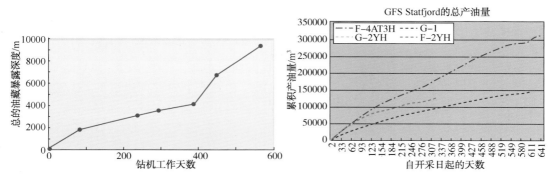

图 6-7　油藏总泄油面积与钻机工作天数对比　　　图 6-8　多分支智能井的产量曲线

　　北海古尔法克斯油田利用多分支智能井技术，不仅解决了油藏连通性差、非均质严重和气窜等问题，还提高了油藏的开发潜力和采油速率，采收率从 7% 提高到 18%。目前，斯塔特福约尔得组的水下油井内都安装了永久性的井下监控系统，可远程监测、控制和传输油井和油层的生产动态，实现产量最大化和经济效益最优化。

　　多分支智能井的应用范围不仅限于海上、深水作业，越来越多的陆上油田也安装了智能井系统，用于提高原油采收率或油井产能。

　　我国大部分油田已进入高含水后期开发阶段，由于高含水而导致关闭的井越来越多。应借鉴国外实例应用，在分支井等井筒安装智能完井系统，利用一口井智能控制、监测地下油层和油井的动态，及时关闭高含水层，使油层内压力和油水重新分布，从而在减少作业次数的前提下提高油田的最终采收率[8]。

## 6.1.3　智能完井系统在 SACROC 单元 $CO_2$ EOR 项目中的应用

（1）SACROC 单元概况

　　SACROC 单元位于西得克萨斯 Scurry 县境内二叠盆地的西北边缘。SACROC 单元是北美第七大的陆上油田，OOIP 为 $28×10^8$ bbl，其产油层 Canyon Reef 为一个非均质严重的地层。海平面大幅度波动导致礁垂向快速生长并且为不连续的急剧出露创造了条件。在出现岩溶、碎屑流动、孔洞孔隙度和微裂缝的情况下，导致了孔隙度和渗透率在横向和垂向上的不连续性。一口井内地层的渗透率和孔隙度变化范围很大，在短距离内，有效厚度和总厚度变化很大。油藏平均性质如表6-2所示。

表6-2　油藏平均性质参数

| 参　　数 | 数　　值 | 参　　数 | 数　　值 |
|---|---|---|---|
| 深度 | 6700ft | 孔隙度 | 7.6% |
| 厚度 | 259ft | 渗透率 | 19.4mD |

（2）SACROC 单元 $CO_2$ EOR 项目历史

SACROC 单元（也叫作 Kelly-Snyder 油田）发现于 1948 年。该油田经历了一次采油，主要驱动机理是溶解气膨胀，导致油藏压力迅速下降。1952 年对 Kelly-Snyder 油田和 Diamond M 油田进行联合开发，1954 年为了提高采收率进行了水驱。油田经营者从油田的中央注水进行了构造顶部水驱。1972 年在 SACROC 单元开始注入 $CO_2$。由于 $CO_2$ 供给有限，所以也限制了注入 $CO_2$ 的采油效果。在水驱和 $CO_2$ 驱过程中，单元外部的 $H_2S$ 进入油藏。在注入 $CO_2$ 之后不久，该单元达到了最高采油量，采油量超过了 $20×10^4$ bbl/d。达到最高采油量后，该单元采油量开始递减。在采油量递减期间实施了几个项目，并且做了许多工作来阻止采油量的递减，但都无效。1995 年实施了由几个五点井网组成的 $CO_2$ 驱先导性试验。该试验在混相条件下注入了大量 $CO_2$，结果阻止了该单元的采油量递减，因此从 2001 年开始迅速扩大 $CO_2$ EOR 项目的实施区域。

（3）$CO_2$ EOR 项目智能完井系统

智能井完井系统能够收集、传送和分析完井、开采和油藏数据并且能够较好地控制井和开采过程。智能井技术的价值在于能够通过井下流动控制积极地改善分层完井状况，并且通过实时井下数据采集监测各层的效果和动态，因此提高了油藏的价值。智能井完井系统一般包括以下要素：

① 流动控制装置。目前大部分井下流动控制装置基于或来源于滑套或球阀技术。流动控制可以是双态(开/关)不连续定位(许多预定的固定位置)或是无限可变的。这些系统的动力可以由水力或电力系统提供。

已研制出的新一代液压流动控制装置更可靠，更耐腐蚀，流动控制能力更强，开关力度更大。

对于低成本陆上智能井应用来说，已经设计并且制造出了适合液压促动的变速流控制阀，该控制阀包括预制的液力联接头并且缩短了长度（减少材料投资）。该控制阀能够在 6 个位置上节流。对于 $CO_2$ EOR 应用来说，要选择合适的材料和弹性材料以保证控制阀的功能和可靠性。

② 封隔器。为了实现单层控制，必须用封隔器把每个层隔离开来，这些封隔器包括用于控制和传输的直通系统和供电电缆。

如同流动控制装置一样，用适合 $CO_2$ EOR 应用的材料和弹性材料设计并且制造出了合适的低成本隔离封隔器。用该隔离封隔器隔离井筒中的层段，该封隔器不包括卡瓦，依靠最上面的直通生产封隔器固定完井系统。

③ 传输系统。目前的智能井技术需要一条或多条通道以便把电力和数据传输给井下的监测和控制装置。这些通道可以是液压控制通道、电力和数据导线或光纤。可以在专用铠装（控制）电缆内安装光纤，也可以与液压控制线路共用一条控制电缆。从增加保护和使用方便的角度来说，通常给多条线路加密封套并且可以铠装。

④ 井下传感器。可以用各种井下传感器监测每个感兴趣层的流动参数。在一个电导体上可以复合几个单点电子石英晶体压力和温度传感器，因此能够在几个层位进行准确测量。目前，光导纤维已广泛用于井筒内整个井段的温度分布测量并且提供井筒内每米井段的温度测量结果。单点光导纤维压力传感器已得到应用，多点光导纤维压力分布传感器正在工业化生产中。基于 Venturi 系统或沿流动控制装置的压降相互关系而研制的井下流量计也可买到。

⑤ 地面数据采集控制。提供实时开采数据（所需的大量数据）的多功能井下传感器具有强大的优势。系统需要采集、确认、过滤和储存数据，再用处理工具检验和分析数据以便获得对井和油藏动态的深入了解。通过综合分析结果，预测模型能够帮助做出过程控制决策以便优化井和油藏的生产。

（4）智能完井系统应用于 $CO_2$ EOR 项目的优势

为获得较高的采油量以及改善经济情况，智能完井系统应用于 $CO_2$ EOR 项目的优势包括：

① 智能完井系统用于多层或非均质油藏采油井能够控制单层的生产压差和采液量。当一个特定层过量产 $CO_2$ 和水时，能够回堵或关闭这些层，不影响其他层正常生产。通过限制一个层的产 $CO_2$ 量能够控制驱替前缘和对井网的波及，以使 $CO_2$ 驱替其他未波及到的原油并且使这些原油向其他井或层流动，同时还减少了 $CO_2$ 循环以及有关的处理和压缩费用。

② 智能完井系统用于多层或非均质油藏注入井能够控制层间注入剂的分布，能够限制突破层、漏失层和波及到的层，迫使更多的 $CO_2$ 进入未波及到的层。

③ 安装智能完井系统后，通过关闭其他层的阀门能够对单层实施增产增注措施和清洗。即，利用智能井完井系统挤注酸并且操作井下阀门以保证酸进入所有的层。这样做增加了采油量并且改善了注入剂分布。

④ 不采用常规钢丝绳起下和修井作业方式隔离出现 $CO_2$ 突破的层，减少出现与健康、安全和环境有关的问题并且避免了由修井压井液造成的地层损害。万一操作失误或油藏条件发生变化，能够容易地改变层的隔离。

⑤ 无须各种常规的采油修理作业，减少了操作费用和停产或停注时间。

⑥ 智能井允许对单个油层和区块进行测试（生产测试和不稳定试井）。采用智能井增加了对油藏动态和 $CO_2$ 驱前缘移动的了解，因此能够对控制和分配 $CO_2$ 注入做出更好的决策。

⑦ 对于 $CO_2$ EOR 项目来说，可以在多层油藏的垂直井中和采用单层线性驱动开采方式的水平或多侧向水平注入井或采油井中使用智能井完井系统。

总的说来，在 $CO_2$ EOR 中采用智能井技术最令人信服的理由是减少了作业费用，降低了 $CO_2$ 的无效循环，提高了波及效率，因此提高了最终油气采收率。

（5）SACROC 单元 $CO_2$ EOR 项目智能完井先导性试验

SACROC 单元 $CO_2$ EOR 项目智能完井先导性试验包括对 3 口自喷采油井和 2 口 $CO_2$ 注入井重新进行完井。分别对 4 口井(3 口采油井和 1 口注入井)的 4 个层进行了隔离，对其中的 3 个层进行了节流控制。对 1 口注入井的 3 个层进行了隔离，对其中的 2 个层进行了节流控制。

2005 年 3 月至 4 月对这 5 口井进行了重新完井。为了节省费用和保持该智能井完井系统的简单性，在先导性试验项目中没有使用井下仪表。必须在反复试验的基础上，通过选择性地关闭或回堵这些层，对这些层进行测试以便确定合适的节流设定。不能简单地将智能井完井系统与 ESP 人工举升相结合，而是依靠油藏能量和较高的 GOR 使井自喷并且提供一种气举方式。

（6）结论

据研究估算，采用最新 $CO_2$ EOR 技术能够从目前"标准"石油资源(采用常规采油方法后留在地下的原油)中增采原油 $430\times10^8$ bbl 以上。美国能源部研究得出的结论是，用 $CO_2$ EOR 技术开采油藏有可能成为增采原油最有效的方法之一。研究还得出结论，$CO_2$ EOR 技术的新突破会进一步提高得克萨斯其他产油州的采收率。研究中注意到，加深对 $CO_2$ 在油田内的潜在运移情况的了解，有助于提高采收率和增加采油量。$CO_2$ 的运移情况是通过综合取心、测井、四维地震和井间地震数据获得的。在 SACROC 单元的这个地区，完全关闭注入井中较高渗透层段的控制阀会导致该层段的油层压力迅速衰竭，这会影响井网动态。在注入井中，控制阀的节流位置不仅取决于隔离层段的油藏性质，而且还取决于注入流体的类型[9]。

与进行常规修井作业和使用钢丝/电缆作业相比，智能完井系统提供了更多的 $CO_2$ 的运移情况数据和信息，还能够改善井网动态并且提高井网采收率。智能完井技术特别适合 $CO_2$ EOR 工艺并且能够大幅度提高 $CO_2$ EOR 的采油效率，这与能够较好地控制井间和通过油藏的 $CO_2$ 的运移有关。改进流动控制和减少智能井技术投资成本，是智能井技术改善 $CO_2$ EOR 的下一个突破技术。

## 6.1.4 智能完井系统在 Agbami 油田的应用

Agbami 油田的井通常都是在同一断层油藏中进行多层完井。尽管动态条件下垂直及水平方向断层交错的连通性始终无法确定，但是压力平衡表明各层是相互连通的。因此，工程师认为水驱、气驱前缘将以不同速度在整个储层中推进。为了有效管理储层压力的不确定性，作业者在 Agbami 油田安装了智能完井系统。这一系统包括从砂面到分离器排列的永置压力传感器、流量计与密度传感器。通过综合数据库和分析计算机来收集和评估传感器传输的数据，从而进行监测。井下和地面安装了可变节流器，以方便远程控制井下流量。利用动态模拟模型，作业者得出的结论是在 Agbami 油田安装智能完井系统将使采油量增加 $(8400\sim13800)\times10^4$ bbl $(1300\sim2200\times10^4m^3)$。

Agbami 油田位于水深约 5000ft(1500m) 的海域，共有 20 口生产井、12 口注水井及 6 口注汽井。2009 年，该油田产量是 $14\times10^4$ bbl/d $(22250m^3/d)$，高峰产量预计为 $25\times10^4$ bbl/d $(39730m^3/d)$。鉴于其规模、地理位置以及储层的不确定性，如果能够回收初始投资成本的话，Agbami 油田是一个实施智能完井系统技术理想的候选区域。

与大多数智能完井系统候选井(特点是多个高产层)相比,只有当作业者能以单井成本开采大量的边际产层时,许多中产井和边际井才有经济效益。尽管很多此类井的钻完井作业本身很复杂,但是项目经济性往往要求严格控制资本支出。资金的制约使得作业者舍弃智能完井系统的油藏管理能力,转而采油初始成本较低的传统多产层完井方案。

针对这一情况,2011 年 Schlumberger 工程师开发了一项技术接近方案,即重新整合传统的高端智能完井技术,组成一套能显著降低成本的完井系统[27]。IntelliZone CoMPact 模块化分层管理系统可安装在多产层井中,这类井需要安装较少的节流阀位置,并且其工作压力低于传统的智能完井系统候选井。该系统适合使用在老油田或边际油田,适合将使用滑套完井和需要长期试井的井。IntelliZone CoMPact 系统将长水平井分段,并且通过监测和控制井底流量管理人工举升井中的产层,提高了长水平井的采收率。IntelliZone CoMPact 系统是一个综合的总成而不是构成传统智能完井系统的单个工具的集合。井下流量控制总成包括一个封隔器、一个控制接头和一个井下流体控制阀( Flow Control Valve, FCV),见图 6 - 9。FCV 可以是开关双位置节流阀或四位置节流阀。每个组件可以在工厂测试,与生产封隔器或不带卡瓦的层间隔离封隔器一起下入井筒。

使用频率转换键通信技术将数据传送到地面,该系统每秒监测一次井下压力、温度及阀门位置。通过单芯电缆将数据传输到地面控制系统。液压动力单元控制所有液压管路中的流体流出、流入和启动井下工具所需的压力。UniConn 通用井场控制器作为数据收集和控制平台,操作电机控制系统、井下工具系统、监控和数据采集( Supervisory Control and Data Acquistion, SCADA)及其他通信系统。控制系统完成几个关键功能,包括采集和存储工具数据:环空温度、油管温度及 FCV 位置。它还自动执行下列功能:阀门操作、警报监测和调整、容许误差、采集和存储液压动力单元数据及远程执行 SCADA 功能。

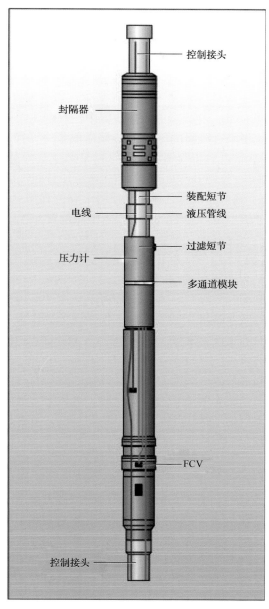

图 6-9 井下流量控制总成

IntelliZone CoMPact 系统依靠 WellBuilder 软件实施完井设计，使完井规划过程从概念到调试实现一体化。WellBuilder 程序根据储层条件、完井要求及施工参数等生成特定数量控制管线的各种配置以及各产层的作业压力。IntelliZone CoMPact 双位置 FCV 包括流量控制部分和启动器部分。双位置 FCV 可以是开启或关闭状态。通过排空一条控制管线同时在另一条控制管线上加压来完成一次启动，便可改变阀门位置，使其从开启到关闭，反之亦然。当井底配置了一个以上的 FCV 时，通过管线共享可将管线数减少至一条，再加上特定数量的阀门即可。四位置 FCV 系统包括节流器、启动器部分加上一个 J 型槽分度器，J 型槽分度器控制节流阀的位置；节流阀可以处于关闭、33%开启、66%开启或 100%开启的状态。和双位置 FCV 一样，每次启动时排空一条管线，且在另一条管线加压，节流阀位置就改变一次；节流阀位置也可适当配置，实现线路共享，以尽量减少所安装液压管线的数量。四位置 FCV 也可使用多通道模块，利用一条控制管线同时操纵三个井下阀。一个位置传感器集成在液压 FCV 中，通过编程使每个 FCV 对二、四和八脉冲信号做出响应，见图 6-10。在典型的完井装置中，每个地面控制的 FCV 需要一条专用的液压管线。多通道模块将来自地面的脉冲信号编译成指令，控制井下某一特定 FCV 的开启程度，见图 6-10(a)。因此，工程师可操作的 FCV 数量至少比可用的液压管线数目多一个。例如，使用多通道模块[见图 6-10(b)]可在一条液压管线上同时控制三个双位置 FCV[黑色管线，见图(b)左]，在两条液压管线上操控两个双位置加上三个四位置 FCV[黑色和绿色管线，见图 6-10(b)中]，在三条管线上操控五个四位置 FCV[黑色、绿色和红色管线，见图 6-10(b)右]。

在完井中，减少液压控制管线的数量便可降低安装的复杂性，管线越少需要的装配和衔接就更简单。与其他设备相比，多通道模块允许穿过更多封隔器和油管柱，因此可将 FCV 置于更多产层。多通道模块安装在 IntelliZone CoMPact 系统的油管上，并连接到 FCV 的开启和关闭口，串接到部署至地面的液压控制线。通过在油管短节周围安装压力计、温度计及其他液压装置，井下仪表也可以作为一个模块化组件添加到流体控制总成中。

与传统智能完井系统相比，IntelliZone CoMPact 系统节约的成本来自其模块化和标准化的设计。其设备长度大约是 10m(30ft)，这相当于标准智能完井系统长度的一半。由于将隔离装置、传感器和流量控制阀集成在一个总成中，避免了使用多个制造商提供的组件组装系统引起的常见接口问题。这极大地提高了整个系统的可靠性，而且因为整套系统在制造厂而非油田现场进行组装和测试，节省作业时间并避免安装流程中的失误，与连接作业相关的风险也随之减低。

## 6.1.5　智能完井系统在 Nembe 油田的应用

尼日利亚三角洲西部沼泽地区最大的 Nembe 油田发现于 1973 年，有 32 个含烃砂层，深度在 7000~12500ft。该油田主要分为 6 个断层，92 个储层单元。尼日利亚一家国际石油公司的子公司打算对该油田进行智能完井技术试点测试。然而，偏远的地理位置和特殊的工作环境使得智能完井系统中的地面设备与井下设备通信是非常具有挑战性的。由于考虑到已将石油生产准确分配给各个油田运营商，所以国家不允许合采。运营商希望向国家监管机构证明，正在规划的智能完井技术不仅可以通过混合控制提高油井的产能，还可以节约潜在的成本。

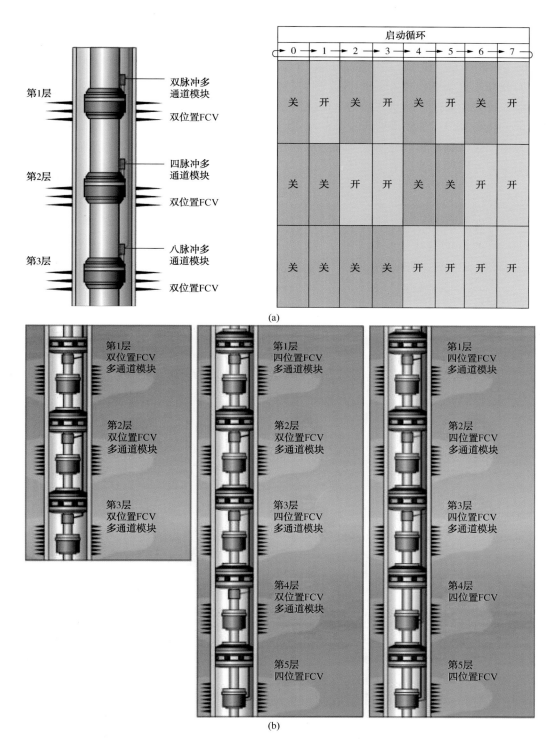

图 6-10　FCV 控制原理图

为了解决该难题，Halliburton 公司于 2013 年在 Nembe 油田试点 A-1 井安装了控制三个油层的智能完井系统，该智能完井系统包括每个油层的高温高压流量控制阀和双余度传感器[28]。利用流量控制阀和传感器可以实现对每个油层的流量调节和油藏监测。利用 Halliburton HF-1 型和 MC 型封隔器进行分层隔离，还安装了一套地面控制系统，以便数据传输和在几百英里外对井下进行监测和控制。此外，还在井口安装了一个 V 型双向传输监测器，将井口和井下信息传输至地面控制系统。智能完井技术可以在一口井中进行多储层开采，从而减少了油田需要开发井的数量。

为了确保试点井智能完井设备能够顺利地安装，Halliburton 的工程师们预先考虑了以下三个主要的问题和解决方案，见表 6-3。

表 6-3　问题和解决方案

| 序 号 | 问 题 | 解 决 方 案 |
|---|---|---|
| 1 | 智能完井系统安装失败 | 出厂前设备必须通过产品质量保证/质量控制检查；<br>联合利用四家公司（Halliburton，Weatherford，OilData 和 Aker Solutions）最先进的完井服务；<br>严格遵循作业手册；<br>基本操作培训 |
| 2 | 套管外层隔离失败 | 关注 9⅝″套管的固井作业；<br>在固井作业前进行泥浆预处理；<br>固井作业必须在高级钻井工程师的监督下按计划进行 |
| 3 | 地面设备故障 | 设备必须进行试运行；<br>安装充电电池和太阳能充电系统，安装井下电池远程电压监测系统；<br>地面设备日常维护；<br>井下操作和维护地面智能完井系统的培训 |

该智能完井项目成功的关键因素如下，关键因素大致的比例分配见图 6-11。

（1）有效的层间隔离

膨胀式封隔器和液压坐封封隔器相结合可在生产套管和下部完井管柱之间起到隔离作用。采用在管道上做标记的方法进行深度对比，以确保膨胀封隔器是否放置到正确的位置。安装的 HF-1 型和 MC 型封隔器是可回收的具有供多根传输线/控制线通过的过孔封隔器，并且这种封隔器不会影响层间的承重和封隔能力。在智能完井作业之前，封隔器必须通过制造商出厂测试、产品质量保证/质量控制检查以及扭矩和阻力分析。

（2）井下控制和监测功能

在送往油田现场之前，智能完井系统功能模拟测试在 Halliburton 公司进行，并按照标准程序进行设备完整性检查。现场对井下的流量控制阀和井下传感器离线运行，并持续运行，以确保电缆的完整从而能够进行实时数据采集。

（3）完整畅通的数据传输系统

该井的采油树可同时穿过 6 个油管悬挂器，井口的设计、制造和安装都进行了严密的前期规划。在 6 条控制管线整个安装过程中，都要小心仔细，以确保管线连接的畅通和完整。

（4）成熟的油井优化管理系统

围绕油井开发生产业务，集成各种不同专业类型资料，实现了试点井 A-1 的动态分析及产量动态变化智能监控。通过油井优化管理系统，可以进一步实现油井开发生产的信息化、现代化和规范化，满足生产管理、方案制定、油井优化等项工作。

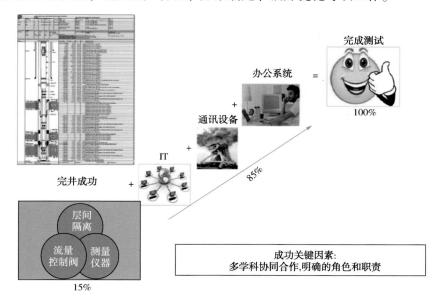

图 6-11　智能完井成功关键因素

通常情况下，这口井的完井作业时间为 24 天，然而，这口井的完井作业只用了 13.5 天，因此减少了 10.5 天(约 44%)的作业时间。通过前期的完井优化设计和精准的时间规划，使该井的完井作业成本降低了 20%。此外，该试点项目的成功给了作业者将智能完井系统继续应用到该油田的其他井上的信心。在随后的测井和分析中获得的数据可知，该井满足了尼日利亚政府监管机构对该井产量分配的要求。

## 6.1.6　智能完井系统在注水井中的应用

2020 年，拉丁美洲一家运营商为了提高原油的采收率，在一个具有多个注采层的油田中使用了传统的向油层注水的方法来提高采收率。由于多分段油藏的渗透率和孔隙度不同，运营商无法测量流入不同油层的注水量，从而无法提高驱油效率和采收率。为了优化注水量和减少产量损失，Baker Hughes 为该油田安装了全电力驱动智能完井系统和 Sure-VIEW 分布式光纤传感系统[29]。这一组合系统可以监控不同产层的注水量，这是传统注水方式不可能实现的。在整个智能完井项目过程中，Baker Hughes 与运营商工程师团队紧密合作，整合人员优势，并从智能生产系统工程、产品线和运营团队中调动全球专家。

该成熟油藏的智能完井设计包括被套管连接的四个单独的注水区域。在完井过程中，四个注水区均安装了一个井下全电力驱动流量控制阀和 SureVIEW 分布式光纤传感系统，用于实时动态监测和控制注水量。井下全电力驱动流量控制阀可以实现在地面开关各注水层段无须停产或有管、钢丝作业，减少相关生产作业费用和风险。智能完井可以通过多种传感器持续获取、汇总、传输、处理、分析和可视化成千上万字节的监测数据，从而实现智能注水井作业的实时监控和优化。

图 6-12 注水井智能完井系统设备

Baker Hughes 将创新产品和专业技术完美地融合在一起，确保成功安装注水井智能完井系统。Baker Hughes 开发出的注水井智能完井系统，具有创新性、可靠性和多功能性等特点。该系统将提高油井产量、降低修井成本，并在油井开采周期内提高采收率。该注水井智能完井系统设备见图 6-12，该项目面临的挑战和最后的结果见表 6-4。

表 6-4 面临的挑战和结果

| 挑 战 | 结 果 |
| --- | --- |
| （1）对该油田四个油层注水情况的控制和监测<br>（2）井底空间小，要求智能完井设备尺寸小<br>（3）降低管理注水作业的复杂程度和成本 | （1）成功完成全球首个 4 层智能注水井完井系统的安装和测试<br>（2）实现了智能注水井作业的实时监控和优化 |

## 6.1.7 智能完井系统在中海油海外完井作业中的应用

尼日利亚某油田水深 1500m 左右，目前中海油最大的海外在产油田，水下生产系统+FPSO 开发，作业者为 Total。该油田分层开发的生产井均采用智能完井管柱设计。通过采用液控多开度滑套 FCV 实现双层独立控制开发，两个液控滑套的打开分别由两条液控管线控制，关闭则共用一条液控管线；每层均有独立的地层隔离工具 FIV，完井作业时提供有效压力屏障。该区块下入的 Halliburton 公司智能完井产品，下入 10 级开度的智能滑套，井下 2 相分层流量计量、密度计、温度压力计、井下安全阀、化学药剂注入阀、气举阀。已应用了 8 口水平井和 8 口定向井。该油田智能完井管柱如图 6-13 所示，该油田智能完井储层流体流动控制方式如图 6-14 所示。

智能井在尼日利亚某油田生产过程中较好地发挥了分层控制的作用，有利于降低产水率。该油田井下压力计采用的是 SLB wellnet gauge 产品，故障率高达 43.6%。作业者已经在另一油田采办时更换了压力计供应商，提高产品质量。同时制定了作业措施，避免人为因素导致压力计损坏。该油田智能井电子压力计损坏情况统计如表 6-5 所示。

表 6-5 尼日利亚某油田智能完井电子压力计损坏情况统计

| 井 别 | 损 坏 | 正 常 | 总 计 | 故 障 率 |
| --- | --- | --- | --- | --- |
| 生产井 | 10 | 13 | 23 | 43.50% |
| 注气井 | 0 | 2 | 2 | 0 |
| 注水井 | 7 | 7 | 14 | 50% |
| 总计 | 17 | 22 | 39 | 43.60% |

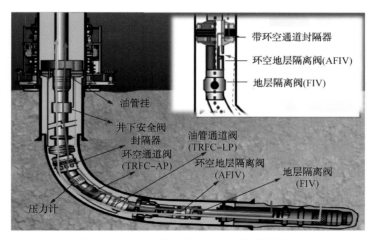

带环空通道封隔器

环空地层隔离阀(AFIV)

地层隔离阀(FIV)

油管挂

井下安全阀
封隔器

环空通道阀
(TRFC-AP)

压力计

油管通道阀
(TRFC-LP)

环空地层隔离阀
(AFIV)

地层隔离阀
(FIV)

图6-13　尼日利亚某油田智能完井管柱图

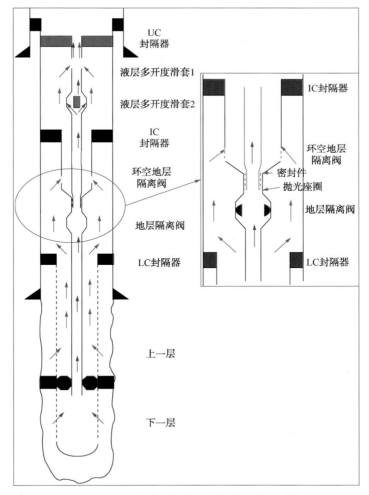

UC
封隔器

液层多开度滑套1

液层多开度滑套2

IC
封隔器

环空地层
隔离阀

地层隔离阀

LC封隔器

上一层

下一层

IC封隔器

环空地层
隔离阀

密封件

抛光座圈

地层隔离阀

LC封隔器

图6-14　尼日利亚某油田智能完井储层流体流动控制方式

巴西某油田构造面积 185km²，水深约为 1800~2200m，属于超深水，距里约热内卢海岸 185km，采用了以下两种完井方案。

（1）套管射孔井智能完井

目前已经完井的 4 口套管射孔井智能完井。该类型完井管柱采用 6⅝″油管，5½″ DHSV，在最上层监测油管和环空的压力，下面层位只监测环空压力，采用 Halliburton 公司的 4½″多级调节 ICV。该油田的智能完井管柱如图 6-15 所示。

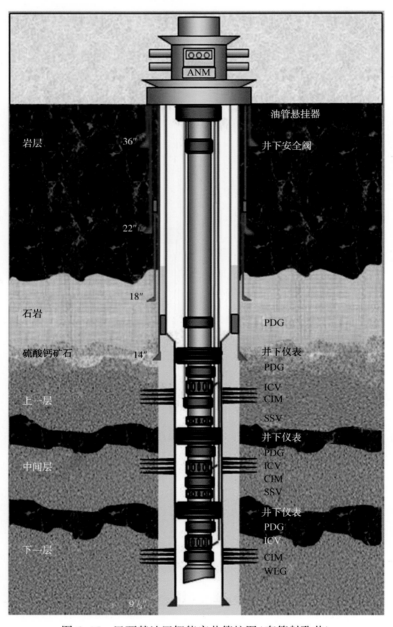

图 6-15　巴西某油田智能完井管柱图（套管射孔井）

（2）裸眼+打孔管井下入智能完井管柱

此种方案在 FID 中已进行设计，但是目前未实施。该类型完井管柱采用 6⅝″油管，5½″DHSV，多级调节 ICV 控制上层，开关型 ICV 控制下层。该油田智能完井管柱如图 6-16所示。

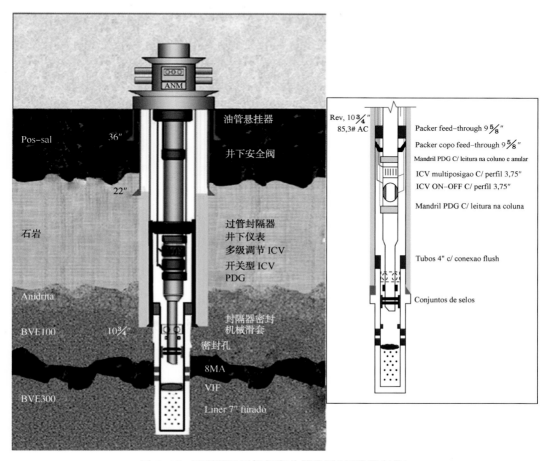

图 6-16　巴西某油田智能完井管柱图（打孔管完井）

圭亚那某油田该开发层位有 10 个钻井中心，每个中心 6 槽口。计划钻井 43 口，注入井要有水气交替注入能力。水深 1900~2119m，平均井深 8036m，平均水平位移 1038m。正在对该油田开展智能完井技术进行评估，尚未实施。计划分两层开采，采用液压控制。应用于 10 口生产井+10 口注入井，预计采用智能完井会使单井费用上浮 225 万美金。圭亚那某油田计划采用智能完井管柱如图 6-17 和图 6-18 所示。

英国某油田主体区有一个中心平台和一个井口平台。南北两个卫星块为水下井口开发，连接到主体区平台。全油田原油处理能力 7.6×10⁴bbl/d，注水能力 13×10⁴bbl/d。该油田共有 15 口生产井、5 口注水井，其中，有 11 口生产井和 3 口注水井应用了智能完井。采用智能完井工艺，可以实施智能开关 2~3 层，全部采用气举方式开发。ICD 独立筛管防砂+管外自膨胀封隔器分段，气举管柱配液控滑套、光纤温压计和分布式光纤测温系统；

注水井采用超压注水工艺，生产井安装井下油水两相光学流量计，测量总流量。ICV 具有
10 个开度，每半年活动一下滑套，防止粘附。

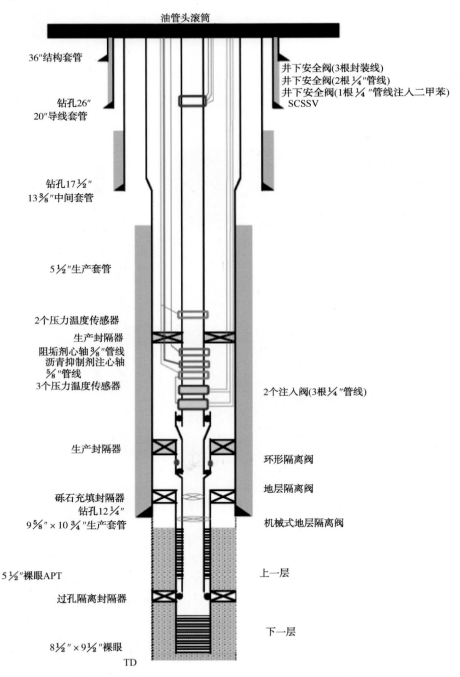

油管头滚筒

36"结构套管

井下安全阀(3根封装线)
井下安全阀(2根 ¼ "管线)
井下安全阀(1根 ¼ "管线注入二甲苯)
SCSSV

钻孔26"
20"导线套管

钻孔17½"
13⅜"中间套管

5½"生产套管

2个压力温度传感器
生产封隔器
阻垢剂心轴⅜"管线
沥青抑制剂注心轴
⅝"管线
3个压力温度传感器

2个注入阀(3根 ¼ "管线)

生产封隔器

环形隔离阀

砾石充填封隔器
钻孔12¼"

地层隔离阀

9⅝"×10¾"生产套管

机械式地层隔离阀

5½"裸眼APT

上一层

过孔隔离封隔器

下一层

8½"×9½"裸眼

TD

图6-17　圭亚那某油田计划采用智能完井管柱图(生产井)

274

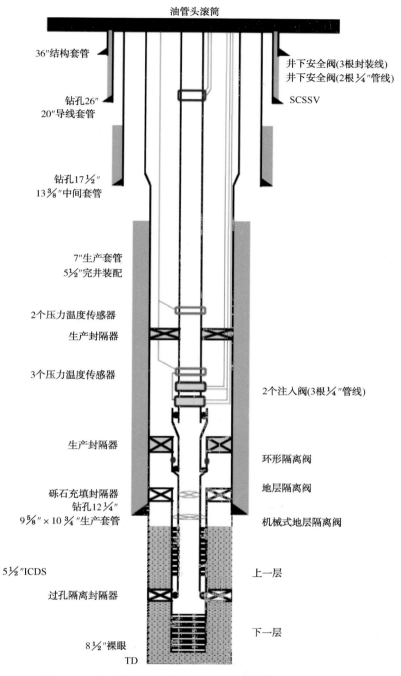

油管头滚筒

36″结构套管

钻孔26″
20″导线套管

钻孔17½″
13⅜″中间套管

7″生产套管
5½″完井装配

2个压力温度传感器

生产封隔器

3个压力温度传感器

生产封隔器

砾石充填封隔器
钻孔12¼″
9⅝″×10¾″生产套管

5½″ICDS

过孔隔离封隔器

8½″裸眼
TD

井下安全阀(3根封装线)
井下安全阀(2根¼″管线)

SCSSV

2个注入阀(3根¼″管线)

环形隔离阀

地层隔离阀

机械式地层隔离阀

上一层

下一层

图6-18 圭亚那某油田计划采用智能完井管柱图(注入井)

2019年6月底在南海东部某井9⅝″套管内下入液控智能完井管柱工具，在上部完井管柱中的Y-tool工具支管下连接下部智能滑套，在封隔器与常规滑套之间连接上部智能滑套。利用关闭井口采油通道，开启电潜泵憋压对下部智能滑套进行开度调节生产测试，验证了该套智能完井系统的井下性能、配合使用的整套工艺满足设计要求及海上作业需要。该智能完井的完井管柱如图 6-19 所示。该智能完井井下流量控制系统主要包括如下三部分。

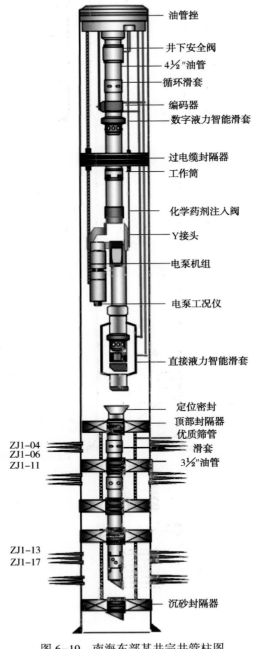

油管挂
井下安全阀
4½″油管
循环滑套
编码器
数字液力智能滑套
过电缆封隔器
工作筒
化学药剂注入阀
Y接头
电泵机组
电泵工况仪
直接液力智能滑套
定位密封
顶部封隔器
优质筛管
ZJ1-04
ZJ1-06　　　　　滑套
ZJ1-11　　　　　3½″油管
ZJ1-13
ZJ1-17
沉砂封隔器

图 6-19　南海东部某井完井管柱图

① 智能滑套：可实现 4 开度动作调节，开关位置准确到位；关闭状态，密封压力达到

油管内密封 3500psi，环空密封 500psi；

② 地面控制系统：利用三根 1/4″液压管线给两支智能滑套（井下流量控制器）提供液压动力，并准确记录下井后三根 1/4″液压管线内的压力、流量及时间，可以判断智能滑套（井下流量控制器）动作状态；

③ 塑封液压管线、保护卡子及管线接头，满足穿越、密封及方便下入等现场作业工艺需要。

低频 35Hz 启泵，运用地面控制系统控制智能滑套开关，通过井下是否憋压判断智能滑套的开关状态，记录泵吸入口及输出口压力、电泵电流等参数变化情况；保持电潜泵生产参数不变的情况下，分别进行上下两个智能滑套井下开度调节测试。

## 6.2 智能完井系统国内应用实例

合理选择最佳的完井方式是充分发挥油井潜力、高效开发油田的一项重要工作。自 1997 年 8 月世界首次应用智能完井技术以来，经过二十几年的改进和推广，该技术作为一项先进的完井技术逐渐受到油田作业者的重视。随着我国分支井、水平井、气井及海上油田开发力度的加大，智能完井系统的优势越来越明显，势必会掀起我国完井方式的革命。下面将介绍智能完井系统在国内的应用情况。

### 6.2.1 Smart Well 智能完井技术在蓬莱油田的首次应用

M03 井初次完井是在 2010 年，完井方式为 5½″300μm 优质筛管简易防砂加 4 层混注，以统注的方式注水。笼统注水已经不能满足该油田持续开发的要求，有些层位因超注而引起异常高压，有些层位又出现注水不足的情况。

为了实现注好水、注足水的安全生产目标，需对分层系精细化注水予以重视。M 平台是无人平台，修井作业需要动员钻井船进行作业，费用高昂。为了降低修井频率和费用，同时为满足分层系精细化注入的要求，2016 年初在 2 口重新完井的注水井 M03 和 M08 井下入 Smart Well 智能完井分注管柱。下面介绍详细的作业情况。

（1）Smart Well 智能完井系统

在蓬莱油田 M03 和 M08 井下入的 Smart Well 为 Halliburton 公司研发的液压式智能完井系统。Smart Well 系统的层段控制阀为液压直接式层段控制阀，通过 2 条液控管线进行控制，只能控制打开和关闭作业[10]。该系统主要包括地面分析和控制系统、液压式层段控制阀（ICV）、MC1 型穿线式管内封隔器、永久式井下传感器、液压控制管线和电缆传输管线等。该系统通过井下传感器采集每个储层段的压力和温度数据，并且能以液压的方式控制井下每个层段控制阀，优化油藏生产方式。以蓬莱油田 M03 井为例，其 Smart Well 智能完井关键工具见图 6-20。

① 具有管线穿越功能的封隔器。下入井内的智能滑套（ICV）通过地面的液控控制柜来控制，信号是通过 1/4″液控管线直接传递到井内的智能滑套（ICV），井内每层段的温度和压力数据通过电缆传递到地面控制柜。因此，这就要求封隔器具有穿越管线的功能。以 M03 井为例，该井油藏要求分 4 段分层注水，每层段都需要下入电子压力计，共需下入 4 套电子压力

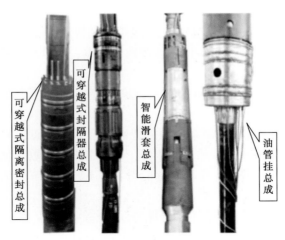

图 6-20  智能完井关键工具实物图

计。这 4 套电子压力计可以共用根电缆传输信号。智能滑套(ICV)的打开受单根液控管线控制,其关闭可以共用 1 根液控管线。M03 井分 4 层,共需要 4 根液控管线和 1 根共用的关闭液控管线。从最下一层往上,需要控制智能滑套(ICV)依次增加 1 个,液控管线也依次增加 1 根;因此最下面的 4#隔离密封总成需要 2 根液控管线穿越孔道和 1 根电缆穿越孔道,最上面的 1#隔离密封总成需要 5 根液控管线穿越孔道和 1 根电缆穿越孔道。

② 井下监测系统(压力、温度传感器)。智能完井系统通过井下电子压力计实时监控井下每层段的温度和压力数据,并通过温度和压力数据判断井下每层段的智能滑套(ICV)的开关状态。

③ 井下流量控制阀(ICV)。井下流量控制阀(ICV)直接与 1/4″液控管线相连,其控制逻辑为单相控制。开启和关闭各受 1 根液控管线控制,但是为了减少控制管线的数量,关闭液控管线可以共用。M03 井下入的是全开全关型智能井下流量控制阀(ICV),只有全开或是全关 2 种工作状态,无法实现开度大小的微调。

④ 地面控制系统。地面控制系统主要包括液控控制柜和智能完井系统操作服务器,主要用于采集井下的温度、压力等井况数据,同时可以通过液控控制柜对井下智能滑套进行开关操作。

(2) 作业特点及过程

① 与常规完井作业的区别。智能完井涉及的入井工具和地面设备更多更复杂,智能完井作业与常规完井作业有如下不同:

a. 实施完井作业前,先在陆地库房将整个智能完井系统组成部分连接起来,进行整体功能测试。

b. 与地面控制设备相连的液控管线和电缆的铺设需要在完井作业前提前单独进行。

c. 入井管线和电缆越多,需要做的电缆和液控管线穿越次数也就越多,例如 M03 井就包括 5 根 1/4″液控管线和 1 根电子压力计信号传输电缆。

d. 与隔离封隔器相配合的密封总成需要具备穿越功能,例如 M03 井下入的 4¾″可穿越式密封总成。中心管柱插入部分的上部还需要下入一个可穿越式封隔器,例如 M03 井下入的 MC1 型可穿越式封隔器。

e. 地面需配备对井下智能滑套进行操作的液控控制柜和用于读取并记录井下压力温度等数据的服务器，服务器上需要安装对智能完井系统进行控制的配套软件。

② 工具及设备陆地库房测试。智能完井系统比较复杂，组成部件也较多，因此在开始现场作业前需要在陆地库房整体进行功能性测试。M03 和 M08 井使用的智能完井系统在现场作业前 3 个月进行陆地库房测试，如图 6-21 所示。

图 6-21　智能完井系统库房测试图

③ 安装智能完井地面控制柜。智能完井地面控制柜的安装为 M03 和 M08 井智能完井的一部分，主要任务是要铺设 10 条地面控制管线、2 条 BIW 电缆、1 条控制柜电源电缆、1 条 RS485、1 条网线，并将其接入控制柜及平台系统，Halliburton 完成接线、试压及控制柜调试，为生产人员做软件培训。图 6-22 所示为地面控制管线及电缆布局图。

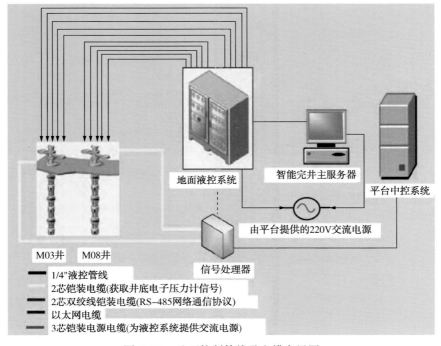

图 6-22　地面控制管线及电缆布局图

④ 下入智能完井管柱。M03 井下入的分层配注管柱组合从下向上分别为：PHL 封隔器+3½″油管+4#ICV 智能滑阀总成+3½″油管+3#ICV 智能滑阀总成+3½″油管+2#ICV 智能滑阀总成+3½″油管+6.48″NO-GO+3½″油管+1#ICV 智能滑阀总成+MC1 可穿越式封隔器+4½″油管+3.813″循环滑套+4½″油管+3.813″坐落接头+4½″油管+3.813″安全阀+4½″油管+变扣+油挂管。图 6-23 所示为 M03 井智能完井注水管柱图。

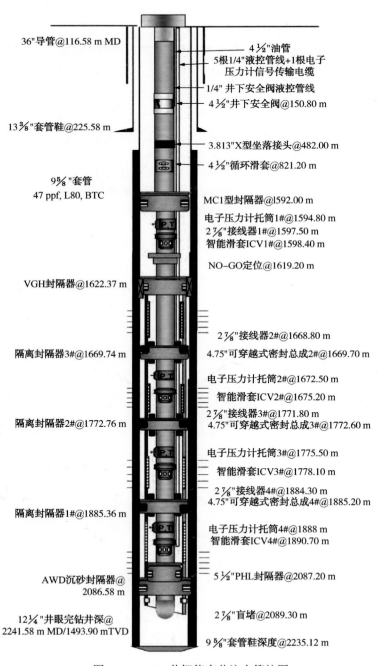

图 6-23　M03 井智能完井注水管柱图

M03 井智能分层注水管柱下入作业步骤如下：

a. 组合并下入智能完井注水管柱至 194m，连接 Halliburton 4# ICV 智能滑套总成，连接 TEC 电缆及滑套控制管线。

b. 继续下入 3½″油管至 306m，连接 Halliburton 3# ICV 智能滑套总成，连接 TEC 电缆及滑套控制管线。

c. 继续下入 3½″油管至 409m，连接 Halliburton 2# ICV 智能滑套总成，连接 TEC 电缆及滑套控制管线。

d. 继续下入 3½″油管至 468m，连接 NO-GO 总成，连接 Halliburton1# ICV 智能滑套及 MC-1 封隔器总成。

e. 下入 4½″油管至 1938m，接井下安全阀，连接安全阀¼″控制管线。

f. 下入 4½″油管至 2085m，上提悬重 52t，下放悬重 48t。

g. 连接最后一根 4½″油管，下压悬重 5t，探定位密封深度，重复 1 次确认；上提 52t，做标记，上提管柱 4m，下放 48t，标记为"挤注测试"位置。

h. 连接变扣，接顶驱，进行挤注测试，测试结束后关闭所有智能滑套，开启 4# ICV 智能滑套，其余控制管线压力保持 3.5MPa。测试步骤如下：

开启 4# ICV 智能滑套，关闭其余 ICV 智能滑套，用泥浆泵进行挤注测试，排量 159L/min。压力 3.2MPa，井下压力计监测 4#油管环空压力均上升，其余 3 层环空压力不变，井口无返出，4#层密封合格。

开启 3# ICV 智能滑套，关闭其余 ICV 智能滑套，用泥浆泵进行挤注测试，排量 159L/min。压力 3.2MPa，井下压力计监测 3#油管环空压力均上升，其余 3 层环空压力不变，井口无返出，3#层密封合格。

开启 2# ICV 智能滑套，关闭其余 ICV 智能滑套，用泥浆泵进行挤注测试，排量 318L/min。压力 2.1MPa，井下压力计监测 2#油管环空压力均上升，3#、4#层环空压力不变，1#层环空压力微涨，井口见返出，停泵(与之前隔离封隔器验封情况一致，3#隔离封隔器验封不合格)。

i. 起甩探底油管，连接配长油管及油管挂，连接控制管线至油管挂，做 TEC 电缆穿越器穿越油管挂。

j. 坐油管挂，对油管挂密封试压，合格。

k. 固井泵对采油树整体试压，合格。

l. 井口接控制管线至控制柜。

m. 进行挤注测试，测试结束后关闭所有智能滑套。

n. 环空顶替封隔液 45m³，排量 159L/min，压力 3.3MPa。

o. 连接地面管线至套管翼阀，打压座封 MC1 及 PHL 封隔器，以 3.5MPa 为一个台阶，打压至 28MPa，稳压 15min，缓慢泄压至 0MPa。

p. 连接地面管线至套管翼阀，环空打压 10MPa，稳压 15min，压力稳定不降，MC1 封隔器验封合格，缓慢泄压至 0MPa。

q. 打开所有 ICV 智能滑套，进行挤注测试，挤注测试完成后，固井泵缓慢泄压至 0MPa，并关闭所有 ICV 智能滑套，交井给生产部门。

其中 k~q 步作业不需要占用井口，采用离线作业模式。

（3）现场应用效果

M03 和 M08 井下入智能完井分层注水管柱后，从 2016 年 1 月中旬开始注水，至今已经在线安全注水半年有余，注入曲线（见图 6-24、图 6-25）显示 Smart Well 智能完井系统在蓬莱油田的应用效果良好：

① 改变了之前的笼统注水方式，实现了分层注水，既满足了油田对分层系注水的要求，又满足了安全生产的要求。

② 在邻近有人值守的 C 平台，通过网络即可实现对无人的 M 平台的这 2 口注水井的井下智能滑套 ICV 的开关，从而无须动用钻井船进行相应操作，极大地节省了费用。

③ 两口智能完井注水井的日注入量和注入压力都在设计范围内，完全满足作业要求。

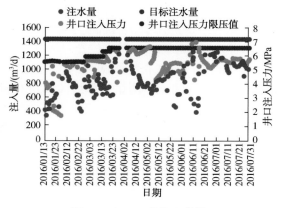

图 6-24　M03 井注入曲线

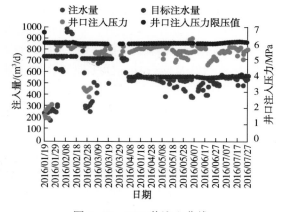

图 6-25　M08 井注入曲线

（4）总结

智能完井是一个系统工程，涉及的专业领域较广，技术复杂程度较高，使用的入井工具和地面配套设备多，工具的采办周期长，作业前的陆地调试准备时间也较长。采用智能完井技术的投入也成倍于常规技术。智能完井技术的优势是可以应用于常规技术无法满足开采要求的特殊井中。

因为 M 平台为无人平台，修井需要动员钻井船，费用高昂，老井采取的笼统注水方式不满足油田安全开采的要求。本次作业选取蓬莱 19-3 油 M03 和 M08 井下入智能分层注水管柱，降低了动员钻井船修井的频率，从而达到了降本增效的目的。通过网络远程实时监控每层的注水量和开关每层的智能滑套 ICV，实现分层注水，从而满足了油田安全生产的要求。

智能完井系统在蓬莱 19-3 油田 M03 和 M08 井中的首次成功应用，为后期该项技术在蓬莱油田及渤海其他油田的推广应用提供了经验[11]。

## 6.2.2　渤海油田智能注水完井技术研究与应用

渤海油田多为疏松、非均质性砂岩油田，不同层位渗透率差别较大，因此注入水沿高渗透层推进较快，而中低渗透层水驱效果不明显。为提高注水井开发效果，需根据注水井各层的吸水情况进行分层配注，确保注入水在各层均匀推进，以限制高渗透层的吸水量，相对提高中低渗透层的注水效果，提高油田采收率[12,13]。统计资料显示，目前渤海分层注水井占注水井比例接近 80%，有超过 460 口井为分层注水井。常见的注水井分层配注工艺主要有以下几种：①空心集成分层注水工艺；②一投三分分层注水工艺；③同心分注分层注水工艺；④自提升式防返吐分层注水工艺；⑤同心测调分层注水工艺[14]。这些常规注水井的分层调配必须通过钢丝、电缆或动管柱作业才能实现，钢丝、电缆作业不仅受到井斜和场地的限制，还要停注降产，作业效率低下，施工成本高昂，严重制约了油田的整体开发调整。针对以上现实状况，渤海油田引进智能完井技术并将其应用于分层配注注水井中，实现了注水工艺智能化。该技术通过井下压力传感器和液控滑套进行数据实时采集和流量控制，利用地面数字化监控系统实现远程快速、准确调控，无须大型设备干预作业，高效准确、适用井况范围广，实现了油田开发调配智能化，开启了海上智能完井新篇章[15-17]。

（1）智能注水完井装置

智能注水完井装置主要分为井下工具部分和地面设备部分。形成一套具有收集、传输、分析和控制的可视化自动生产控制系统，不仅可提高单井层间配注效果，还对整个区块水驱效果大有裨益，极大地改善了储层开发效果。

① 井下工具部分。井下工具主要包括智能滑套、永久式井下压力计和 MC-1 型井下封隔器等。

智能滑套（ICV）结构如图 6-26 所示。滑套是智能完井系统的流量控制装置，有带位移传感器的开度连续调节 ICV，也有不带位移传感器的开度可调 ICV，还有带二元开关功能的 ICV，均通过液控管线控制，采用 $N+1$ 控制管线。该工具可在地面进行远程控制，帮助工程师控制流体在油藏段注入或产出。工具设计简单，具有收容碎屑、金属对金属密封、抗侵蚀、流量可调、高流通率以及抗高温高压能力强等功能。

图 6-26　智能滑套

永久式井下压力计(PDG)结构如图 6-27 所示。PDG 是一种具有高精确性和精密石英成分的压力和温度计。高温混合的电子配件和先进的机械密封允许仪器在极高的温度和压力下工作。PDG 带有两个传感器,可以用于检测油套管中轻微的压力波动、温度波动以及流量波动,其连接的压缩电缆将信号传导到地面设备,实现实时监测功能。

MC-1 型井下封隔器结构如见图 6-28 所示。MC 系列封隔器具有管线穿越功能,其既具有常规封隔器的功能,也可以利用 FMJ 接头进行管线穿越。穿越管线包括 ICV 液控管线、井下压力计数据线、电泵电缆和化学药剂管线等。FMJ 接头是一款高性能、全方位测试、三重金属对金属环密封接头,可用于智能完井系统 6.350mm、9.525mm 和 12.700mm 液压控制管线或者电缆。这种接头经过细化设计后,可以实现三道金属对金属密封,因而较普通接头更加安全可靠,其可匹配大多数井下设备并用于油管挂穿越。

图 6-27　永久式井下压力计

图 6-28　井下封隔器

② 地面设备部分。地面设备部分包括 SHS 地面液压系统、XPIO 数据采集和控制单元、智能完井人机交互服务器等,其通过控制液控管线和电缆与井下工具连接,形成完整的数字化智能完井控制系统,实时监测生产情况。智能完井控制系统见图 6-29。

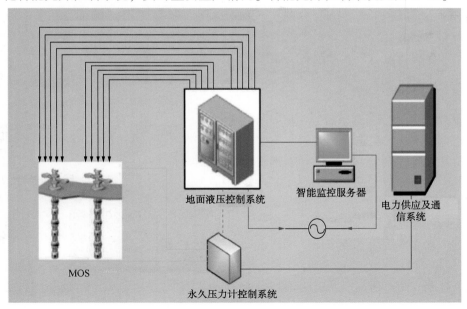

图 6-29　智能完井控制系统

智能完井控制系统包含电力和液压两套系统，可以使工程师在地面监控永久式井下压力计并操作智能滑套，同时通过系统获得的数据分析建立模型。该系统包括监控应用程序，以及地面液压系统、独立监控系统、水下交互卡和第三方单位提供的一些组件。监控软件系统是集监测、控制及管理功能于一体的应用软件，能监测、管控周边所有的井，还可以与服务器结合起来，实现远程监测和控制、联网监测和控制[18-20]。

（2）智能注水完井特点

智能注水完井适用于具有多重特性的复杂储油层位。对于拥有多重特性的复杂储油层位，通过智能完井可以将井筒沿着井眼轨迹永久分割成不同区域，使得各个区域可以及时有效地独立控制，防止水和气串层，控制水或者气进入高渗透层位，从而保持油藏具有较好的生产潜力。

① 集成化技术，提效降本效果显著。智能完井注水技术集软件技术、机电一体化技术、控制技术和信息技术于一体，对注水井可进行实时监测和调控。在进行调配、测试等作业时，不需要占井口和停注停产，方便高效、安全可靠。与传统注水井作业相比，智能完井注水技术不受外界限制和干扰，无须停产停注，更不必动用大型设备和工具，大大降低了生产和维护成本。

② 精细化控制，优化开发方案。利用智能注水完井技术可以对复杂储层的大斜度井甚至水平井进行快速精准控制。每个层位和区块可以进行独立控制，且不受层数限制，并进行针对性的收集、分析和处理，快速优化油田调注增产和开发布局方案，使效益最大化。

③ 数字化监控，提高油藏管理水平。利用智能完井自动监控和数据收集技术，可以实现全油田数字化管理，利用大数据支持设计，使得油藏分析建模更准确。经过长期监测，复杂油田区块的层间数据、井间数据和油层剖面等数据将不断完善和扩大，对油藏认知的准确性和科学管理水平将持续提升，最终实现油田产量和采收率大幅度提高[21]。

（3）应用情况

① 渤海第一口智能注水井。M井为渤海湾中南部某油田无人平台中的一口注水井。因存在超压层，为防止溢油事故发生，该井处于限压注水状态。为实现在中心平台实时监测井下数据，及时决策并迅速反应，实现对注水量精细化控制，选择该井作为智能完井注水技术试验井。智能完井注水管柱示意图见图6-30。

智能注水完井管柱从下到上依次为：73mm VAMTOP 盲堵、114.8mm PHL 封隔器、73mm 油管、142.2mm ICV、73mm 温度/压力计、114.8mm PHL 封隔器、73mm 油管、142.2mm ICV、73mm 温度/压力计、120.7mm 插入密封、88.9mm 油管、214.4mm MC-1 顶部封隔器、114mm 油管。井下工具参数见表6-6。

表6-6　智能完井注水井下工具参数

| 工具名称 | 最大外径/mm | 最小内径/mm | 坐封/启动方式 | 坐封压力/MPa |
|---|---|---|---|---|
| MC-1顶部封隔器 | 214.4 | 96.8 | 液压 | 27.58 |
| PHL隔离封隔器 | 114.3 | 59.9 | 液压 | 27.58 |
| ICV | 142.2 | 96.9 | 液压 | — |
| 井下安全阀 | 170.9 | 96.9 | 液压 | — |

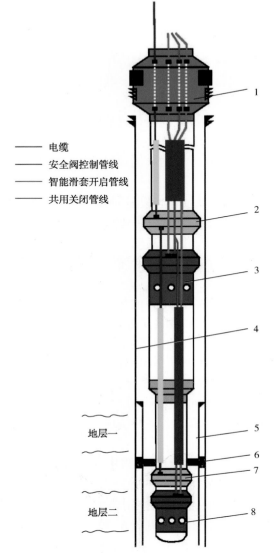

—— 电缆
—— 安全阀控制管线
—— 智能滑套开启管线
—— 共用关闭管线

图6-30　智能完井注水管柱示意图
1—MC 生产封隔器；2、7—永久井下压力计；3、8—ICV；
4—244.5mm 套管；5—139.7mm 筛盲管；6—隔离封隔器

②作业方式。M 井原为 244.5mm 套管（47#）+139.7mm 300μm 优质筛管简易防砂+2层混合注水管柱。随着注水时间增加，注入压力不断上升，注入能力逐渐降低。为改善注水状况，前后共进行过 6 次酸化作业，效果甚微。由于 M 井处于无人平台，作业机会较少，本次修井决定采取下入智能完井分注管柱，以满足 SAP 监管要求，同时避免后续动管柱二次修井或者其他辅助作业，降低维护成本。

提前安装地面 SHS 设备。在平台中控室安装智能完井服务器，井下作业结束后连接井口、XPIO、SWM 和 Delta V 系统，并进行地面系统功能测试。地面服务器可读取井下温度、压力数据，地面系统可以控制井下 ICV 开关，并实现 WHPM 和 CPC 的通信。从 CPC 可以读取 M 井的实时井下数据(2 层的油压、套压、温度、ICV 开关状态及控制管线压力)。

值得注意的是，智能完井井下控制系统的电缆和液控管线的连接与固定是现场作业时的两大难点。由于管线较多，井口必须做好标记，防止接混和管线间挤压，井下尽可能拉直和固定牢固，以免与井壁摩擦受损造成管线破损或电缆绝缘失效。通过与油管相配套的铠皮管线组将管线、电缆和井下压力计光纤等压缩排列，并用专用电缆保护器卡子将铠皮管线组牢牢绑定在油管上，不仅降低管线轴向载荷，而且降低了下入过程中与井壁的摩擦和挤压风险。铠装管线组及电缆保护器如图 6-31 所示。

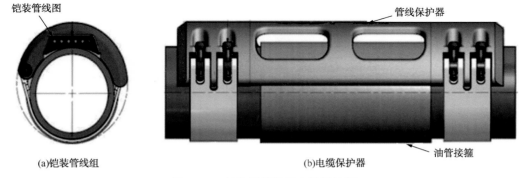

图 6-31　铠装管线组及电缆保护器

③ 配注方案及预期。为实现在 M 平台(无人平台)实时获取井下温度和压力参数，渤海油田首次引进了智能注水完井系统，在不动管柱的情况下实现了井下分层配注、精准注水，以及在中心平台实时监测井下数据，及时决策并迅速反应。M 井因存在超压层，为防止溢油事故发生，该井处于限压注水状态。2015 年初，该井的注入压力被限制在 3.45MPa，之后重新做 WITP 测试，压力恢复至 5.53MPa，井口注入压力限制在 5.27MPa。目前 M 井正常注水，配注量 628.6m³/d，实际注入量 1110.1m³/d，井口注入压力为 6.08MPa。图 6-32 为 M 井注入曲线。

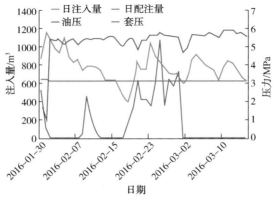

图 6-32　M 井注入曲线

④ 应用效果。M 井应用智能完井管柱之后运行平稳。通过对注水效果跟踪分析，发现其注入情况较之前有明显改善，注入量在注入压力受限的情况下，能够达到甚至超过配注，与周边同层位常规注水井相比，日注入量提高18%，增注效果显著。另外，该井运转期间通过数据采集系统采集数据，先在地面进行决策和分析，再通过控制系统实时反馈到井下，有效提高了注水效率，同时避免了因注入压力过高不能及时做出反应而产生的复杂情况。普通注水管柱和智能注水管柱注入效果对比见图 6-33。

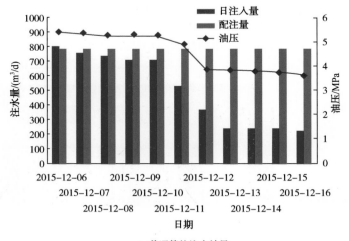

(a)普通管柱注水效果

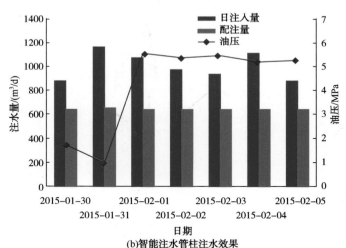

(b)智能注水管柱注水效果

图 6-33　普通注水管柱与智能注水管柱注水效果对比图

（4）结论

① 智能注水完井技术可远程操控井下智能滑套实现注水量的调节，无须动用大型设备及工具，节省了后续动用钻井船的修井费用，解决了大斜度井无法采用钢丝或电缆测调的难题，大幅度降低了长期维护费用，适用于无人平台或者无法进行钢丝、电缆作业的复杂井。

② 智能注水完井技术通过永久式井下压力计实时获取井下数据并进行模拟分析，快速分析注采情况，及时调节注水量大小，可有效提高油井采收率。

③ 智能注水完井技术在渤海油田的首次成功应用，开创了渤海油田应用智能完井技术的先河，通过技术创新助力渤海油田实现"多注水，注好水"的注水目标，为无人平台分层注水提供了新思路，推动了该油田注水工艺向智能化和高效化方向发展[22]。

## 6.2.3　国内智能完井科研成果在南海试验性应用

由中海石油（中国）有限公司北京研究中心和西南石油大学联合研制的智能完井系统，于 2020 年 5 月 23 日在南海某油田完井现场作业中成功地完成了试验性应用。该智能完井系统主要由地面控制系统、解码器和井下流量控制器组成，可以根据储层特性进行分层生产调节控制，实现多层合采或分层开采，提高油气产量、加速生产，进行生产调节、开关层段无须停产或有管、钢丝作业，减少相关生产作业费用和风险。该智能完井系统测试现场如图 6-34 所示，试验管柱结构示意图如图 6-35 所示。

图 6-34　中国南海某油田平台测试现场

本次海试是在 9⅝″套管内下入智能完井工具到井下 1300m 处，地面控制系统通过 3 根 1/4″液压管线向井下提供液压信号和动力，同时记录液压管线内的进、回油瞬时流量和累积流量以及信号传递时间，并以此判断井下流量控制器的动作状态。打压过程各开度压力变化和瞬时流量变化曲线如图 6-36~图 6-39。该智能完井系统实现了井下流量控制器不同的开度动作，并通过地面固井泵进行循环测试，记录循环流量压力曲线验证井下流量控制器开度。利用固井泵打入封隔液反循环驱替完井液，开启数字液力滑套，根据测井曲线（如图 6-40 海试测井曲线）验证开度变化，可以发现曲线 sum2 有明显的变化。过电缆封隔器在 3500psi 的压力下成功坐封，坐封曲线如图 6-41 海试坐封曲线所示，可以发现坐封曲线 SPP 曲线在坐封过程中基本不掉压。循环测试验证了井下流量控制器各开度动作准确无误，表明从地面能够控制井下流量控制器的开度，实现井下各产层生产的地面控制。

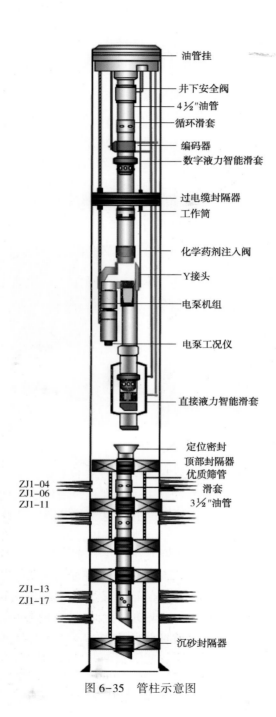

油管挂

井下安全阀

4½″油管

循环滑套

编码器

数字液力智能滑套

过电缆封隔器

工作筒

化学药剂注入阀

Y接头

电泵机组

电泵工况仪

直接液力智能滑套

定位密封

顶部封隔器

优质筛管

ZJ1-04
ZJ1-06
滑套

ZJ1-11
3½″油管

ZJ1-13
ZJ1-17

沉砂封隔器

图 6-35　管柱示意图

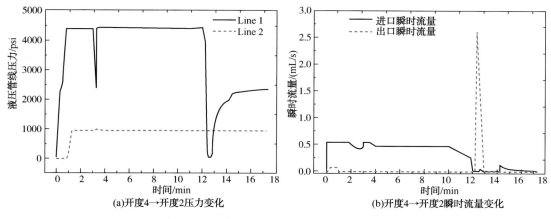

(a)开度4→开度2压力变化　　　　　　　　(b)开度4→开度2瞬时流量变化

图 6-36　开度 4-开度 2 压力和流量变化曲线

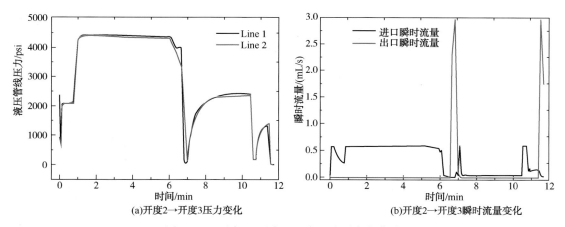

(a)开度2→开度3压力变化　　　　　　　　(b)开度2→开度3瞬时流量变化

图 6-37　开度 2-开度 3 压力和流量变化曲线

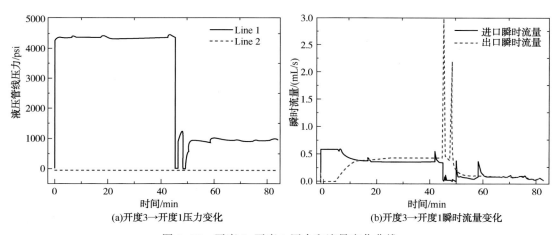

(a)开度3→开度1压力变化　　　　　　　　(b)开度3→开度1瞬时流量变化

图 6-38　开度 3-开度 1 压力和流量变化曲线

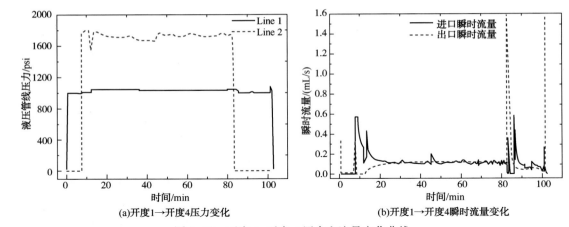

(a)开度1→开度4压力变化　　　　　　　　(b)开度1→开度4瞬时流量变化

图 6-39　开度 1-开度 4 压力和流量变化曲线

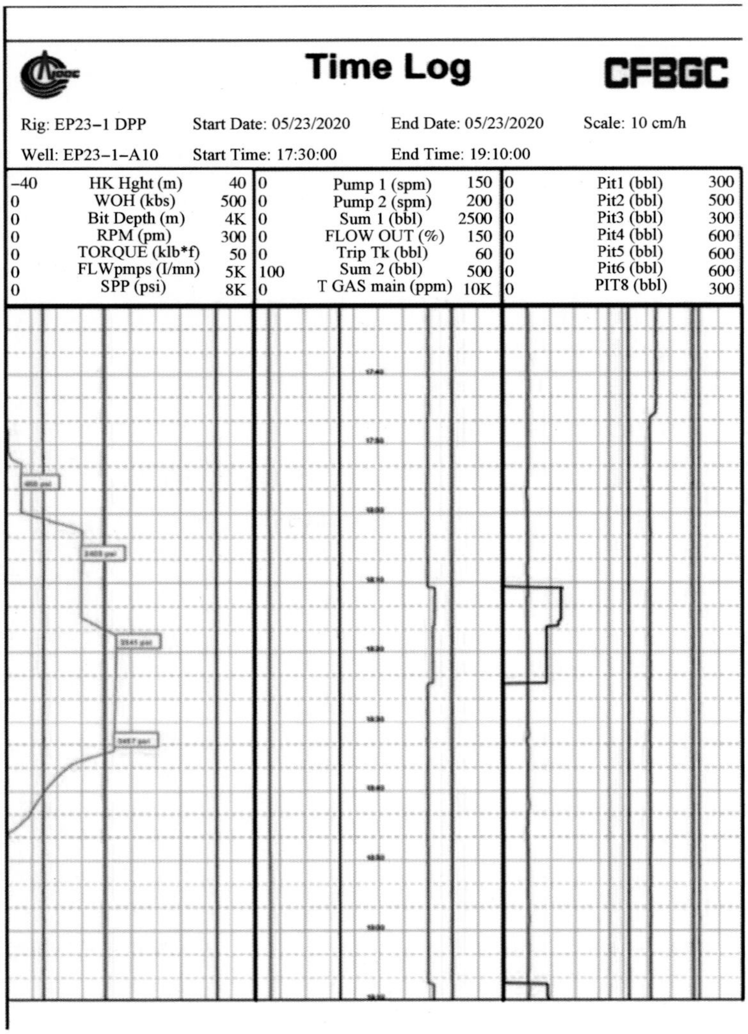

图 6-40　海试测井曲线

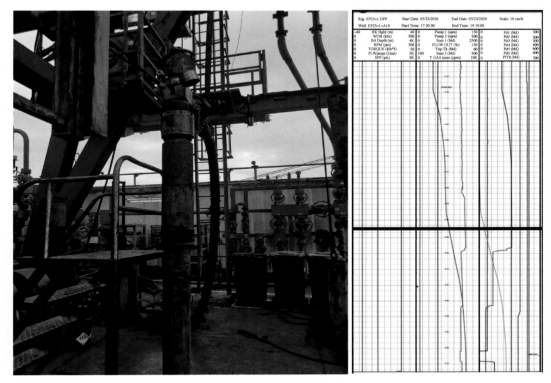

图 6-41　海试坐封曲线

海试主要验证结论如下：

① 该智能完井井下流量控制系统具有选层功能，可实现 3 根管线控制 6 个层位。

② 利用 3 根 1/4″液压管线提供系统液压动力，准确记录下井后 3 根 1/4″液压管线内的压力、流量和时间，并可以此为依据判断井下数字液力滑套的动作状态。

③ 该智能完井井下流量控制系统可实现井下数字液力滑套 4 个不同的开度动作。

④ 通过循环测试记录压力变化情况对井下数字液力滑套进行了 4 个开度的验证测试，验证结果表明井下数字液力滑套 4 个开度动作准确无误。

本次海试的圆满成功，标志着我国形成了一套具有自主产权的智能完井工具设计、制造和完井技术，为进一步实现智能完井技术国产化、工程化奠定了基础。

## 6.3　智能完井面临的挑战

智能完井系统的研发需要从井底传感器及测量技术、井底机械控制技术、双向信息传输及接口技术 3 个方向来进行攻关，其中的每一部分都是系统的具有国际前沿性的研究方向，其最大的难点在于恶劣的工作环境。恶劣的环境会造成油嘴部分、封口表面、控制线部分的腐蚀和设备运转时的相互干扰，同时在井底的高温高压环境条件下，设备的许多元器件长时间使用后也将会出现不同程度的损坏，这些因素都会造成智能完井系统不能正常工作，进而失去它的功能，就长远来看，这些因素对智能完井系统的开发应用都具有很重

要的影响。具体有 4 个方面：

① 关键技术尚需突破。我国现有的高温高压传感器、电子元器件、信号通信系统在高温、高压、腐蚀性井下环境中的长期稳定性和可靠性有限，并不能达到永久驻留智能井井底的可靠性要求，但也有较成熟的单项技术，要在充分调研的基础上实现技术集成，集中智力，突破关键技术。

② 仪器封装的可靠性需要保障。井下仪器应封装良好以防止砂砾、石蜡进入造成堵塞或仪表的功能失效，常用的密封元件在高温下易老化失效，封装元件在温度变化时可能会变形，导致泄漏。

③ 智能仪器能适应井底恶劣环境。由于井底高温、高压以及含砂、含腐蚀性成分等，要求井下智能仪器必须具有耐高温高压、耐腐蚀的能力，可动器件还需具有抗磨蚀能力。

④ 微机械系统的有效采用。由于井底空间的限制，在井眼小空间内安置电子仪器、传感器及各种执行元件，并且安全固定电缆、封装接口，必须采用微机械系统。

现在已投入应用的智能完井系统采用了监测与流量控制设备之间的闭环链接技术，通过将油藏状态传感器得到的数据，同油藏模拟分析得到的数据进行对比分析，然后来改进与完善智能完井系统，这就意味着现有的智能完井系统尚存在下列三种生产控制受限的技术难题需要解决：

① 在智能完井的人工举升油井中，为了优化油井的生产状态，需要采用优良的实时控制技术。若在油井生产状态时输入参数(如气举注气量、电潜泵泵抽排量和地面油嘴的设定)，则要求油井在几分钟内有所响应。

② 在油井优化开采方面，总体的控制系统需要根据油田现有生产设施情况来优化油田的开采。油田对这种生产参数的监测有着直接的关系，但是控制时间并非恒定不变，因为油田对工艺控制输入参数的响应在数小时或数天内便可测试到。

③ 在油藏优化管理方面，油田的控制输入参数受油藏模拟软件输出参数的影响，而模拟软件的有效性则需采用智能完井系统提供的数据通过历史拟合予以确认。油藏优化要求传感器输出与控制指令之间不存在关联关系，其目的是要顾及油藏的非均质性，使控制功能同油藏的响应情况相匹配，但是油藏的响应可能会在数月或几年才能测试到。当传感器能够提供准确、详细的油藏特性数据资料并且见到了响应时，为井下生产控制而进行的油藏模拟所获得的参数将不能准确并及时地指导井下作业[23]。

## 6.4　智能完井的发展前景

未来的智能完井系统将集成更多的数据采集系统，精度更高，更加稳定，图 6-42 是 Weatherford 公司设想的未来智能完井系统的传感器分布连接示意图；井内测量参数的范围将扩大到识别出砂层、表皮因子、流体组分、腐蚀、侵蚀和多相流并且可以监测微地震波以及进行井间电磁和声波成像，获取更详细的地层层析 X 射线图像，从而更加准确地追踪流体流动，了解油藏构造，从而达到优化产能的目的。现在人们正在把智能井技术与多分支系统、可膨胀系统和防砂作业结合起来。目前，智能完井技术已应用到地下储气库井。尽管应用在天然气储存井的智能井技术类似于应用于生产井中的技术，但通常使用的信息途径是不一样的。随着地下储气库技术的发展，这些新途径被证明是创新应用的理想平台，未来储气库会更像油气田[24]。

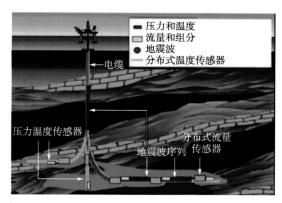

图 6-42　未来的智能完井系统

　　近年来国内平井的数量呈不断上升的趋势，在这一发展背景下有关水平井的问题逐渐暴露出来，综合我国水平井的应用情况能够明确，我国国内大多数的水平井都没有进行生产测试就投入应用，那么从油井生产控水的角度上分析化学堵水、机械堵水是我国最为常用生产控水方法，但是结合水平井进行分析，水平井并没有相应的生产测试数据信息，工作人员根本不了解水平井具体的出水位置，所以导致工作人员在落实堵水措施的过程中无从下手。针对这一问题，智能完井技术的引用以及智能完井系统的安装，实现了堵水位置的确定为井下生产作业提供了极大的便利。近几年来国内的油田天然气开采量值在不断地增大，目前我国国内的高压天然气井在生产的过程中井口压力高、作业风险大、修井作业难是最为重要的三个问题，其外压井作业还会对周围的气层造成影响，降低高压天然气井的常量，甚至还存在部分的高压天然气可能在压井作业的过程中被压死，此外高压天然气井的开采过程中生产测试较为困难且需要相应的单位耗费大量的经费，如果不进行生产测试高压天然气井井口一旦发生泄漏，其危险性和破坏性极高。智能完井技术的引入和应用能够从根源上解决高压天然气井生产过程中所存在的问题，而且从成本和作业安全的角度上分析智能完井技术具备良好的应用前景。最后从智能完井技术所具备的优势进行分析，虽然智能完井技术是以计算机技术作为支撑，但是其系统的实时监测功能、井下采油层的选择功能等都为油气开采提供了极大的便利[25]。

　　国内很多油气田都已进入了中后期，层间矛盾加剧；新的油气藏也变得更加复杂，环境更恶劣，距基地更远；而智能完井在分采分注、提高采收率和远程控制方面独具优势，因此开展智能完井技术非常必要。

　　国内对于智能完井的研究只局限于分层注水、分层开采的部分工艺和工具开发，并没有对智能完井进行系统的研究，国外这方面的研究相对比较成熟，但是价格昂贵。

　　国外各公司的智能完井系统虽各不相同，但智能完井系统的主要组成部分是一样的，都包括流量控制设备、封隔器、井下永久式传感器、控制线和传输线、地面数据采集和控制设备[26]。

　　智能完井技术作为一项先进的油藏、油井生产管理技术，具有实时监测、分析决策、遥控控制等优势，可以解决油气生产中的很多问题，从而降低开发成本，减少修井作业，优化生产，最终提高油气采收率，因此在我国发展智能完井技术非常有必要。由于我国对于智能完井技术的研究起步较晚，应从基础硬件开始，研发可在井下高温、高压、腐蚀环境下正常工作的温度、压力、流量、组分等传感器，穿越封隔器、层段控制阀。同时提升通信系统的可靠性，重点研究光纤通信。国外一套完整的智能完井价格在 200 万~500 万美元，如此大的投资成本适用于高产井，而我国由于储层地质原因，高产井很少，全部靠进口系统则很不经济甚至收不回成本。因此很有必要开发出国产化的智能完井系统，同时应是多种类型的，即有适用于陆地普通井的低成本简单智能完井系统，也有适用于海上和深水的高产油气井的价格相对较贵但精细先进的智能完井系统。由于智能完井技术涉及多学科的知识，因此应集中石油工程、信息工程、机械与控制工程、数学等专业和学科的人员共同开发智能完井系统。

# 参 考 文 献

[1] 姚军，刘均荣，张凯. 国外智能井技术[M]. 北京：石油工业出版社，2011.

[2] 刘新. 国外几个大油田与大庆油田开发状况对比分析[R]. 大庆油田勘探开发研究院，2007.

[3] Lie O H, Fraser S. Low-Cost multilateral on Gullfaks：SPE 95818[R]，2005.

[4] 古尔法克斯油田的生产史和油田开发方案(英文). 1978—1988 年国外大油田，1990.

[5] 古尔法克斯油藏评估报告(英文). DAS 数据库，1998.

[6] Tollefsen, Svein, Graue, et al. The Gullfaks Field Development：challenges and perspectives：SPE 25054[R]，1992.

[7] 王光颖. 多分支井钻井技术综述与最新进展[J]. 海洋石油，2006(3)：100-104.

[8] 刘新. 多分支智能井技术挖潜北海古尔法克斯油田剩余油的实例研究[J]. 国外油田工程，2010(11)：40-43.

[9] 金佩强，孙路海，李维安. 智能井技术在 SACROC 单元 CO2EOR 项目中的应用：实例研究[J]. 国外油田工程，2007(02)：1-4.

[10] 阮臣良，朱和明，冯丽莹. 国外智能完井技术介绍[J]. 石油机械，2011，39(3)：82-84.

[11] 车争安，修海媚，谭才渊，等. Smart Well 智能完井技术在蓬莱油田的首次应用[J]. 重庆科技学院学报(自然科学版)，2017，19(02)：47-50+68.

[12] 杨万有，王立苹，张凤辉，等. 海上油田分层注水井电缆永置智能测调新技术[J]. 中国海上油气，2015，27(003)：91-95.

[13] 李庆，王敏生. 控制自流注水的智能完井技术[J]. 石油石化节能，2010，26(3)：38-40.

[14] 党文辉. 多节点智能完井技术研究与应用[J]. 石油机械，2016(3)：12-17.

[15] 余金陵，魏新芳. 胜利油田智能完井技术研究新进展[J]. 石油钻探技术，2011，39(002)：68-72.

[16] 曲从锋，王兆会，袁进平. 智能完井的发展现状和趋势[J]. 石油石化节能，2010，26(007)：28-31.

[17] 沈泽俊，张卫平，钱杰，等. 智能完井技术与装备的研究和现场试验[J]. 石油机械，2012，040(010)：67-71.

[18] 侯旭峰. 智能完井技术在深水完井作业中应用研究[J]. 化工管理，2014，000(023)：116-116.

[19] 柯珂，王志远，郑清华，等. 深水智能完井关键设备组合优化模型的建立与应用分析[J]. 中国海上油气，2015，27(001)：79-85.

[20] 石亮亮，王磊，孟令浩，等. 水平井分层智能注水工艺管柱研究与应用[J]. 石化技术，2017(1)：200-01.

［21］张凤辉，薛德栋，徐兴安，等．智能完井井下液压控制系统关键技术研究［J］．石油矿场机械，2014，000（011）：7-10.

［22］谭绍栩，宋昱东，王宝军，等．渤海油田智能注水完井技术研究与应用［J］．石油机械，2019，047（004）：63-68.

［23］曲美静．智能完井技术发展概述［J］．中国科技博览，2015（47）：47-47.

［24］倪杰，李海涛，龙学渊．智能完井新技术［J］．海洋石油，2006，26（2）：84-87.

［25］宋建波，丁长良．智能完井技术发展及应用探析［J］．中国石油和化工标准与质量，2014（7）：117-117.

［26］曲从锋，王兆会，袁进平．智能完井的发展现状和趋势［J］．国外油田工程，2010，26（07）：28-31.

［27］Kevin Beveridge，Joseph A. Eck，Gordon Goh，et al. 智能完井新技术［J］．油田新技术，2011，23（3）：18-27.

［28］Uchendu C，Nnanna E，Okpokpor O，et al. A Milestone in Production Optimization in the Niger Delta Using Intelligent Completions［C］. SPE paper No. 166800 presented at the SPE/IADC Middle East Drilling Technology Conferences & Exhibition held in Dubai，2013.

［29］Baker Hughes，Electric Intelligent Completion，Fiber Optic Monitoring for Water Injector Well A World First［EB/OL］. https：//www. bakerhughes. com/case-study/electric-intelligent-completion-fiber-optic-monitoring-water-injector-well-world-first.